数值天气预报产品解释应用

潘晓滨　何宏让　王春明　编著

气象出版社
China Meteorological Press

内 容 简 介

本书在总结当前数值天气预报产品解释应用新技术、新进展的基础上,系统地介绍了数值预报产品释用的基本方法、原理和应用,内容包括:数值预报产品释用的基本内涵和技术发展现状;数值天气预报业务及其产品;数值预报产品的天气学释用、统计释用和基于人工智能的释用方法,以及综合集成预报技术等。

本书基本概念和原理清晰,内容深入浅出,综合性和实用性较强,适用于高等院校气象学专业本科班的教学,大专班可节选使用,对研究生也有参考价值。本书注重理论与实际的相互联系,突出基本方法在实际天气预报业务中的应用,可作为广大气象预报人员和相关领域科研工作者的参考用书。

图书在版编目(CIP)数据

数值天气预报产品解释应用/潘晓滨,何宏让,王春明

编著. --北京:气象出版社,2016.7(2020.1重印)

ISBN 978-7-5029-6372-9

Ⅰ.①数… Ⅱ.①潘… ②何… ③王… Ⅲ.①数值天气预报-研究
Ⅳ.①P456.7

中国版本图书馆 CIP 数据核字(2016)第 170569 号

Shuzhi Tianqi Yubao Chanpin Jieshi Yingyong

数值天气预报产品解释应用

潘晓滨 何宏让 王春明 编著

出版发行:气象出版社

地 址:北京市海淀区中关村南大街 46 号   邮政编码:100081

电 话:010-68407112(总编室) 010-68408042(发行部)

网 址:http://www.qxcbs.com   **E-mail**: qxcbs@cma.gov.cn

责任编辑:张锐锐 王小甫   终 审:章澄昌

责任校对:王丽梅   责任技编:赵相宁

封面设计:易普锐创意

印 刷:三河市百盛印装有限公司

开 本:720 mm×960 mm 1/16   印 张:15.25

字 数:296 千字

版 次:2016 年 7 月第 1 版   印 次:2020 年 1 月第 2 次印刷

定 价:48.00 元

前　言

　　数值预报技术是提升预报预测业务能力的根本因素,已经成为现代天气预报的基础和天气预报业务发展的主流方向。但是还应该看到,目前的数值天气预报能力还不能完全适应天气预报业务中的各种需求,特别是定时、定点和定量的客观要素预报。因此,天气预报业务在强调以数值预报为基础的同时,也提出要综合应用多种资料和多种技术方法的预报路线。大气运动的高度非线性特征,决定了客观预报方法的多样性和综合运用的必要性,数值天气预报产品解释应用就是利用统计、动力、人工智能等方法,综合预报经验,对数值预报的结果进行分析、订正,建立客观预报模型,进一步挖掘数值预报产品潜能,使预报精度得到进一步提高,最终给出客观的要素预报结果或者特殊预报保障产品。实践证明,数值天气预报产品的解释应用是精细化要素预报技术发展的科学途径。

　　《数值天气预报产品解释应用》主要基于教学科研和预报业务的实际需要,系统介绍数值预报产品释用技术的原理、方法及应用,并尽可能吸收当前数值预报产品释用技术发展的最新成果。全书共分七章:第一章概述了数值预报产品释用的必要性和国内外技术发展现状;第二章主要介绍当前我国数值天气预报业务系统及主要的模式产品;第三章主要介绍数值预报产品定性应用的基本方法;第四章主要介绍数值预报产品诊断释用方法,包括模式直接输出、诊断分析和动力释用方法及应用;第五章主要介绍数值预报产品的统计学释用方法,包括完全预报、模式输出统计和相似预报等常用统计释用方法原理及应用;第六章主要介绍基于人工智能和非线性模型的释用方法原理及应用,包括人工神经网络、支持向量机和非参数统计模型局部线性估计等先进的技术方法;第七章主要介绍综合集成预报技术及应用。本书第一、二、五章由潘晓滨编写,第三、四、六章由何宏让编写,第七章由王春明编写。

　　《数值天气预报产品解释应用》大量参阅和引用了许多学者的著作和文献,在汇集众多研究成果基础上,力求在内容体系上将各类技术方法和实际应用科学地结合起来,希望对气象科技工作者,特别是从事气象业务工作的预报员有所裨益。由于笔者学识有限和时间仓促,难以把数值预报产品解释应用所有新方法、新技术都予以介绍,书中错误和不足之处难免,敬请广大读者批评指正并提出宝贵意见,同时对给予我们支持和帮助的专家表示衷心感谢。

编著者

2015 年 8 月于南京

目　录

第 1 章　绪　论

当前,天气预报业务总体上已经跨入以信息科技为支撑、以数值天气预报为核心的现代天气预报加工分析制作的工程技术阶段,如何有效地提高气象要素的预报准确率,始终是气象工作的一个关键问题。作为集大气探测、天气学、动力气象学以及计算机通信技术为一体的综合性科学的数值天气预报,生成大量可用信息。这些既包含天气发展演变,也包含某些天气现象产生的动力机理的信息,当然还包括由于种种局限而产生错误的和虚假的信息,需要气象工作者去深入研究和解读。在此过程中,必然将其中的信息直接或间接(经过变换)地用于实际天气预报。虽然就大多数数值天气预报产品本身而言,目前已经具有较高的质量,但由于分析误差和模式自身的误差,对局部地区的天气形势不可能预报得非常准确。因此,我们不可能将任何数值天气预报产品直接用于局地天气预报,而通过发展数值产品的释用技术来制作气象要素预报是可行的。对以数值天气预报产品为主的预报信息进行加工,尽可能提取有用的预报信息,建立各种预报模型和方法,使其能比较充分地释用数值天气预报产品,这是目前制作气象要素预报的一道重要工序,也是整个数值天气预报业务系统不可或缺的重要组成部分。

1.1　数值天气预报产品释用的基本内涵

数值天气预报产品释用就是对数值预报产品的进一步解释和应用。具体来说,就是在数值天气预报模式输出产品的基础上,结合预报员的经验,考虑本地区天气、气候特点,综合运用动力学、统计学、天气学和人工智能等多种方法,建立预报模型,对数值天气预报产品进行分析和订正,最终给出更为精确的要素预报结果或者特殊服务的预报产品,应用于本地区的天气预报。

目前,定时、定点、定量的客观气象要素预报建立在数值天气预报的基础上,而数值天气预报本身的要素预报水平相对较低,也存在不同的预报系统误差。数值天气预报产品释用的目的是得到比数值天气预报产品更为精细的客观要素或其他特殊服务的预报产品。因此,通过对数值预报这一综合性结果的进一步解释应用,充分挖掘数值预报产品中的有用信息,可以在一定程度上消除模式的系统误差,提高局地(单站)要素预报的准确率。

　　数值天气预报产品释用技术方法很多,大体上可以归纳为四类:一是以经验预报为主的定性应用方法,如天气学释用方法等;二是模式直接输出方法(DMO),通过插值把格点上的模式要素预报结果分析到具体的站点,从而得到站点上的要素预报;三是统计释用方法,包括常用的模式输出统计方法(Model Output Statistics,简称 MOS 法)、完全预报方法(Perfect Prognosis Method,简称 PP 法)、卡尔曼(Kalaman)滤波方法等;四是人工智能方法,包括人工神经网络(ANN)方法等。后三类方法能够给出要素的定量计算结果。

1.2　数值天气预报产品释用在现代天气预报中的地位和作用

　　在天气预报的不同发展阶段,预报技术路线和主要技术手段也是不同的。在气象业务建立初期,天气预报基本处于经验性阶段,预报以天气学方法为主,预报员依靠对天气学知识的理解和掌握、对高空及地面天气图的分析并结合预报经验的积累来完成预报。尽管天气图分析方法存在明显不足,如偶然性和人为性较强、难以做到绝对客观,但由于天气图应用比较直观,便于综合分析各种气象要素建立经验模型,从而建立预报思路,天气学方法在天气预报业务发展中发挥了重要作用。进入 20 世纪 90 年代,随着现代科学技术成果的引入和大气科学本身的发展,天气预报已从传统的建立在天气学理论、数理统计与预报员经验基础上的定性方法,发展到以大气探测和大气科学理论为基础,综合运用现代科学技术的最新成果,在高性能计算机上实施的数值天气预报,极大地提高了天气预报客观定量化水平和预报准确率。特别是在天气形势和区域降水预报方面,以数值分析预报产品为基础,以人机交互系统为主要平台,综合运用各种气象信息和预报方法是现代天气预报技术发展的主要特点,也是当今世界各国普遍推行的天气预报业务技术路线。数值天气预报已经成为现代天气预报的重要基础。但必须指出的是,数值预报存在误差是不可避免的。广大台站预报员在实际应用中仍不时地发现数值产品预报的天气系统移速偏快或偏慢、强度偏强或偏弱(甚至虚报或漏报);预报的降水区和降水量偏大或偏小,局地气象要素预报精度不高,且不能提供诸如云量、云高、雷暴、雾等一些天气现象的预报产品。因此,基于数值预报产品释用技术的多要素精细化气象客观预报在当今预报业务中越来越重要,其在现代天气预报中的地位和作用主要体现在以下三个方面。

　　(1)应用数值预报产品是气象预报业务发展的必然要求

　　自从数值预报投入业务使用以来,世界上许多国家都对数值天气预报产品的应用进行了很多研究,把它作为气象业务现代化建设的重要内容。传统的天气预报业务是以天气图和历史资料为基础,以数值预报产品定性分析与判断,以天气学知识并结合预报员的经验,以集体会商作为预报决策的方式。而气象业务现代化的重要目标就是从主观、定性、手工、单一的预报手段向客观化、定量化、自动化、综合化和智能化的方向发展。要建立以数值天气预报产品为基础的现代化的预报系统,如何更好地应用数值天气预报产品是关键。数值天气预报产品释用是在预报业务中使用数值天气预报产品最有效直接的途径。到目前为止,应用数值天气预报产品的 MOS 预报等仍是国际上通行的业务预报方法。

随着数值天气预报的发展和天气预报业务量的增加,预报员不可能重复传统的天气预报流程,而是需要以客观要素预报结果为基础,在此基础上进行修改和订正。这样可以大大减少预报员的工作量,提高日常业务工作效率。建立和完善天气预报技术方法,以人机交互处理系统为工作平台,综合应用多源气象信息和多种数值天气预报释用产品的集成天气预报,具有先进的现代化天气预报业务工作流程,能够帮助预报人员从分析各种物理量场入手,了解天气系统内部结构、大气环流形势、各系统之间、上下层之间的关系,以新的视角分析大气运动的内在规律和认识天气影响系统的机理,从而形成新的天气概念和技术,使天气预报的使用方法、制作流程和会商方式等都有突破性的改革。数值天气预报产品的应用已经成为广大气象台站建立现代天气预报业务、提高天气预报精度的重要手段。数值天气预报产品释用的客观预报结果必然成为日常天气预报业务和服务保障的重要基础。进一步研究、完善和推广数值预报产品的应用技术,不仅符合数值天气预报本身的特点,也符合现代天气预报技术的发展方向。

(2)数值天气预报产品释用能有效提高气象要素预报水平

提高灾害性天气预报能力和精细化天气预报水平是当前基层气象台站天气预报技术发展的主要任务。特别是定点、定时、定量的多要素预报在基层台站实际的预报业务和服务保障工作中显得尤为重要,其核心是预报准确率要高、预报产品的内容要有针对性。当前,数值天气预报对天气形势的预报水平已经超过了有经验的预报员,但是即使是国际上最先进的数值预报模式,其预报的可用性也仍然有限。现阶段,数值预报模式对气象要素的预报能力还十分薄弱,在季节转换时数值预报对天气形势预报还很不稳定,对一些灾害性、关键性、转折性天气预报能力明显不足,特别是对暴雨、强对流等灾害性天气的预报尚不能提供可用的预报。这体现了数值预报模式在表征天气系统发生和演变的物理过程方面存在局限性。我们不可能将任何数值天气预报产品直接用于天气预报,在弥补这些预报业务局限的过程中,需要通过对数值预报产品释用,特别是数值预报模式大气环流形势的有用信息,来得到比较好的要素预报。同时不同数值预报模式有不同的特性,数值预报的结果在一定程度上存在系统性误差,数值天气预报产品释用可以针对数值预报的系统性误差作出订正,以提高数值预报产品的预报效果。

大气运动的高度非线性特征,决定了客观预报方法的多样性和综合运用的必要性,基于数值天气预报产品的解释应用技术在天气预报中正越来越受到重视。数值天气预报产品解释应用就是对数值预报这一综合性的结果,利用统计、动力、人工智能等方法,综合预报经验,对数值预报的产品进行再分析、再订正,建立客观预报模型,进一步挖掘数值天气预报产品的潜能,使得预报精度得到进一步提高,以达到有价值的要素预报水平,最终给出客观的要素预报结果或者特殊服务保障产品,为预报员提供客观预报产品支持。随着数值预报和通信技术的发展,我们的问题不是如何更多更快地得到国内外数值预报产品,而是从众多质量不同的数值预报产品中学会如何去解释和应用它们。作为广大气象台站现在最迫切的任务是要大力发展数值预报的释用模型,以提高对数值天气预报产品的应用能力。实践证明,数值天气预报产品的解释应用能够显著提高灾害性天气和单站气象要预报准确率,是精细化要素预报技术发展的科学途径。

(3)数值天气预报产品的应用改变了预报业务的传统工作程序和思路

用传统的天气学方法制作天气预报时,一般先从实况形势分析入手,采用运动学(如外推法)和物理分析等方法作出形势预报,而且通常先作高空形势预报再作地面形势预报,着重出高空、地面影响系统的强度变化和移动情况,然后在形势预报的基础上再作具体的要素预报。有了数值天气预报产品,这种传统的预报工作程序和思路发生了明显的变化。

对于形势预报,主要依靠数值预报。由于数值预报,尤其是短期数值预报的准确率已明显高于人工的主观预报,所以预报员工作的重点是在数值预报给出的结果的基础上,综合运用天气学、动力气象学等有关知识和天气实况、卫星云图等资料的演变情况,判断数值预报结果是否有明显的不合理现象。若无明显不合理现象,应坚决相信数值预报的结果,并进一步分析出在不同尺度、不同类型天气系统背景条件下,灾害性天气发生发展的有利条件和区域。若综合判断不能确定数值预报结果的合理性,则宁可相信之;只有判定其结论肯定不合理时,才作出订正预报。此外,在日常预报业务中还要注重对数值预报误差的分析总结和经验积累,正确评价数值预报的性能,提高对数值预报的修正能力。

对于要素预报,可有两条途径:一是定性判断,二是定量计算。定量计算,就是MOS等数值天气预报产品的定量释用方法的运用。定性判断则有两套预报思路:一是以数值预报作出的形势预报为基础,运用天气学概念模式,作出可能出现何种(哪些)天气的判断,这与传统预报思路类似,只不过不需作形势预报;二是对数值预报能够预报的要素(如降水等),以数值预报的结论为基础,再综合分析数值预报给出的形势、物理量等产品,看其分布和配置是否与所预报的结果相矛盾,若有矛盾则需进一步运用其他资料和方法作出最终判断。可见,上述两套定性判断思路,相当于人工智能(专家系统)中的正向推理和反向推理,只不过以数值天气预报产品的应用为基础而已。

从传统预报程序和思路到以数值天气预报产品为基础的天气预报流程和思路,并没有完全放弃天气学、动力气象学等基本理论和方法的应用,而且应该也必须使它们更紧密地结合，才能使数值天气预报产品发挥应有的作用。

1.3　数值天气预报产品释用技术发展现状

随着社会的发展，各行各业对气象服务的需求越来越多，要求也越来越高，期望气象部门能提供在时间和空间更为精细、预报更为准确、要素更为多样化的天气预报产品。在这样的形势下，精细化客观气象预报的支持是必不可少的。数值预报及其产品释用是目前气象业务预报的主要手段之一。近年来，在谈到天气预报业务技术发展时，人们几乎把主要的关注点放在了数值预报的发展方面，数值天气预报已经成为现代天气预报的基础和天气预报业务发展的主流方向。正是由于数值预报的发展，使天气形势预报的可用时效更长。但是还应该看到，目前的数值预报能力不能完全解决天气预报业务中的各种需求。因此，天气预报业务在强调以数值预报为基础的同时，也提出要综合应用多种资料和多种技术方法的预报技术路线，特别是基于数值预报产品释用技术的精细化客观预报在气象预报业务中越来越受到重视，数值预报产品释用是对数值预报的结果运用动力学、统计学等技术方法再一次进行预报加工和修正，以提高要素预报水平和拓展模式的预报功能，充分发挥数值预报的作用。在众多的释用预报方法中，模式输出统计法和完全预报法是目前许多国家普遍采用的动力统计方法，也是目前比较有效的数值预报产品释用途径。

1.3.1　国外数值预报产品释用技术研究进展

美国是开展数值预报产品释用技术研究较早的国家，早在 20 世纪 50 年代末，美国国家气象局（NWS）的气象发展实验室（MDL）开展了完全预报（PP）方法的试验，60 年代投入业务运行，70 年代模式输出统计（MOS）方法进入业务运行。MDL 是在充分利用本国数值预报产品的基础上，进行数值预报产品释用方法研究以及自动化天气要素预报系统的建立、改进、完善和业务运行。MOS 预报一直是美国气象要素预报业务中的唯一方法，经过多年的研究应用，MDL 在 MOS 预报方法的因子处理、技术方案改进等方面有了非常细致深入的研究，研制了基于全球 GFS（Global Forecasting Systems，全球（天气）预报系统）和区域 ETA 模式的 MOS 预报系统，采用逐步线性回归技术，建立统计方程。各地方天气预报台（WFO）负责开发和调试以 MOS 方法为主的应用软件，预报员能够根据系统的选项，从观测资料、局地平流模式和美国国家环境预报中心（NCEP）的 MOS 指导预报中自主地筛选因子，制作发布相应的天气预报，自动生成文字、图形、图像等多种预报产品，使预报制作流程在有人机交互的条件下实现自动化。MDL 的 MOS 预报要素很多，包括：日最高和最低气温、定时气温和露点温度、天空总云量、地表风向和风速、降水概率、降水等级、雷暴和强雷暴概率、降雪等级、云底高度、能见度等级等,预报产品提供各级业务部门使用,并在相关的网站发布。此外,MDL还开发了一个综合利用卫星资料与数值预报产品的预报方法,它建立在各种等级的降水与卫星观测的云顶温度统计关系基础上,并利用数值预报产品,对卫星观测值进行外推以及模式的湿度、稳定度预报,并在全美范围内分别建立预报关系,取得了较好的效果。

　　其他发达国家也相继开展了 MOS、PP 和卡尔曼(Kalman)滤波方法的试验或业务运行,如 Zbynk SokolS 用 MOS 方法制作欧洲 7 条江河流域的 24 h 逐日降水量和降水概率预报,预报准确率较数值预报模式输出有较大提高,定量降水的均方根误差比数值预报模式减小了 10%～30%。英国用于业务的数值预报产品解释应用方法主要是 Kalman 滤波,它所使用的模式主要是全球模式;加拿大利用 PP 方法制作降水概率预报,并在预报系统之后接上了一个误差反馈系统,以此订正系统误差,同时还利用 PP 法制作云量、气温、空气质量预报,利用相似方法制作降水概率、云量和风的预报,各地的预报员可以根据最新的观测并考虑具体的天气过程,对要素预报的过程进行干涉;对于雷暴临近预报采用的是 iCAST(interactive Convective Analysis and Storm Tracking)系统,iCAST 是一个交互式的预报平台,预报员基于数值预报产品、多种观测资料进行大尺度和中尺度天气概念模型的识别,并预测对流的发生区域,最后再通过人机交互实现小尺度雷暴的路径预报。日本通过先进的大气探测系统,全天候自动监测温度、气压、湿度、风、紫外线等大气状态的变化,通过对全球最新的气象交换资料和日本、美国、欧洲中心数值预报产品的及时接收,开发了能客观地提供未来 72 h 东亚地区逐小时温度、湿度、风、降水等气象要素变化的新一代天气预报业务系统,利用卡尔曼(Kalman)滤波方法预报诸如温度等连续变量,MOS 方法预报云量和降水等非连续变量。Andtew・R・Dena 和 Brain・H・Fideler 则采用线性回归方法和非线性神经网络方法进行了机场云(雾)的预报试验,其预报结果表明,非线性神经网络方法的预报技巧评分比气候预报高出 0.25,而线性回归预报的技巧评分比气候预报高出 0.20。并且为了进一步分析,他们还根据机场早晨的实测温度,采用线性回归方法和非线性神经网络方法分别制作机场下午的温度预报,结果显示,非线性神经网络方法的预报技巧评分为 0.446,而线性回归方法为 0.290,说明神经网络技术方法在处理非线性问题时,较传统的线性处理技术具有一定的优势。

　　(2)国内数值天气预报产品释用技术研究进展

　　我国数值天气预报产品释用的研究和试验开展得相对比较晚,这和我国数值天气预报发展较晚有关。1982 年,国家气象中心 B 模式投入业务运行,在此基础上开展了一些数值天气预报产品释用,主要以模式直接输出和统计释用为主。1991 年后是基于 T63、T106 模式产品的释用。现在,国家气象中心有全球模式 T639、有限区域模式 HLAFS、中尺度模式 WRF 以及台风模式等。国家气象中心和一些省气象台都在此基础上开展了数值预报产品释用工作。经过多年的努力,我国气象工作者在数值天气预报产品解释应用技术方面取得了很多的研究成果,数值天气预报产品释用得到了很大的发展。从方法上来说有统计学方法、天气学方法、人工智能方法和模式直接输出等,并在实际的业务预报中得到了应用,取得了很好的效果。2001 年开始,国家气象中心发展建立了以模式直接输出、模式输出统计、神经元网络和综合集成等统计技术为基础的客观要素预报方法(表 1.1)。通过上述各种预报方法对温度预报误差对比分析发现,与模式的直接输出结果相比,模式统计释用预报结果的误差明显偏小,说明数值产品释用的方法对现在的业务数值预报结果是有明显改进能力的。

表 1.1 国家气象中心客观要素预报系统

方法	预报要素	预报时效及间隔	预报范围	模式基础	主要用途
模式直接输出	温度、湿度、风、云量、降水量	1~3 d,3 h 间隔	国内 2600 站点;世界主要城市	T213 全球模式	3 h 客观要素预报的基础产品
模式输出统计	温度、湿度、风、云量、降水等级	1~7 d,12~24 d 间隔	国内 2600 站点	T213 全球模式	长时效客观要素预报的基础产品
神经元网络	温度、湿度、风、云量、能见度、降水等级	1~3 d,3~6 h 间隔	国内 2600 站点	T213 全球模式、德国模式、日本模式	3 h 效客观要素预报的基础产品
综合集成	温度、湿度、风、云量、能见度、降水等级	1~3 d,3 h 间隔	国内 2600 站点	T213 全球模式、德国模式、日本模式	对外发布

在我国各级台站的数值天气预报产品释用中,应用比较多的方法有 MOS 方法、卡尔曼滤波方法、相似方法以及神经网络方法。如冯汉中等采用卡尔曼滤波方法预报四川盆地降水量,所用的预报因子为欧洲中期天气预报中心(ECWMF)的模式产品,试验结果表明:卡尔曼滤波方法对降水量从无到有的转折性预报有参考价值;林开平利用相似方法制作广西暴雨落区预报,采用 ECMWF 和 T106 的模式输出结果,从环流形势、影响系统、物理量分布,以及动力和热力演变相似的角度筛选出类似的历史个例,从而估算出每个站发生暴雨的可能性,包含了可能出现暴雨台站的区域即为暴雨落区;孙田文基于 T106 数值预报产品,通过神经网络方法建立了陕西铜川地区降水等级预报系统,业务运行结果表明,该方法的降水等级达到比较高的精度;杞明辉等的工作强调了反映环流特征的因子在客观要素预报中的作用,他们首先对环流形势进行聚类,在预报时环流与不同类的相似系数作为预报因子带入预报方程,预报时不仅考虑了单站的因子,而且考虑了反映场特征的因子,结果表明:引入了反映环流特征的因子,使预报效果有明显改进。张华把变分方法应用到统计方法中,利用最新的观测资料来不断修正

MOS 预报方程系数,以提高 MOS 预报效果,并利用兰州地区的最高温度预报进行了试验,结果表明,经过修改后的 MOS 预报方程可以改善预报效果。在气象要素集成预报方面,赵声蓉采取了神经网络法建立多个模式温度预报集成方法,结果表明,集成预报结果明显优于单一的模式结果;金龙等通过神经网络方法对南京地区春季降水预报进行了集成预报试验,并与其他集成方法进行比较,结果表明,神经网络方法用于集成预报有比较好的效果;魏凤英利用区域动态权重方法对 3 种预报模型的预报结果进行集成,结果表明,集成预报的预报技巧评分优于单个方法预报技巧评分的平均水平,并在一定程度上改善了单个预报技巧不稳定的现象;周家斌等对 1998 年全国降水分布的 4 种预报集成的结果表明,对 1998 年长江中下游和嫩江流域的异常洪涝,集成预报明显高于单个预报的评分。

2005 年起,国家气象中心组织开发精细化气象要素客观预报系统(MEOFIS),MEOFIS 总体发展思路是将气象观测资料与数值天气预报产品有机地融合,实现了气象要素精细化预报,主要手段是数值天气预报产品解释应用技术。MEOFIS 系统可以流畅实现预报模型建立、预报实时运行和预报检验等基础功能,能充分挥发各级地方台站业务人员的地方预报经验优势,实现预报技术方法集约化开发和预报技术共享的目的,进一步提升气象预报的精细化和准确率。经过不断完善和开发,2011 年 9 月,MEOFIS2.0 系统平台顺利通过了设置、预处理、建模、预报和检验等功能的现场测试,成为国家气象中心向各地提供预报技术方法的重要工具之一。在此期间,宁夏、山东、苏州等气象部门已进行了本地化试用。江苏省气象局现代天气业务发展与改革试点工作实施方案也明确提出使用精细化气象要素预报系统改进江苏精细化要素预报技术方法。当前,MEOFIS 使用的资料为精细化的数值天气预报模式(如 T639L60)产品,采用方法主要为 MOS 预报方法、基于时间概率回归估计的等级预报方法和基于事件概率估计的回归方法,输出的天气预报产品库为国家级天气预报产品库(NWFD)和省级天气预报产品库(LWFD),在预报业务和对外服务保障中起到了重要的作用。

总之,数值天气预报产品解释应用以其客观化、定量化和自动化为特色,已成为气象要素精细预报的主要手段,是气象业务现代化中的重要环节。随着通信技术的发展,当前的问题不是如何更多更快地得到国内外数值天气预报产品,而是从众多质量不同的数值天气预报产品中学会如何去解释和应用它们。当前,对于广大气象台站最迫切的任务是:从天气发展的物理过程出发,大力加强对数值天气预报产品的应用研究,发展建立数值天气预报释用模型,以提高对数值天气预报产品的应用能力。

思考题

1. 简述数值天气预报产品释用的基本内涵,其主要方法有哪些?
2. 简述数值天气预报产品释用在现代天气预报中的地位和作用。

参考文献

车军辉,李德生,李玉华,等.2006.数值预报产品释用业务系统历史数据存储与检索[J].应用气象学报,**17**(增刊):152-156.

丑纪范.1986.为什么要动力统计相结合? —兼论如何结合[J].高原气象,**5**(4):367-372.

谷湘潜,李燕,陈勇,等.2007.省地气象台精细化天气预报系统[J].气象科技,**35**(2):166-170.

季致建.2006.数值预报产品的精细分析和解释应用[J]//长三角气象科技创新与发展论坛论文集.南京:258-264.

矫梅燕,龚建东,周兵,等.2006.天气预报的业务技术进展[J].应用气象学报,**17**(5):594-601.

刘还珠,赵声蓉,陆志善,等.2004.国家气象中心气象要素的客观预报—MOS系统[J].应用气象学报,**15**(2):181-191.

苗春生.2013.现代天气预报技术教程[M].北京:气象出版社,210-255.

邵明轩,赵声蓉,车军辉,等.2012.精细化气象要素预报平台(MEOFIS)简介[J].成都信息工程学院学报,**27**(增刊):49-52.

徐羹慧.2003.气象台天气分析预报技术发展现状的评估—气象台天气分析预报技术走向研究之二[J].新疆气象,**26**(4):1-15.

徐羹慧.2003.气象台天气分析预报技术发展现状的评估—气象台天气分析预报技术走向研究之一[J].新疆气象,**26**(3):1-10.

薛纪善.2007.和预报员谈数值预报[J].气象,**33**(8):3-11.

严明良,曾明剑,濮梅娟.2006.数值预报产品释用方法探讨及其业务系统的建立[J].气象科学,**26**(1):90-96.

张小玲,周兵,郑永光,等.2007.国家气象中心强天气客观预报方法和系统建设进展[J]//2007年灾害性天气预报技术研讨会论文集.北京:2007:205-216.

赵声蓉,赵翠光,赵瑞霞,等.2012.我国精细化客观气象要素预报进展[J].气象科技进展,**2**(5):12-21.

Andrew R Dena,Brina H. 2001. Fiedler Forecasting Warm-Season Bum off of Low Clouds at the San Francisco International Airport Using Linear Regression and a Neural Network[J]. *Journal of Applied Meteorology*,**41**(6):629-639.

AshokKumar,PvarinderMaini,Sinhg S V. 1999. An Operational Model of forecasting Probability of Precipitation and Yes/No Forecast[J]. *Weather and Forecasting*,**14**(1):38-48.

Glahn H R and Lowry D A. 1972. The use of Model Output Statistics(MOS)in objective weather Forecasting[J]. *J. Appl. Meteor*,**16**:672-682.

Krishnamurti T N,Kishtawal C M,Zhang Z,*et al*. 1999. Multi-model Super ensemble Forecasts for weather and Seasonal Climate. FSU Report 99-8.

Luarenee J Wilson,Maerel Vallee. 2003. The Canadian Updateable Model Output Statistics(UMOS) System,Validation against Perfect Prog[J]. *Weather and Forecasting*,**18**(2):288-302.

Mylne K R,Clark R T,Evans R E. 1999. Quasi-operational Multi-model Multi. analysis Ensembles on Medium-range Time scales. *AMS 13th Conference on Numerical Weather Prediction*. Denver'Color-ado,204-209.

第 2 章　数值天气预报业务及其产品

2.1　数值天气预报概述

数值预报技术是决定预报预测业务能力的根本因素,也是一个国家气象现代化的重要标志。数值天气预报(NWP)是提高天气预报准确率的根本途径,已成为现代天气预报的基础,在日常的气象业务与服务中发挥着不可替代的作用。数值天气预报是应用数学和物理相关知识,建立大气方程组,即数值模式,根据大气实际情况,在一定的初值和边值条件下,对大气方程组进行时间积分,通过大型计算机作数值计算,求解描写天气演变过程的流体力学和热力学方程组,得到某一时刻的大气运动状态,即预测未来一定时段的大气运动状态。数值天气预报是集大气探测、天气学、动力气象以及计算机、通信技术为一体的综合性应用科学,其发展取决于大气科学(包括气象学、大气物理)、计算数学与计算机技术、空基与地基遥感技术以及地球科学的其他领域等学科的进步和发展。大气可压缩的基本属性决定了大气中的运动变化问题要比不可压流体(如海洋)的问题更复杂,大气所包含的水汽成分又通过其相变过程使得发生在大气层中的现象多姿多彩(风云雷电、阴雨冰霜)、变幻莫测。数值天气预报模式作为地球大气这一典型的非线性系统的离散化计算模式,其计算量非常大,为了在比实际天气演变更短的时间内完成所有的计算,高速计算机成了决定性的关键技术。

2.1.1　数值天气预报在大气科学中的地位和作用

大气科学是以全球大气为对象,研究发生在大气中的各种现象及其演变规律,以及如何利用这些规律为人类服务的一门学科。大气科学不仅是一门基础学科,也是一门与人类的生产、生活包括军事活动密切相关的涉及许多学科的综合性应用科学。它的主要目的是掌握大气状态的变化规律,预测天气、气候变化,最终达到控制和人工影响天气、气候。大气科学的研究内容十分广泛,它依据物理学和化学的基本原理,运用各种技术手段和数学工具,研究大气的物理和化学特性、大气运动的各种能量及其转换过程、各种天气气候现象及其演变过程、天气气候现象的预报方法、影响天气气候过程的技术措施、大气现象各种信息的观测和获取以及传递的方法和手段等。其中数值天预报的水平已成为衡量大气科学发展水平的重要标志之一,它在大气科学中的作用和地位主要表现在以下几个方面。

(1)数值预报是促进大气科学各分支领域发展的动力之一

数值预报是在数值模拟的基础上进行的,而数值模拟需要合适的大气数值模式,大气数值模式的建立、完善和发展则需要以动力气象学理论的研究和发展为前提,以大量的观测事实及其分析为基础,即大气探测→天气分析→动力气象理论→大气数值模式→数值模拟→业务数值预报。可以说,其他学科领域的进展,推动了数值天气预报的发展,而数值天气预报的发展,又反过来促进大气探测、信息传输、天气分析和理论研究等分支领域研究的深入和进展。

(a)气象观测(大气探测)是大气科学其他分支领域赖以发展的基础,也是数值预报发展的基础,数值预报则向大气探测提出了更高的要求。

我们知道,若没有温度表、气压表、湿度表、风向风速计等仪器的发明,没有定量的气象观测,就不可能有真正的天气学及其相应的天气分析和预报方法;没有高空大气探测,就没有动力气象学的创立和发展,也就没有数值天气预报了。

数值预报的发展则向大气探测提出了更高的要求。例如,目前卫星资料的反演应用,包括卫星资料在内的综合四维资料同化,已成为发展数值预报的专门研究课题;中尺度数值预报要求有时、空密度和精度更高的探测资料;中期数值预报和气候模拟及其预测,则需要海温、陆地表面和冰雪状况、臭氧,甚至火山爆发、太阳黑子等非大气现象的观测资料。更不用说,海洋、沙漠、高原地区稀疏的气象测站本已不能满足数值预报的需要了。因此,数值预报将使大气探测面临更艰巨的任务,数值预报要求大气探测更细致、内容更广泛。

(b)气象通信及计算机技术是数值预报的命脉和保证,数值预报要求不断改进通信技术,提高计算机性能。

数值预报得以实现,除了合适的数值模式外,必须要有足够信息资料的输入和高速大容量计算机的运算,这是无可争论的。

由于资料四维同化技术的发展与应用,数值预报对包括卫星探测资料在内的各种资料的需求量日益增加;数值预报产品的内容和数量也随着数值模式性能的改进和预报时效的延长而日益增多,基层气象业务单位期盼获得更多的数值预报产品的愿望与实际的通信传输能力还存在突出的矛盾,这都需要通信技术的进一步发展。

随着人们对数值预报精度要求的提高,数值模式的水平分辨率越来越高,垂直分层越来越细,物理过程描述越来越复杂,参数化方案越来越完善,包括资料四维同化、初值处理、地形与边界处理以及谱方法的采用,使模式设计越来越精细,而且要求的预报时效也越来越长,因此相应的计算量大幅提高。这就要求计算机的速度和容量也要随之提高。现在世界上性能最优的计算机几乎都首先用于数值预报。我国的中期数值预报业务系统也使用我国生产的最新巨型机银河机。尽管计算机的运算速度快速提高,但仍不能完全满足日益发展的数值预报的需要。因此,数值预报将成为推动通信技术和计算机科学技术发展的动力之一。

(c)天气分析和理论研究导致了数值预报的诞生,数值预报的发展促进了天气分析和理论研究的发展。

天气分析从对地面高低压的分析,到对空中槽脊的分析,再到对锋面、气旋等的空间结构分析,开始都是静态的描述,定性的分析。直到 Rossby 揭示出行星波并提出著名的大气长波理论,动力气象学逐渐形成并迅速发展,最终导致数值模拟和数值天气预报的诞生。

数值模拟和预报开展以后,反过来对天气分析和理论研究产生了深刻的影响。如对垂直速度、涡度、散度、水汽通量、水汽通量散度、能量场等进行诊断分析,使对天气的分析从定性走向定量。数值模拟和预报中涉及的地形和边界层问题、海气相互作用问题、物理过程参数化问题、资料的初始化和四维同化问题,以及积分的稳定性问题、可预报性问题等等,都为理论研究,包括大气科学自身的,甚至也包括计算数学和有关物理学的研究提出了新的课题和要求,必将促进它们的进一步发展。

(2)数值预报(数值模拟)是揭示大气运动规律的有力武器

分析研究大气运动规律的方法,大体上可分为三大类:理论分析法、统计分析法和实验分析法。

理论分析法依据天气观测的事实,应用天气分析方法和热力学、流体力学的概念与原理,了解天气系统的分布和空间结构、演变过程及其与天气变化的关系,揭示大气热力、动力过程的基本规律,而且指出这些规律的实践意义,既为制作天气预报提供定性的依据,也可指导观测实验研究的开展。例如,根据理论分析,提出需进行实验研究的问题;推论需用实验验证的某些事实或规律等等。理论分析法的代表学科是天气学和动力气象学,当然也包括现代天气学和动力气象学的许多新分支,如热带和赤道大气动力学、大气—海洋动力学、中小尺度系统动力学和非平衡态热力学与动力学等。由于大气现象和影响大气运动的因素是如此的复杂,因此尽管天气学、动力气象学已取得了令人瞩目的成就,但离大气科学最后要解决的问题——天气预报和人工影响天气还相差很远。所以,作为补充和发展,大气科学研究中还使用了统计分析和实验分析的方法。

统计分析法运用概率统计理论和回归分析、判别分析、聚类分析、时间序列分析、主分量分析、谱分析等方法,从大量的历史气象资料中寻找大气现象间的统计规律或相互关系,如平均的气候状况,前期的气象要素或物理量与未来天气的关系等。并能从统计的意义上找出影响某种天气或天气过程的主要因素,甚至可发现一些理论分析中难以推断出的事实,为寻求理论上的证明提供线索,为检验数值模拟与数值预报模式的性能或调整模式中的有关参数提供依据,因此也是改进数值模拟、数值预报所不可缺少的分析研究方法。统计方法不但因可直接用于天气预报而发展为又一门新的学科—统计天气预报，它与动力学方法的结合—统计动力法，则为动力模式的改进和数值预报产品的应用开辟了一条新途径。但统计分析得到的结果毕竟只是统计对象的期望值，或说平均状况，它难以有效地揭示那些偏离期望值较远的特殊小概率事件及转折性天气过程等统计特性不稳定的大气现象。

实验分析法主要包括实验室模拟（也叫物理模式法）和数值模拟。

我们知道，当大气中某种不稳定波发生发展时，不但基本的温、压、风场发生变化，波自身也发生变化，这就是大气现象的反馈机制。同时，大气现象的多时间和多空间尺度波动也是互相干涉的。理论研究为这些复杂的大气现象建立了合乎物理定律的数学模式，因而可通过在实验室实验或在计算机上对模式进行时间积分来仿真地研究其变化情况，这就是实验室"物理模拟"和计算机"数值模拟"。

实验室模拟必须保证模式与实体之间保持动力学相似和热力相似。它虽作了许多的近似和简化，但仍很有用，它可用于检验有关大气环流的性质和各种假设（实验中可对各种参数进行外部控制，便于作出对比）；能在较短时间内测得模拟出的多年资料，可为长期数值预报提供很好的检验资料；它还能对云物理、边界层大气过程以及某些中小尺度环流进行成功的模拟。但由于地球大气具有的层结性、可压缩性和无限性，而且不同尺度系统间的相互作用和非线性关系，难以在有限的实验室中实现；对复杂的地形和下垫面也无法进行精确的复制；旋转地球对大尺度大气运动的 β 效应和球面曲率影响，在无法脱离地球的实验室内是不能包括的，因此，要使实验室模拟和真实大气运动之间达到完全一致的动力与热力相似是永远不可能的。所以说，实验室模拟具有难以克服的局限性。

数值模拟则开创了大气科学研究方法的新纪元，成为大气科学发展的必由之路。用于数值模拟和数值预报的数值模式的主体部分是一组由连续方程、运动学方程、水汽方程、热力学方程和状态方程组成的方程组。数值预报和数值模拟的差异主要在于前、后处理略有不同，数值模拟通常用理想初始条件，而数值预报则必须用实时初始资料，但它们所用的主体数值模式和原理是一致的，所以在论及对大气科学的贡献时，常将它们混为一谈。

数值模拟既是理论与实践的结合，又是技术与应用的结合。它是理论分析（对被模拟现象建立数学模式）、物理原则（按物理规律处理被模拟现象的物理过程）、计算方法（依计算数学理论和方法设计数值计算方案）、数值试验（用电子计算机对模式方程组进行数值求解）和模式评价（分析检验模拟结果）五位一体，既交叉又综合的研究方法。它不受被模拟对象的空间、时间尺度约束，无论瞬变的小尺度湍流，还是行星尺度的气候变化都可以研究，这是实验室模拟难以比拟的；它能对被模拟对象进行控制和区分研究，即既可以研究一种复杂现象总体之间的相互作用，又可对复杂过程中某些因子的影响进行控制和对比试验,既可模拟经简化的理想模式大气,又可预报复杂的实际大气演变。因此,数值模拟(数值预报)是一个非常理想的"数值实验室",是揭示大气运动规律的有力武器。

(3)数值预报使大气科学的重要分支——天气预报的技术产生了深刻的变革

天气预报理论和技术的理论基础是天气学和动力气象学。若把 1820 年布兰德斯(H. W. Brands)绘制第一张天气图作为近代天气分析和天气预报的开始,至今已有 180 年了。直到数值预报方法业务化之前,制作预报主要靠天气学和动力气象学理论指导下的定性分析和经验判断。

数值预报的成功和发展使天气预报技术发生了深刻的变革。由于其客观、定量和日趋提高的预报能力,到 20 世纪 80 年代全世界就有 30 多个国家和地区的气象部门把数值天气预报方法作为制作日常天气预报的主要方法,逐渐形成了天气预报技术的三类基本模式:根据天气学原理和经验建立的、以物理定性关系为主的天气学模式;由当前气象要素与未来天气之间的统计关系建立的统计学模式;利用当前气象要素的分布与未来天气之间的物理定量关系建立的动力学(数值)模式。相应的基本预报方法即天气图方法、统计预报方法和数值预报方法。

至今,天气形势的预报,尤其是短期形势预报,基本上可以依赖数值预报;中期形势预报已从梦想变为现实;部分要素预报也可直接取自数值预报结果。数值预报的内容,已从过去单一的形势预报发展到包括气压、温度、湿度、风、云和降水等气象要素在内的预报;预报的范围从对流层扩展到平流层,从有限区域扩大到半球和全球;预报时效从 1—2 d 的短期预报延长到 3—10 d 左右的中期预报。预报员的工作程序和预报思路也发生了相应的变化。

可以相信,通过提高数值模式的分辨率,改进物理过程的参数化方法和完善资料同化技术等途径,数值预报的准确率和时效将得到进一步的提高。随着计算机性能的提高、价格的降低,气象通信条件的进一步改善,数值预报将逐步向基层业务单位普及,在气象保障和服务工作中发挥更大的作用。

2.1.2　数值天气预报发展史

1904 年,V. Bierknes 最早提出用流体动力学方法制作天气预报的构思,将预测大气未来时刻状态问题作为一组数学物理方程的初值问题。1921 年,Richardson 迈出实践的第一步。他组织大量人力,从一组不经过任何处理的大气原始方程组出发,利用数值计算的方法,借助一把 10 英寸的滑动式计算尺,试图计算出未来天气的变化。他耗时 1 个月,制作出了世界上第一张 6 h 欧洲地面气压场数值预报图。可是,这张地面气压预报图预报 6 h 变压是 145 hPa,而实况却是气压变化不大。虽然计算结果在时效和精度上都是毫无意义的,但他的开创性工作仍然是很有价值的。Chaney 认为:"他的研究工作的真正价值在于暴露了后来该领域研究工作者都必须面对的所有关键问题,并为这些问题的解决奠定了工作基础"。Kalnay 认为:"初值的不平衡是造成预报失败的主要原因,而且如果积分继续下去,也会因为其模式差分方案不满足 CFL(Courant-Friedricks-Lewy)计算稳定条件而出现计算暴死(Computational blow-up)"。其后,经过近 30 年的不断探索,1950 年,数值预报研究有了突破。Chaney 等借助由美国研制的世界首台电子计算机 ENIAC(Electronic Numerical Integrator and Computer),用滤掉(或不包括)重力波和声波的准地转平衡(quasi-geostrophic)滤波一层模式,成功地制作出北美地区 24 h 500 hPa 数值天气预报形势图。它的成功使数值预报被气象学界普遍接受,从而开创了数值天气预报滤波模式时代。从 1954 年开始数值预报被应用到实时预报业务中,开启了数值预报快速发展的时代。数值天气预报从纯研究探索走向了业务应用,同时也意味着地球科学首先由大气科学开始从定性研究向定量研究迈出了坚实的第一步。伴随着超级计算机、大规模并行处理技术和互联网的问世与发展,以及大气探测技术、新计算方法和大气科学以及地球科学自身的进步,数值预报水平和可用性大大提高,数值模式的应用领域也从中短期天气预报拓展到短期气候预测、气候系统模拟、短时预报以及临近预报,从大气科学到环境科学、甚至地球科学。

2.1.3　数值天气预报发展现状与趋势

目前,欧洲中期数值预报中心(ECMWF)、英国气象局、法国气象局、加拿大气象局、日本气象厅、澳大利亚气象局等发达国家都已经建立了气象资料四维变分同化系统。未来几年尤其是数值预报先进的国家的全球模式分辨率将提高到 $10\sim25$ km,达到全球中尺度模式的水平,ECMWF 的确定性预报业务模式已于 2009 年年底升级为 T1279L91,水平分辨率约 16 km,垂直分层达 91 层;全球中期集合预报业务模式也相应升级为 T639L91,水平分辨率约达 30 km。在精细化数值预报方面,各国都在积极推进高分辨率数值预报模式的发展,并启动一系列研究与发展计划。如美国正在发展的天气研究与预报模式(WRF),将目标锁定在 $1\sim10$ km 的分辨率;英国、法国等正在解决街区尺度数值预报的计划。此外,为期 10 年的国际"观测系统研究与可预报性试验"计划(THORPEX)正在世界气象组织框架内组织实施,将有力地推进观测—预报交互系统技术、资料同化技术、多模式多中心超级集合预报技术的发展,加速提高 $1\sim14$ d 数值预报的准确率。我国数值天气预报业务经过多年发展,逐步从引进吸收与自主研发并重转为自主研发、持续发展的新格局。在国家级层面初步构建了包括全球和区域模式预报系统、集合预报系统及专业数值预报系统在内的较为完整的数值预报体系。T639L60 可用预报时效达到 6.5 d 以上,预报产品在业务中得到广泛的应用;GRAPES 中尺度数值预报系统 2004 年实现业务化;GRAPES 全球中期数值天气预报系统 2009 年 3 月实现准业务运行;全球台风路径预报能力逐步提高,台风路径距离误差 24 h 预报在 125 km 以内,48 h 预报在 220 km 以内,72 h 预报在 330 km 以内。

　　未来数值天气预报的发展必然向局地公里尺度甚至百米尺度分辨率的精细化预报系统以及可用预报时效超过两周的全球天气预报方向发展。概括起来,可归纳在以下4 个方面:

　　(1)高分辨率模式快速发展。全球模式的分辨率将达 10 km,垂直方向扩展到0.01 hPa,全球模式将进入高分辨率中尺度数值预报模式时代;有限区域数值预报模式的分辨率将达 1 km 左右。

　　(2)物理过程参数化方案更加精细化。近年来数值天气预报模式、气候模式的物理过程越来越复杂,各圈层及其相互作用更加全面,模式中使用的各种物理过程及其相互作用越来越细,越来越强调深入结合观测资料研究评估模式的动力物理过程,尤其是云微物理过程。

　　(3)以四维变分同化为基础的集合—变分同化或混合资料同化技术将成为未来资料同化技术的主流发展方向。变分与集合卡尔曼滤波混合或者集合—变分的新同化技术得以发展,遥感资料得到更广泛的使用,特别是有云区卫星遥感资料在数值预报中的有效应用。

　　(4)集合预报技术得到深入发展,业务上得到广泛应用。奇异向量初值扰动方法进一步发展,尤其是包括水汽的能量模的计算在低纬热带区域的改进和业务应用;物理过程扰动技术在区域模式集合预报中的应用,以及多模式多中心超级集合预报技术的应用和发展。

2.2　数值天气预报系统组成

　　数值天气预报作为一个完整的业务系统,应包括六大部分:观测资料的获取和预处理;客观分析和资料同化;数值预报模式;数值预报产品后处理;数值预报产品的检验评价、产品生成、图形加工和产品归档;数值预报产品的解释应用。

2.2.1　观测资料的获取和预处理

　　用于数值天气预报的观测资料,通过全球电信系统(GTS)、国内通信网和因特网等多种通信途径获得,观测资料主要包括:

　　(1)无线电探空资料(标准等压面和特性层上的温度、露点和风),每 12 h 一次;

　　(2)自动气象站观测资料(10 min 一次);

　　(3)船舶和浮标站提供的数据(如海平面气压、温度等);

　　(4)飞机报告(温度廓线);

　　(5)小球测风资料;

(6)风廓线仪资料；

(7)GPS 站水汽观测资料；

(8)多普勒雷达资料(反射率和径向风)；

(9)卫星资料(辐射率)；

(10)其他资料等。

这些资料通过解码、格式转换、数据整理和质量控制等进行必要的预处理过程后，存入观测资料检索数据库，以便检索使用。

2.2.2　客观分析和资料同化

将全球分布极不均匀、不完整的站点观测资料以及非模式大气变量的遥感观测资料，转变为规则分布计算格点上的完整的模式初值(或气象要素场)。客观分析方法包括逐步订正法、最优统计插值法、三/四维变分同化法、集合卡尔曼滤波法等。客观分析有别于单纯的空间插值，具有以下三个方面的特点：一是实现背景场与观测资料的有机融合；二是实现多变量之间的相互影响和相互协调；三是尽可能维持分析结果在动力学上的平衡。

(1)逐步订正法

该方法最早由 Cressman(1959)提出。该方法将分析变为对背景场(猜测场，一般是 6 h 预报场)的订正，实现两种信息(预报场与观测)的融合，奠定了同化方案的基本思想。根据模式格点周围各观测站的观测值与预报值的差(即观测点上的预报误差，在客观分析中称为观测增量)通过逐步订正方案来确定。本质上是单变量分析，权重函数只依赖于测站到格点的距离，而与测站的分布无关，这在统计意义上并不是最优的。

(2)最优统计插值法

该方法简称为 OI 方法。该方法对初值进行订正，寻求统计上的最优解。它不仅考虑观测站点的空间分布，而且允许使用有不同误差特点的观测资料，并同时分析气象变量之间的地转关系、静力关系和热成风关系。

分析值：

$$u_a = u_f + \sum \omega_i (o_i - o_i^f) \tag{2.1}$$

式中，o_i^f 为由初值场得到的第 i 点上的观测值，o_i 为观测站点 i 上的实况值。

$$\varepsilon_a = \varepsilon_f + \sum \omega_i (\varepsilon_i^0 - \varepsilon_i^f) \tag{2.2}$$

选择 $\langle \varepsilon_a^2 \rangle = \min$

ω_i 取决于所有观测资料的分布，以及观测误差与预报误差的均方差比例。

观测变量与分析变量不必是相同的，需要知道的只是 $\langle \varepsilon_g^f \varepsilon_i^f \rangle$。这为多变量分析开阔了道路，但其关系必须是线性的。并且，只需将平衡关系施加到协方差模型，就可以方便地维持一定程度的动力学平衡。

（3）三维和四维变分同化方法

三维和四维变分同化方法分别简称为 3D-Var 和 4D-Var。这是目前正在兴起的一种资料同化（客观分析）方法。利用变分概念及其快捷算法（Adjoint Method），可以同化不同类型、不同时次（对 4D-Var 有效）的观测数据，包括直接利用卫星辐射率、雷达反射率和降水资料等。该方法进一步摆脱观测量与分析变量之间存在线性关系的限制，可以使用大量的遥感观测资料。由下式：

$$J(x) = (x - x_a)^{\mathrm{T}} B^{-1}(x - x_b) + (H(x) - y)^{\mathrm{T}} O^{-1}(H(x) - y) \tag{2.3}$$

$H(x)$ 是线性算子，可以通过求解以上变分极小值问题，来求得任意观测要素的最优分析值，称为三维变分同化。更可以推广到不同观测时刻的情况。

这时，

$$J(x) = (x_0 - x_b)^{\mathrm{T}} B^{-1}(x - x_b) + \sum_t (H(x_t)^{\mathrm{T}} - y)^{\mathrm{T}} O^{-1}(H(x) - y_t) \tag{2.4}$$

$x_t = F_t(x_0)$ 是预报模式。

代入：

$$J(x) = (x_0 - x_b)^{\mathrm{T}} B^{-1}(x - x_b) + \sum_t (H(x_t)^{\mathrm{T}} - y)^{\mathrm{T}} O^{-1}(H(x) - y_t) \tag{2.5}$$

求解这一变分问题，需要积分伴随模式，这就是 4D-Var。当前 3D-Var 与 4D-Var 已成为资料同化的主流技术。

（4）集合卡尔曼滤波方法

集合卡尔曼滤波是 20 世纪 90 年代中后期在卡尔曼滤波技术基础上发展起来的一种新方法，它利用集合预报思想，通过预报集合得到预报误差协方差矩阵，很好地克服了卡尔曼滤波技术计算量大的缺点，且不受线性模式的限制，已成为当前资料同化领域一个新的研究热点。

假设已知数值模式初始状态一个样本：$X^b = (x_1^b, \cdots, x_m^b)$

式中，X^b 代表集合，m 代表集合成员数。X^b 集合状态的平均表示如下：

$$\overline{X}^b = \frac{1}{m} \sum_{i=1}^{m} x_i^b \tag{2.6}$$

集合中第 i 个集合成员的扰动项：

$$x_i' = x_i^b - \overline{x}^b$$

定义 X'^b 为扰动的集合：$X'^b = (x_1'^b, \cdots, x_m'^b)$

则背景误差协方差可以表示如下：

$$P^b = \frac{1}{m-1} X'^b (X'^b)^{\mathrm{T}} \tag{2.7}$$

对每一个集合成员进行更新：

$$x_i^a = x_i^b + K(y_i - H(x_i^b)) \tag{2.8}$$

式中，$y_i = y + y_i'$ 是加上扰动的观测；y_i' 是扰动项，$y_i' \sim N(0,R)$，R 是观测误差协方差；K 是集合卡尔曼滤波增益，$K = P^b H^T (H P^b H^T + R)^{-1}$。

在具体计算过程中，$P^b H^T$ 与 $H P^b H^T$ 按下式独立进行计算：

$$P^b H^T = \frac{1}{m-1} \sum_{i=1}^{m} (x_i^b - \bar{x}^b)(H(x_i^b) - \overline{H(x_i^b)})^T \tag{2.9}$$

$$H P^b H^T = \frac{1}{m-1} \sum_{i=1}^{m} (H(x_i^b) - \overline{H(x_i^b)})(H(x_i^b) - \overline{H(x_i^b)})^T \tag{2.10}$$

式中，$\overline{H(x_i^b)} = \frac{1}{m} \sum_{i=1}^{m} H(x_i^b)$，表示已经转换到观测位置的背景场状态集合平均。

2.2.3　数值预报模式

（1）模式基本方程组

将动力学和热力学的基本方程应用于空气微元，得到大气运动的方程组，包括动量守衡方程（运动方程）、质量守衡方程（连续性方程）、能量守衡方程（热力学方程）、水汽守衡方程和空气状态方程。上述方程加上适当的初始条件和边界条件即构成闭合的模式基本方程组。

由于数值预报方程组是一组非线性偏微分方程组，目前，只能用数值方法求其近似解，即用离散化方法来解决。数值预报方程组在空间上的离散化方法主要有：有限差分方法和谱方法。差分方法主要是将格点值的全体近似表示连续函数值，并用差分代替微分。谱方法是用有限项谱展开表示连续函数，线性微分运算可针对基函数直接进行，而非线性项则采用变换方法（这是谱模式得以实现的关键）。后者消除了由于差分计算产生的相位误差，但存在着截断误差。在方程离散化（即模式的格式设计）中要遵循稳定、精确、经济（省时）的原则。

在时间上的离散化（即时间积分）方案主要有：中央差（蛙跃）显式方案、半隐式方案和半隐式半拉格朗日方案。后两种方案在保证积分稳定的条件下，可增大时间步长，因而，可以大大缩短预报计算时间。

（2）模式的初值化

由于客观分析得到的初值场中气压场和风场仍有可能不平衡，必须对其进行调整以有效控制质量场和运动场之间的不平衡，避免虚假的高频重力波对预报的损害。这种调整过程称为初始化。目前流行的初始化方法主要有数值滤波方法和非线性正规模方法。后者是用模式自由大气中自由振荡的正规模来表示分析场，然后修改其中的快波模即重力波模的系数，使其初始倾向为零。如果采用四维变分同化方法进行客观分析，得到的分析场的质量场和运动场之间是基本平衡的，不必再进行初始化处理。

（3）侧边界的处理

有限区域模式涉及侧边界问题，目前采用的最多是 Davies 型边条件（Davies，1976）。在某些情况下，需要进行模式嵌套，此时侧边界条件的处理变得更加重要。常用的方法有单向嵌套和双向嵌套。

（4）物理过程

影响天气变化的主要物理过程有：辐射及其传输、水的相变—云与降水、边界层内的动量、热量、水汽输送、大气与下垫面间物质及能量交换（陆面、海面、冰面，……）以及大气中的湍流与扩散。这些物理过程比模式变量的尺度小，故称为次网格过程，这些次网格过程与模式网格能够分辨的动力过程有能量和物质交换。例如大气辐射，大气湍流对动量、能量和水汽的输送，水汽的凝结、降水等都属于次网格过程。这些次网格过程通过运动方程中的摩擦项、能量方程中的非绝热项以及水汽方程中的源汇项等，对网格可分辨的动力过程产生影响。为了使预报方程闭合，必须用模式的预报量来表示这些次网格过程，即所谓的参数化。参数化方案中人为和任意的成分较多。对物理部分的处理之所以有缺陷，其主要原因是：

（a）次网格物理过程的格点效应往往不能由预报量的格点值所惟一确定，但为了使方程闭合不得不为之。

（b）对次网格过程及其与网格可分辨过程间的相互作用机理还认识不够。

（c）计算机的能力和资源有限，不允许对次网格过程做详细的描述。

2.2.4　数值预报产品后处理

对预报模式时间积分后输出的结果，由模式层数据内（外）插到标准的等压面上，并计算一些常用的诊断物理量，如垂直速度 ω、涡度、散度、涡度平流、位温 θ、假相当位温 θ_{se}、水汽通量散度、温度露点差、位涡度、锋生函数、$\vec{Q}$ 矢量等。对模式自身输出的累积降水量进行截断处理得到对应时段的降水预报产品。

2.2.5　数值预报产品的检验评价、产品生成、图形加工和产品归档

对预报模式输出结果及后处理生成的各类数据，检验评价产品的质量，按要求生成各种数据与图形产品，满足用户需求，并将后处理的产品建成数据库，便于用户检索应用。同时为加快网络传输速度，把他们编成国际上通用的 GRIB 码的形式，向外发送。

2.2.6　数值预报产品的解释应用

利用统计、动力、人工智能等方法，对数值预报结果进行分析、订正，从而获得比数值预报产品更为精细的客观要素预报结果或特殊服务需求的预报产品。

以上六个部分主要针对的是单一确定性数值预报系统的预报。由于大气的混沌特性,以及在资料预处理、客观分析和数值模式等方面都存在一定的缺陷,随着预报时效的延长,数值预报结果具有较大的不确定性。因此,业务中还普遍采用了集合预报技术,利用多个单一模式进行预报。与此同时,为了满足预报服务增长的需求,基于确定性数值预报的专业(专项)数值预报系统逐步完善,包括台风、风暴潮、海浪、海雾、沙尘浓度、环境污染扩散、紫外线、人工影响天气条件、森林火险气象条件等级等。专业(专项)数值预报系统是现代数值预报业务的重要补充。图 2.1 给出的是当前业务数值预报系统的整个组成。

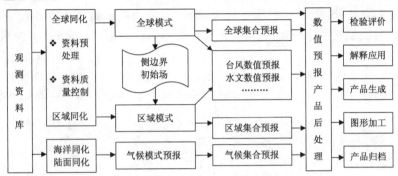

图 2.1 数值预报系统结构示意图(取自矫梅燕,2010)

2.3 数值天气预报基本业务模式

目前,国家气象中心业务运转的数值天气预报模式有全球中期天气预报模式、有限区域模式、中尺度预报模式、台风模式和集合预报。

2.3.1 T639L60 全球中期数值预报系统

(1)系统概述

T639L60 业务化模式是国家气象中心从卫星 ATOVS 资料直接同化、模式性能改善两个方面同时入手,采取平行发展、最终集成的方式解决制约 T213L31 的关键技术与瓶颈问题的 T213L31 系统升级发展而来。模式水平分辨率由 60 km 左右(0.5625°)提高到 30 km(0.28125°)左右,谱空间和格点空间的分辨率都增加了一倍。高斯格点数有 640×320 增加为 1280×640。垂直分辨率由 31 层增加到 60 层,模式层顶由 10 hPa(30 km)提高达到 0.1 hPa(65 km)。垂直分辨率的增加主要在行星边界层和平流层。1500 m 以下的垂直分辨率加倍,使对流层低层具有较高的垂直分辨率,从而能更好地描述和预报主要影响人类活动的边界层过程。而增加平流层的分辨率、改进平流层的分析和预报将为同化卫星资料提供更好的平流层模式背景场,许多通道卫星资料的影响函数在平流层都有权重。此外,T639L60 模式在动力框架方面进行了改进,包括使用线性高斯格点,在极区进行格点精简技术,采用稳定外插的两个时间层的半拉格朗日时间积分方案。对云、降水物理过程和对流参数化进行了改进,采用新的地形和下垫面资料。

T639L60 模式采用了国际上先进的三维变分同化分析系统,除了可以同化 T213L31 模式同化的全部常规资料外,还可以直接同化美国极轨卫星系列 NOAA-15/16/17 的全球 ATOVS 垂直探测仪资料,卫星资料占同化资料总量的 30% 左右,大大提高了分析同化质量,改善了模式预报效果,缩短了与国际先进模式预报系统的差距。T639L60 经过国家气象中心 2006 年 7 月至 2007 年 11 月的连续运行结果表明:预报效果较同期业务运行的 T213L31 系统对北半球和南半球 500 hPa 高度预报改进明显,可用预报时效在北半球提高了 1 d,在南半球提高了 2 d;此外,T639L60 在温度、风场预报上有很大改进,降水预报改进尤为明显,对极端天气过程的预报能力明显提高。系统预报产品不仅在日常短期和中期天气预报中得到广泛应用,还在各地的精细化要素预报中发挥重要作用。

(2)系统构成

T639L60 系统的核心包括 4 个部分,分别是 SSI 三维变分同化系统、耦合器、预报模式系统、地形和下垫面资料处理(见图 2.2)。由于 SSI 在较高分辨率下运行计算量太大,鉴于目前全球观测网的分辨率,SSI 的水平分辨率比全球模式低。但垂直分辨率高,从而避免在模式上层的外插。

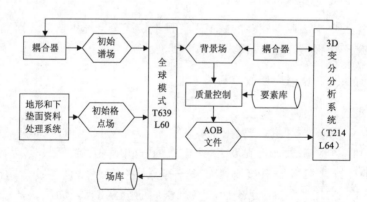

图 2.2　T639L60 系统流程(取自章国材等,2007)

(3)模式基本方程组

T639L60 模式坐标采用三维球坐标 (λ, φ, η),其中 λ 是经度,φ 是纬度,$\eta(p, p_{surf})$(Simmons 和 Burridge 1981)中,η 是气压 p 的单调函数,并与地面气压 p_{surf} 有关:

$$\eta(0, p_{surf}) = 0, \eta(p_{surf}, p_{surf}) = 1 \qquad (2.11)$$

(a)动量方程

$$\frac{\partial U}{\partial t} + \frac{1}{a\cos^2\varphi}\left\{U\frac{\partial U}{\partial \lambda} + V\cos\varphi\frac{\partial U}{\partial \varphi}\right\} + \dot{\eta}\frac{\partial U}{\partial \eta} - fV$$
$$+ \frac{1}{a}\left\{\frac{\partial \phi}{\partial \lambda} + R_{dry}T_v\frac{\partial(\ln p)}{\partial \lambda}\right\} = P_U + K_U \tag{2.12}$$

$$\frac{\partial V}{\partial t} + \frac{1}{a\cos^2\phi}\left\{U\frac{\partial V}{\partial \lambda} + V\cos\varphi\frac{\partial V}{\partial \varphi} + \sin\varphi(U^2 + V^2)\right\} + \dot{\eta}\frac{\partial V}{\partial \eta} - fU$$
$$+ \frac{\cos\phi}{a}\left\{\frac{\partial \phi}{\partial \varphi} + R_{dry}T_v\frac{\partial(\ln p)}{\partial \varphi}\right\} = P_V + K_V \tag{2.13}$$

式中，a 是地球半径，$\dot{\eta}$ 是 η 坐标的垂直速度，$\dot{\eta} = \dfrac{\mathrm{d}\eta}{\mathrm{d}t}$，$\phi$ 是位势高度，R_{dry} 是干空气的比气体常数，T_v 为虚温，P_U 和 P_V 是物理过程参数化的贡献，K_U 和 K_V 是水平扩散项。

(b)热力学方程

$$\frac{\partial T}{\partial t} + \frac{1}{a\cos^2\phi}\left\{U\frac{\partial T}{\partial \lambda\varphi} + V\cos\varphi\frac{\partial T}{\partial \varphi}\right\} + \dot{\eta}\frac{\partial T}{\partial \eta} - \frac{\kappa T_v\omega}{(1+(\delta-1)q)p} = P_T + K_T \tag{2.14}$$

式中，$\kappa = R_{dry}/C_{p\,dry}$，$a$ 是地球半径，$C_{p_{dry}}$ 是干空气的定压比容，ω 是 p 坐标系的垂直速 $\omega = \dfrac{\mathrm{d}p}{\mathrm{d}t}$，$\delta = C_{p_{vap}}/C_{p_{dry}}$，$C_{p_{vap}}$ 是水汽的定压比容，P_T 是物理过程参数化的贡献，K_T 是水平扩散项。

(c)水汽方程

$$\frac{\partial q}{\partial t} + \frac{1}{a\cos^2\phi}\left\{U\frac{\partial q}{\partial \lambda} + V\cos\varphi\frac{\partial q}{\partial \varphi}\right\} + \dot{\eta}\frac{\partial q}{\partial \eta} = P_q + K_q \tag{2.15}$$

式中，P_q 是物理过程参数化的贡献，K_q 是水平扩散项。

(d)连续方程

$$\frac{\partial}{\partial t}\left(\frac{\partial p}{\partial \eta}\right) + \nabla \cdot \left(\vec{V_h}\frac{\partial p}{\partial \eta}\right) + \frac{\partial}{\partial \eta}\left(\dot{\eta}\frac{\partial p}{\partial \eta}\right) = 0 \tag{2.16}$$

式中，$\vec{V_h}$ 是水平风矢，位势高度由静力方程定义：

$$\frac{\partial \phi}{\partial \eta} = \frac{R_{dry}T_v}{p}\frac{\partial p}{\partial \eta} \tag{2.17}$$

垂直速度 ω 定义为：

$$\omega = \int_0^\eta \nabla \cdot (\vec{V_h}\frac{\partial p}{\partial \eta})\mathrm{d}\eta + \vec{V_h} \cdot \nabla p \tag{2.18}$$

将式(2.16)积分，利用边界条件 $\dot{\eta} = 0$，当 $\eta = 0$ 和 $\eta = 1$，可得到地面气压倾向、垂直速度 $\dot{\eta}$ 的表达式：

$$\frac{\partial p_{surf}}{\partial t} = -\int_0^1 \nabla \cdot (\vec{V_h}\frac{\partial p}{\partial \eta})\mathrm{d}\eta \tag{2.19}$$

$$\dot{\eta}\frac{\partial p}{\partial \eta} = -\frac{\partial p}{\partial \eta} - \int_0^\eta \nabla \cdot (\vec{V_h}\frac{\partial p}{\partial \eta})\mathrm{d}\eta \tag{2.20}$$

因为要使用 $\ln(p_{surf})$，式(2.19)可以重写为：

$$\frac{\partial}{\partial t}(\ln p_{surf}) = -\frac{1}{p}\int_0^1 \nabla \cdot (\vec{V_h}\frac{\partial p}{\partial \eta})\mathrm{d}\eta \tag{2.21}$$

(4)模式物理过程

(a)辐射方案

长波辐射是 Morcrette(1990)的方案,短波辐射是 Fouquart 和 Bonnel(1980)的方案;在这个新方案中,晴天长波通量的计算用比辐射率方法,同时用了一个更好的参数化方案来描述长波吸收对温度和气压的依赖关系。既考虑了水汽的 p 型连续吸收,又考虑了 e 型连续吸收。在长波辐射部分,云被作为灰体引入,长波辐射率依赖于云液态水路径。短波通量用光子路径分布方法,分开辐射传输中散射和吸收过程的贡献。散射处理用 Delta-Eddington 近似,透射函数用 Pade 近似。

(b)湍流扩散方案

湍流扩散过程描述了表面层和模式最低层之间以及模式层之间的动量、热量和水汽的湍流扩散。采用的是 Louis(1979)方案;表面通量采用 Monin-Obukhov 相似理论,上层大气湍流通量的计算以 K 扩散概念为基础。根据大气的稳定度,用不同公式来计算 K 系数。对于不稳定的边界层用依赖于理查逊数的闭合。

(c)次网格地形参数化方案

模式对地形作用的描述,分为模式格点可分辨山脉的描述和对次网格地形波的参数化。对于模式格点可分辨山脉的描述有两种方法:平均地形和包络地形。平均地形是对高分辨的地形资料在模式格点区域上平均而得到,包络地形是为了补偿模式对总山脉拖曳的过低估计,人为地提高的模式地形,因此它是一种虚假的地形。次网格尺度地形波的参数化描述的是地形与模式层相交时产生的对流层低层的阻塞作用和次网格尺度重力波的动量输送。T639L60 模式采用的是平均地形和与 T213L31 模式相同的次网格地形参数化方案 Lott 和 Miller(1996)。

(d)积云对流参数化方案

积云对流在决定大气温度和湿度场的垂直结构方面起着关键作用,因此必须在模式中进行很好地描述,T639L60 模式采用的是 Tiedtke(1980)的质量通量方案。这个方案用一维总体模式来描述云集合,描述了各种类型的对流,包括与大尺度辐合流相联系的穿透对流、在抑制条件下的浅对流(例如季风积云)以及边界层以上的位势不稳定大气和大尺度上升相联系的热带外有组织的中层对流。对于这三种对流,决定总体云质量通量的闭合假定分别是:穿透对流和中层对流由大尺度的湿度辐合所维持,浅对流由表面蒸发所提供的水汽所维持。质量通量方案引入了积云下沉支、积云动量传输和中层对流参数化,因此具有真实的物理概念。

(e)云方案

云的产生是湿对流湍流和大尺度环流、辐射和微物理过程复杂相互作用的产物。因此对于云的预报是很困难的,但又是很重要的。T639L60 模式采用的是 Tiedtke(1993)的预报云方案。这个方案由液态水/云冰和云量的预报方程所描述。它考虑了通过积云对流、边界层湍流形成(指非对流过程产生的云,例如湿空气的大尺度抬升、辐射冷却等),还考虑了几个重要的云过程(云顶的卷夹、降水及蒸发)。这个方案的优点是适当描述了次网格尺度凝结的动力影响;云与辐射、动力和水文过程有更直接联系。

(f)陆面过程方案

陆面过程的重要性在于:表面的感热和潜热通量是大气热量和湿度方程的下边界条件;陆面方案的优劣在很大程度上决定了近表面天气参数(例如,低层的湿度和露点温度、云)的质量;表面条件为其他物理量提供了反馈机制(低云影响表面辐射平衡,感热和潜热通量影响边界层交换和湿对流过程的强度)。另外,土壤湿度还是大气低频变率的强迫之一。

T639L60 模式的陆面参数化方案把土壤分为 4 层,各层的厚度分别为 0～7 cm,7～28 cm,28～100 cm,100～255 cm,分别定性地反映了日变化,一日至一周,一周至一月和月以上时间尺度的强迫作用。4 层的土壤温度和湿度都是预报量,热量和水分收支的下边界分别是零热通量和自由渗漏。它考虑了周—季节时间尺度的土壤水文过程,水文扩散和传导率强烈依赖于土壤湿度,降水以后水能迅速下传;土壤的持水力足够大,可以维持干季的蒸发;考虑了降水的拦截,对于裸露土壤、干植被和湿植被蒸发率是不同的;热量和湿度的粗糙度长度不同于动量。另外,这个方案增加了一个表面温度来描述顶部一个很薄的表面层对强迫的立即平衡(Viterbo 和 Beljaar,1995)。

(5)三维变分同化系统

资料同化是通过模式背景场和观测资料的最佳融合而形成初始时刻的模式初值。T639 模式同化系统早期采用的是 20 世纪 90 年代末从美国引进的 SSI 三维变分同化方案,SSI 三维变分同化关键技术包括如下三个部分:基本原理、误差估计和观测资料算子。目前,T639 客观分析采用的是美国国家环境预报中心(NCEP)研发的 GSI(Grid-point statistical interpolation)三维变分同化系统,并根据 T639 模式特点,进行了升级改造和优化调整,与上一代三维变分同化系统 SSI 的主要区别是在格点空间上进行分析,对背景误差协方差的处理基于递归滤波而不是球谐函数,并且加入了更多的非常规资料同化算子。同化的常规观测资料主要包括无线电探空、飞机报、小球测风、船舶及浮标站、地面站和高低层卫星测风等资料。非常规资料包括 NOAA－15/16/17 系列卫星的 AMSUA 和 AMSUB 微波遥感资料。由于 GSI 具备了同化卫星资料的能力,在模式中加入 ATOVS 资料后,模式预报性能有了明显改善。

2.3.2 GRAPES 数值预报系统

(1)系统概述

中国气象局于 2000 年开始组织实施 GRAPES(Global/Regional Assimilation Prediction System)研究开发计划,主要目的包括:①充分吸收大气科学的最新研究成果,建立我国新一代研究与业务通用的数值预报系统;②为短期气候预测业务与气候变化研究的模式发展奠定基础;③加强业务部门与研究机构的联系,加快研究成果的业务转化。主要内容包括:①变分资料同化系统,重点在于卫星与雷达资料的同化应用;②多尺度通用模式动力框架及物理过程;③新一代全球/区域数值天气预报系统的建立;④模块化、并行化的数值预报系统程序软件的研发。GRAPES 为全球/区域一体化数值预报系统,系统的核心技术包括三维变分同化,并可向四维变分同化拓展;半隐式半拉格朗日全可压非静力平衡动力模式;可自由组合的、优化的物理过程参数化方案;全球、区域一体化的同化与预报系统;标准化、模块化、并行化的同化与模式程序等。图 2.3给出的是 GRAPES 系统的主要特点。

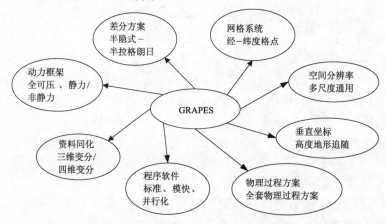

图 2.3 GRAPES 系统的主要特点(取自陈德辉等,2006)

(2)系统构成

GRAPES 系统的核心包括三个部分,分别是三维变分同化系统、模式标准初始化系统以及预报模式系统(图 2.4)。为了在业务环境下实时运行,除了同化和预报系统外,还需解决其他一些相关环节:如要素库中实时观测资料的检索、观测资料的质量控制、同化所需背景场的选取、模式积分所需边界条件的选取和接入、分析系统与模式的标准化接口、模式预报结果的后处理、模式产品的入库、模式产品图形显示和模式结果检验以及整个系统的作业管理等。

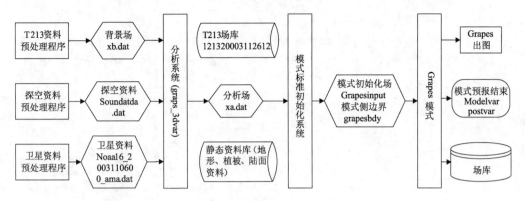

图 2.4　GRAPES 系统流程（取自章国材等，2007）

GRAPES 资料同化系统由三部分组成：

（a）观测资料预处理模块，包括实时观测资料的检索和质量控制；

（b）背景场预处理模块，同化的初始猜测场采用国家气象中心全球谱模式的 6 h 预报结果；

（c）分析模块，采用 GRAPES 3DVAR 基本分析框架（图 2.5）。

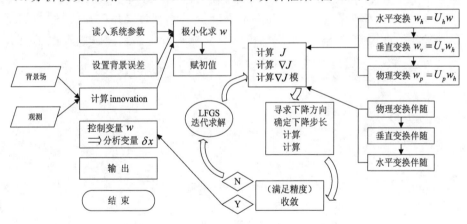

图 2.5　GRAPES 分析模块流程（取自章国材等，2007）

到目前为止，纳入 GRAPES 资料同化系统的观测资料主要包括来自 GTS 的常规观测（探空、地面、船舶、卫星测风和卫星测厚）和来自北京、广州和乌鲁木齐三个地面卫星接收的 NOAA16/17 极轨卫星的辐射率观测。

GRAPES 标准化初始系统（Standard Initialize，SI）主要用于将分析场资料或大模式场资料处理成模式运行所必须的模式格点上的初始资料及侧边界（其流程见图2.6）。GRAPES 模式前处理系统通过较高精度的水平及垂直插值方法，科学合理的方案设计来实现此目标。GRAPES 模式标准初始化系统通过三个主要模块完成其主要功能:静态资料准备、模式变量的水平插值及垂直插值。其中,用户可选择粗网格模式产品以及 GRAPES 同化分析结果作为处理的初始资料,水平插值和垂直插值有多种插值方案可供用户选择。

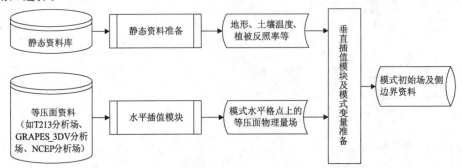

图 2.6　GRAPES 模式标准初始化系统流程(取自章国材等,2007)

(3)模式基本方程组

模式采用完全可压缩的非静力方程组,同时兼顾较粗分辨率和高分辨率的不同应用,设置了静力平衡和非静力平衡的开关系数,是一个多尺度通用的动力框架。预报变量包括水平和垂直气流、位温、无量纲气压以及水物质的混合比,模式垂直方向采用地形追随高度坐标,$z = Z_T \dfrac{z - Z_s(x,y)}{Z_T - Z_s(x,y)}$,这里 Z_T、Z_s 分别为模式层顶高和地形高度。

方程组如下:

(a)运动方程

$$\frac{\mathrm{d}u}{\mathrm{d}t} = -\frac{C_p\theta}{r\cos\varphi}\frac{\partial\pi}{\partial\lambda} + fv + F_u + \delta_M\left(\frac{uv\tan\varphi}{r} - \frac{u\omega}{r}\right) - \delta_\varphi\{f_\varphi\omega\} \tag{2.22}$$

$$\frac{\mathrm{d}v}{\mathrm{d}t} = -\frac{C_p\theta}{r}\frac{\partial\pi}{\partial\varphi} - fu + F_v - \delta_M\left(\frac{u^2\tan\varphi}{r} - \frac{v\omega}{r}\right) \tag{2.23}$$

$$\delta_{NH}\frac{\mathrm{d}\omega}{\mathrm{d}t} = -C_p\theta\frac{\partial\pi}{\partial r} - g + F_\omega - \delta_M\left(\frac{u^2+v^2}{r}\right) + \delta_\varphi\{f_\varphi u\} \tag{2.24}$$

(b)连续方程

$$(\gamma-1)\frac{\mathrm{d}\pi}{\mathrm{d}t} = -\pi \cdot D_3 + \frac{F_\theta^*}{\theta} \tag{2.25}$$

这里,$\gamma = \dfrac{C_p}{R}$

(c)热力学方程

$$\frac{\mathrm{d}\theta}{\mathrm{d}t} = \frac{F_\theta^*}{\pi} \tag{2.26}$$

这里，$F_\theta^* = \dfrac{Q_T + F_T}{C_p}$

(d)水物质守恒运动方程

$$\frac{\mathrm{d}q}{\mathrm{d}t} = Q_q + F_q \tag{2.27}$$

式中，$\pi = (p/p_0)^{\frac{R}{C_p}}$，无量纲气压；$\theta = \dfrac{T}{\pi}$，位势温度；$\delta_M$、$\delta_\varphi$、$\delta_{NH}$ 可取为 0 或 1，分别为曲率修正项开关、地球偏向力修正项开关、垂直加速度开关(静力/非静力开关)。Q_T 是非绝热加热项，Q_q 是水汽源汇项，$F_x(x = V, T, q)$ 是湍流扩散。水平方向为球面坐标，三维散度 D_3 可表示为：

$$D_3 = D_3 \mid_{\hat{z}} - \frac{1}{\Delta Z_s}(u \cdot \phi_{sx} + v \cdot \phi_{sy})$$

式中，$D_3 \mid_{\hat{z}} = \left(\dfrac{\mu_\varphi}{a \cos \varphi} \dfrac{\partial u}{\partial \lambda} + \dfrac{\mu_\varphi}{a \cos \varphi} \dfrac{\partial (\cos \varphi v)}{\partial \lambda} + \dfrac{\partial \hat{w}}{\partial \hat{z}} \right)_{\hat{z}}$，$\mu_\varphi$ 为水平变网格系数，φ_{sx} 和 φ_{sy} 是地形坡度，分别为：$\varphi_{sx} = \dfrac{\mu_\varphi}{a \cos \varphi} \dfrac{\partial Z_s}{\partial \lambda}$，$\varphi_{sx} = \dfrac{\mu_\varphi}{a} \dfrac{\partial Z_s}{\partial \varphi}$；$\Delta Z_s = Z_T - Z_s(x, y)$，$\Delta Z_z = Z_T - z$，$\Delta Z_{\hat{z}} = Z_T - \hat{z}$。其余符号同通常意义。

(4)模式主要物理过程

GRAPES 模式主要以现有数值模式(WRF、HALF、T213L31 等)的物理过程参数化方案为参考，并引入新的物理过程参数化方案，经过优化优选试验，解决新模式动力框架、新资料同化方案与物理过程参数化方案的协调性问题，从而形成适合 GRAPES 动力框架和同化框架的物理过程参数化方案。

GRAPES 模式目前包含了积云对流、微物理、辐射、垂直扩散、边界层、陆面以及重力波拖曳等全套物理过程参数化方案。每种物理过程参数化方案有多种选择，用于不同应用目的(如全球模拟、区域模拟等)，见表 2.1。

表 2.1　GRAPES 物理过程方案

物理过程	具体方案	方案描述
微物理 (共 6 种，常用 3 种)	Kessler 方案(1969)	简单暖云方案，包括水汽、云水和雨三种物质，考虑雨的产生、下降和蒸发，云水的增长和自动转换以及由于凝结产生云水等微物理过程
	Lin 方案(1969)	考虑水汽、云水、雨水、云冰、冰雹和雪在内的 6 种水物质，并考虑 24 种水物质相互作用和转化的微物理过程
	NCEP-3Class 方案	考虑水汽、云水/云冰(依据温度区分)、雨/雪(依据温度判断)三种水物质，包括 8 种微物理过程

续表

物理过程	具体方案	方案描述
积云对流	Betts-Miller 方案(1986)	Betts 取"观测的准平衡状态线"或修正的湿绝热线作为深对流调整参考廓线
	Kain-Fritsch 方案（1993）	认为大气中的对流有效位能可直接用于控制或调整积云对流发展过程,描述积云过程环境场的反馈作用
边界层	MRF 边界层参数化方案	主要是在不稳定状态下计算反梯度热量通量和水汽通量,在行星边界层中使用增加的垂直通量系数,而边界层高度由一个临界理查逊数决定
	MYJ 方案	是基于一个 1.5 级湍流闭合的边界层参数化模式,从 2 级闭合方案简化而来。在边界层内,以湍流动能作为预报量,对所有湍流阶量进行诊断,从而达到闭合边界层内动量方程的目的
地表通量参数化 （陆面过程）	SLAB 方案	将土壤分为 5 层,每层均考虑向上、向下的热通量,并通过热平衡方程对每一层土壤的温度进行预报。该模式没有土壤湿度预报
	NOAH LSM 方案	包括了一个 4 层土壤的模块和一层植被冠层模块。不仅可以预报土壤温度、还可以预报土壤湿度、地表径流等
辐射过程	Simple 短波辐射参数化方案	简单计算了由于晴空散射和水汽吸收,以及由于云的反射和吸收引起的向下短波辐射通量
	Goddard 短波方案	计算了由于水汽、臭氧、二氧化碳、氧气、云和气溶胶的吸收,以及由于云、气溶胶和各种气体的散射产生的太阳辐射能量
	RRTM 长波辐射方案	该方案的辐射传输应用与 K 有相互关系的方法计算了大气长波谱域($10\sim3000$ cm^{-1})的通量和冷却率
	GFDL 长波和短波辐射方案	使用了覆盖 7 个谱区域($0\sim2220$ cm^{-1})的宽带通量发射率方法。方案首先计算各谱域中占优势气体的吸收率,然后通过一系列高度参数化的近似技术计算其他成分的吸收率
	ECMWF 长波和短波辐射方案	是 Morcrette 根据法国 Lille 大学辐射方案发展的更新版本。长波方案使用了覆盖 6 个谱区域($0\sim2820$ cm^{-1})的宽带通量发射率方法,分别对应水汽的旋转和振荡旋转谱带的中心、二氧化碳的 15 μm 谱带、大气窗、臭氧的 9.6 μm 谱带、25 μm 窗区和水汽振荡旋转谱带的翼

2.3.3 新一代 WRF 中尺度模式预报系统

(1)系统概述

WRF(Weather Research Forecast)模式系统是由美国研究开发的新一代中尺度数值预报模式和同化系统。它集 MM5、RAMS 和 ETA 等模式优势为一体,具有可移植、易维护、模块化、可扩充和高效率等诸多优点,有利于数值预报相关的新技术成果的运用。该模式中提供了一个研究和业务数值天气预报的通用框架,有多个理想试验方案和真实大气方案,既可用于分辨率在 1~10 km 的系统模拟,也可用于分辨率较低的业务预报。

WRF 模式是一个完全可压非静力模式,控制方程组都写为通量形式,采用 Arakawa C 型跳点网格,有利于在高分辨率模拟中提高准确性。模式的动力框架有三个不同方案。前两个方案都采用时间分裂显式方案来求解动力方程组,即模式中垂直高频波的求解采用隐式方案,其他的波动则采用显式方案。这两个方案的最大区别在于他们所采用的垂直坐标不同,分别是几何高度坐标和质量(静力气压)坐标。第三种模式框架方案采用半隐式半拉格朗日方案求解动力方程组,该方案的优点是能够采用比前两种模式框架更大的时间步长。

WRF 模式采用高度模块化和分层设计,分为驱动层、中间层和模式层,用户只需与模式层打交道。在模式层中,动力框架和物理过程都是可插拔,为用户采用各种不同的选择、比较模式性能和进行集合预报提供了极大的便利。它的软件设计和开发充分考虑如何适应可见的并行平台在大规模并行计算环境中的有效性,在分布式内存和共享内存两种计算机上实现加工的并行运算,使模式的耦合架构容易整合进入新地球系统模式框架中。因此,WRF 模式广泛运用于许多国家气象研究和天气预报业务中,并取得良好的效果。

(2)基本方程组

WRF 模式实现多模式框架结构,以供研究和实时预报业务的不同运行需求。目前,模式提供了地形追随高度坐标和地形追随静力气压垂直坐标两种方案。

(a)地形追随高度坐标

根据变量的守恒性质,采用 Ooyama 的预报方程公式化思想,定义通量形式的保守量为:

$$\vec{V} = \rho\vec{v} = (U, V, W), \Theta = \rho\theta \tag{2.28}$$

则非静力原始方程组可写为:

$$\frac{\partial U}{\partial t} + \nabla \cdot (\vec{v}U) + \frac{\partial p'}{\partial x} = F_U \tag{2.29}$$

$$\frac{\partial V}{\partial t} + \nabla \cdot (\vec{v}V) + \frac{\partial p'}{\partial y} = F_v \tag{2.30}$$

$$\frac{\partial W}{\partial t} + \nabla \cdot (\vec{v}W) + \frac{\partial p'}{\partial z} + gp' = F_W \qquad (2.31)$$

$$\frac{\partial \Theta}{\partial t} + \nabla \cdot (\vec{v}\Theta) = F_\Theta \qquad (2.32)$$

$$\frac{\partial \rho'}{\partial t} + \nabla \cdot (V) = 0 \qquad (2.33)$$

式中,Hamilton 算子为:$\nabla = \vec{i}\dfrac{\partial}{\partial x} + \vec{j}\dfrac{\partial}{\partial y} + \vec{k}\dfrac{\partial}{\partial z}$

气压可根据状态诊断方程计算得到:

$$p = p_0 \left(\frac{R\Theta}{p_0}\right)^\gamma \qquad (2.34)$$

扰动变量定义为相对于与时间无关的静力平衡参考态的偏差,例如:$p = \bar{p}(z) + p'$,$\rho = \bar{\rho}(z) + \rho'$ 和 $\Theta = \bar{\Theta}(z) + \Theta'$,g 为重力加速度,$\gamma = c_p/c_v = 1.4$ 为 Poisson 指数。

(b)地形追随静力气压垂直坐标

采用 Lapise 的推导方法,方程取地形追随静力气压垂直坐标,形式为:

$$\eta = (p_h - p_t)/\mu \qquad (2.35)$$

式中,$\mu = p_{hs} - p_{ht}$,p_h 为气压的静力平衡分量,p_{hs} 和 p_{ht} 分别为地形表面和边界顶部的气压。由于 $\mu(x,y)$ 视为模式区域内 (x,y) 格点上的单位水平面积上气柱的质量,所以近似的通量形式的保守量则可写为:

$$\vec{V} = \mu \vec{v}(U,V,W), \Omega = \mu\dot{\eta}, \Theta = \mu\theta \qquad (2.36)$$

利用这些保守量,Laprise 的方程组可写成如下的预报方程组形式:

$$\frac{\partial U}{\partial t} + (\nabla \cdot \vec{v}U)_\eta + \mu\alpha\frac{\partial p}{\partial x} + \frac{\partial p}{\partial \eta}\frac{\partial \phi}{\partial x} = F_U \qquad (2.37)$$

$$\frac{\partial V}{\partial t} + (\nabla \cdot \vec{v}V)_\eta + \mu\alpha\frac{\partial p}{\partial y} + \frac{\partial p}{\partial \eta}\frac{\partial \phi}{\partial y} = F_V \qquad (2.38)$$

$$\frac{\partial W}{\partial t} + (\nabla \cdot \vec{v}W)_\eta - \left(\frac{\partial p}{\partial \eta} - \mu\right) = F_W \qquad (2.39)$$

$$\frac{\partial \Theta}{\partial t} + (\nabla \cdot \vec{v}\Theta)_\eta = F_\Theta \qquad (2.40)$$

$$\frac{\partial \mu}{\partial t} + (\nabla \cdot \vec{V})_\eta = 0 \qquad (2.41)$$

$$\frac{\partial \phi}{\partial t} + (\vec{v} \cdot \nabla \phi)_\eta = gw \qquad (2.42)$$

方程组要求满足静力平衡的诊断关系:

$$\frac{\partial \phi}{\partial \eta} = -\mu\alpha \qquad (2.43)$$

和气体状态方程:

$$p = \left(\frac{R\Theta}{p_0 \mu\alpha}\right)^{\gamma} \qquad (2.44)$$

同样，定义扰动量为相对静力平衡参考态的偏差，即 $p = \bar{p}(z) + p'$，$\phi = \bar{\phi}(z) + \phi'$ 和 $\alpha = \bar{\alpha}(z) + \alpha'$，以及 $\mu = \bar{\mu}(z) + \mu'$。由于 η 坐标的坐标面一般都不是水平的，因此参考状态量 $\bar{p}, \bar{\phi}, \bar{\alpha}$ 通常是 (x, y, η) 的函数。利用这些扰动量，在不做任何近似的情况下，去除掉静力平衡部分，则动量方程 (2.37)－(2.39) 可写为：

$$\frac{\partial U}{\partial t} + (\nabla \cdot \vec{v}U)_{\eta} + \mu\alpha\frac{\partial p'}{\partial x}(\eta_{\mu}\frac{\partial \bar{\mu}}{\partial x})\alpha' + \mu\frac{\partial \phi'}{\partial x} + \frac{\partial \phi}{\partial x}\left(\frac{\partial p'}{\partial \eta} - \mu'\right) = F_U \qquad (2.45)$$

$$\frac{\partial V}{\partial t} + (\nabla \cdot \vec{v}V)_{\eta} + \mu\alpha\frac{\partial p'}{\partial y}(\eta_{\mu}\frac{\partial \bar{\mu}}{\partial y})\alpha' + \mu\frac{\partial \phi'}{\partial y} + \frac{\partial \phi}{\partial y}\left(\frac{\partial p'}{\partial \eta} - \mu'\right) = F_V \qquad (2.46)$$

$$\frac{\partial W}{\partial t} + \nabla \cdot (\vec{v}W)_{\eta} - g\left(\frac{\partial p'}{\partial \eta} - \mu'\right) = F_W \qquad (2.47)$$

同样，方程 (2.37) 也可写为：

$$\frac{\partial \phi'}{\partial \eta} = -\bar{\mu}\alpha' - \alpha\mu' \qquad (2.48)$$

（3）物理过程

WRF 模式中考虑的物理过程及参数化过程包括：云微物理过程、积云参数化、长波辐射、短波辐射、边界层湍流、表面层、陆面参数化以及次网格扩散（见表 2.2）。

表 2.2　WRF 模式中的物理过程及参数化方案

物理过程	已经实现的方案
云微物理过程	Kessler 方案；Lin 方案；WSM3 方案；WSM5 方案；Zhao_Carr 方案；Ferrier 方案；Goddard 方案；Thompson 方案；Morrison 双参化方案
积云对流参数化	Kain-Fritsch 系列方案；BMJ 方案；GD 方案 ；G3 方案
长波辐射	RRTM 方案；GFDL 方案；CAM 方案
短波辐射	Dudhia 方案；Goddard 短波方案；GFDL 短波方案；CAM 方案
表 面 层	MM5 similarity 方案；Eta similarity 方案；Pleim-Xiu surface layer 方案
陆面过程	5－layer thermal diffusion 方案；NLSModel 方案；RUC LSM 方案；Pleim-Xiu LSM 方案
边 界 层	YSU 方案；MYJ 方案；MRF 方案；ACM PBL 方案
次网格湍流扩散	简单扩散方；应力/变形方案

2.3.4　HALFS 有限区域同化预报系统

国家气象中心的有限区域同化预报系统（HLAFS）是在原有限区域分析预报系统（LAFS）基础上发展的，预报区域覆盖全中国，主要用于降水预报。系统中分析方案仍采用多变量（湿度场为单变量）最优插值方案；初始化由绝热非线性正规模变为非绝热非线性正规模初值化方案;预报模式框架未做改变,仍为球面网格(有限差分)静力平衡模式,水平方向采用 Arkawa C 网格,水平分辨率为 $0.25° \times 0.25°$(经纬度),约等于 30 km,垂直不等距为 20 层 σ 坐标。

模式中的物理过程在 LAFS 的基础上进行了改进。其中,积云对流参数化采用了质量通量方案,边界层过程采用了垂直湍流扩散方案,陆面过程采用了简单的三层模式,模式中的辐射过程较为简单,仅考虑了简单的地面辐射收支及大气中云和辐射相互作用对地面辐射收支的影响。方案中未考虑大气散射、辐射对大气的影响。模式中格点可分辨尺度降水仍采用原方案中的饱和凝结法。

HLAFS 同化预报系统是一个与全球中期数值预报系统相嵌套的同化系统,由全球预报模式提供侧边界条件和第 1 次同化的初始场,每天进行 4 次同化。系统每天 12 UTC 启动进行第 1 次同化,初估场由全球模式提供,其他 3 次同化的初估场由有限区域模式自身提供。1995 年 5 月 15 日,HLAFS 正式投入业务运行,2003 年 5 月升级为当前状况,预报模式每天运行 2 次(00 UTC 和 12 UTC),预报时效为 48 h,预报产品以传真图、格点报和远程网文件 3 种方式向全国各级气象台站发布。产品包括某些标准等压面上的高度、温度、风、相对湿度、垂直速度、水汽通量散度、散度、假相当位温、24 h 变高、24 h 变温,以及 24、36、48 h 时刻前 12 h 的累积降水,还包括海平面气压和两层标准等压面间的厚度等。

2.3.5　台风模式

国家气象中心于 2002 年开始利用 T213 全球谱模式开展台风路径数值预报研究,该模式采用人造台风涡旋方法并使用最优插值同化常规资料,于 2004 年业务化运行,每日运行 4 次(00 UTC、06 UTC、12 UTC、18 UTC),预报时效为 120 h。2006 年国家气象中心开发了三维变分同化系统 SSI,通过同化 NOAA 卫星资料,明显提高了 T213 台风路径预报能力,2008 年在国家气象中心业务化运行,该模式台风路径预报性能近年来稳步提高,24 h/48 h 台风路径预报误差从 2004 年的 150 km/260 km 左右下降到 2012 年的 110 km/200 km 左右。2009 年起,模式提供的台风路径预报参加了国际台风路径数据交换。2009 年 8 月,在 T639 的同化循环中加入了涡旋初始化技术。

2.4　数值天气预报产品的分发和识别

2.4.1　数值天气预报产品的分发

数值天气预报产品主要通过卫星广播向全国各大区、省(区、市)、地、县发布,也可通过传真和远程计算机网络调用的方式实现。目前发布和传输主要有两种方式:一种是传真方式,另一种是"文件"方式。由于数值预报图在相当长时间里都是用传真方式传输的,并称之为"传真图",以致于后来出现以"文件"方式传输的数值预报图时,人们还习惯于称其为"传真图"。

传真方式又分有线传真和无线传真两种。有线传真需在收、发端之间架设传输线,无线传真则要在收、发端各安装接收天线和发射天线。两种方式的传真在接收端都需要气象传真机作为传真图的记录和输出设备。有线传真的信源固定,接收无线传真则有选择性。

目前世界上气象传真图的广播台很多,分布各大洲,知道了它们的频率、呼号即可接收。广播的内容和时间则可查阅有关资料,或通过试收来了解。

表 2.3 给出我国周边地区的一些气象传真图广播台的资料(注:因有关内容时有变动,这些资料仅供参考)。

表 2.3　部分国外传真广播台的呼号与频率

地点	呼号	频率(khz)					
东京一台	JMH	3622.5	7305	9970	13597	18220	23522.9
东京二台	JMJ	3365	5405	9438	14692.5	18130	
曼　谷	HSW	17520	7395	6765	8070		
伯　力	RBH	4516.7	7475	9230	14737	19275	
新德里	ATA55	4993.5					
	ATP57	7403					
	ATV65	14842					
	ATU38	18225					
关岛	NPN	10220	10255	16029	19860		
珍珠港	NPM	2122	4855	8494	9396	14826	21839

以"文件"方式传输的数值预报图,在内容上与传真图完全一样,只是其传输方式与数据文件的传输一样,可通过光缆通信、计算机通信、卫星通信等渠道直接经计算机处理,由打印机打印输出。每一张数值预报图通常有一个专用的"文件名",在计算机上指定某一"文件名",就可在屏幕上看到或打印输出相应的数值预报图。"文件名"和图的内容的对应关系,不同的处理系统可能不一样,一般可在相应的系统用户手册上查到,也可用试接收的方法查清楚。

我国各级数值天气预报业务产品的重要用户就是本地气象台,主要通过中国气象局 9210 工程(气象卫星综合应用业务系统)卫星通信系统播发接收各类数值天气预报产品。2010 年开始,中国气象局全面开展了 CMACast 系统(中国气象局新一代气象数据卫星广播系统)建设,系统采用 DVB-S2 卫星数据广播标准和 1 个完整的 C 波段通信卫星转发器,替代中国气象局原有 PCVSAT、FENGYUNCast、DVB-S 三套广播系统,大幅度增加气象资料广播的种类和数量,具有数据传输量大、时效快和覆盖范围广的特点。此外,数值预报产品还需提供给其他重要部门的应用,通常会通过同城专用网络的方式分发给这类用户。如军方气象海洋水文业务中心、国家海洋环境预报中心、民航北京气象中心、水利部信息中心、国家地震环境预报中心及国务院等。线路方式有 SDH、DDN、光缆及帧中继等专线或异步拨号。

中国气象局还承担着数值预报产品对外交换的任务,通过 GTS(Global Telecommunication System)系统在全球进行产品服务,将数值预报业务产品更加方便地提供给需要的用户。

数值预报产品从数据格式上看有 Grib 压缩格式、Micaps、GrADS、Vis5D、文本格式等。国家气象中心各数值预报模式主要提供以下几类产品。

(1)Grib 格式产品:它是一种国际通用的数据格式,按照规范的格式压缩成 Grib 码,是数值预报产品下发的主要数据格式。

(2)Micaps 格式产品:Micaps 气象信息综合分析处理系统是在我国气象部门广泛使用,各数值模式后处理都生成大量的 Micaps 数据格式产品,这些产品主要提供给中央气象台。

(3)传真图产品:传真图是将数值预报产品以直观清晰的图形方式提供的一种气象服务,它不仅提供给气象部门使用,其他很多行业也都利用气象传真图进行相关服务,并且有些周边国家也利用我国的传真图进行气象服务。

(4)GrADS 数据格式及 GIF 格式产品:多数模式的后处理部分都利用 GrADS 气象图形软件包,制作 PS 格式图形,或进而转换成 GIF 图形格式,提供业务分析、特殊气象保障服务及在网上发布。

(5)用户特定文本格式或特定平台二进制数据文件。

2.4.2　常用数值预报产品内容与识别

要用好数值预报图,显然首先要知道每张图的内容。这里仅对我国常用的日本气象厅、欧洲中期天气预报中心和中国气象局发布的数值预报图作必要的介绍。每张数值预报图上,除了主体部分为等值线图形及有关标注符号外,在图的下方或一角,都有该图的说明,只要了解这些说明及有关规定,图的内容自然也就明白了。

2.4.2.1　日本数值预报产品

日本气象厅(JMA)的天气预报模式主要有两个,即全球谱模式(GSM)和远东区域谱模式(ASM)。GSM 模式为 T959L60,水平分辨率约为 0.1875°,模式垂直 60 层,顶高为 0.1 hPa,预报起始时刻为 00(世界)时和 12(世界)时,00 时起始的预报时次为 0~84 h(3.5 d),12 时起始的预报时次为 0~192 h(8 d),我国单收站能收到的 GSM 模式格点数据(格距为 2.5°×2.5°)为 4 个时次(00、24、48、72 h)的 500 hPa 高度场,此外,单收站还可收到该模式直到 8 d 的 500 hPa 高度、涡度场、地面气压场和 850 hPa 温度场预报的传真图。ASM 模式水平分辨率为 20 km,垂直 40 层,预报起始时刻为 00(世界)时和 12(世界)时,预报时效为 72 h。模式预报区域以日本为中心的 5100 km×5100 km 的区域,我国东部地区在其范围之内,该模式的预报结果大多以传真图的形式向外发布,我国单收站能收到 ASM 模式 1 天 2 次的地面气压和降水(12~24 h、24~36 h、24~48 h、48~72 h)、0~36 h 的 500 hPa 温度和 700 hPa 温度露点差、0~48 h 的 850 hPa 温度和风场,700 hPa 垂直速度等。

(1)日本数值预报传真图

①传真图内容说明

日本传真图上的"说明"的基本格式可表示为:

$$\text{TGRRxxV CCC } d_0 d_0 t_0 t_0 m_0 m_0 Z \text{ MMM YYYY VALID } d_1 d_1 t_1 t_1 m_1 m_1 Z$$
$$y_1(u_1)\{[t_i - t_j]\}\{\text{AT SU}\}, \{y_2(u_2)\{[t_i - t_j]\}\{\text{AT SU}\}\}, \cdots,$$
$$\{y_n(u_n)\{[t_i - t_j]\}\}\text{AT SU}$$

例如:FUFE503 JMH 200000Z APR 2015 VALID 211200Z, HEIGHT(M), VORT(10^{-6}/SEC) AT 500 hPa

(a)T—即第一组的第一个字母,表示该图的类别

如 T="F"(Forecast)为预报图。

在"传真图"中,图的类别还有 A(Analysis)为分析图;W(Warning)为警报图;S(Surface)为地面观测资料图;U(Upper-air)为高空观测资料图;C(Climate)为气候平均图等。

(b)G—即第一组的第二个字母,表示概要的层次或内容

如 G="U"(Upper-air)为高空;S(Surface)为地面。

此外还有 N(Nehpanalysis)为云层分析;X 则表示其他内容,包括温度、涡度、温度露点差($T-T_d$)、垂直速度等。

因此,TG 的组合可分别表示多种意思,如表 2.4 所示。

表 2.4　TC 的组合表示的意义

符号	表示意义	符号	表示意义	符号	表示意义	符号	表示意义	符号	表示意义	符号	表示意义
AS	地面分析	AU	高空分析	AH	厚度分析	AN	云层分析	AX	其他分析	FS	地面报告
FU	高空预报	FA	区域预报	FB	航空预报	FE	一般预报	FX	其他预报	SD	雷达报告
SI	辅助天气	SM	主要天气	SO	海洋资料	CS	地面气候	CU	高空气候	WH	飓风警报
WO	其他警报	WW	警报摘要	TB	卫星位置	TC	卫星分析	TS	卫星风报告		
WT	热带气旋警报			TU	卫星探测垂直温度	…………						

(c)RR—即第一组的第三、四个字母,表示预报图的地理范围,常用的 RR 代号如表 2.5 所示:

表 2.5　部分地理范围及其代号

RR 代号	AS	CI	EU	FE	IO	JP	PA	PN	XN	XT
地理区域	亚洲	中国	欧洲	远东	印度洋	日本	太平洋	北太平洋	北半球	热带
英文全称	Asia	China	European	Far East	Indian Ocean	Japan	Pacific	North Pacific	Northern Hemisphere	Tropics

(d)XX—即第一组四个英文字母后面的两个数字,表示预报的具体层次。如 50 表示 500 hPa;57 表示 500 和 700 hPa;78 表示 700 和 850 hPa。其余类推。

(e)V—第一组最后一个数字,表示预报时效。如 2 表示 24 h 预报;3 表示 36 h 预报;7 表示 72 h 预报,等等。

因此,XXV 可有多种组合。如"502"为 500 hPa 24 h 预报;"783"为 700 与 850 hPa 36 h 预报等。

至此可知,本例(FUFE503)表示这是一张远东地区(FE)高空(U)500 hPa(50)36 h (3)预报图(F)。

(f)CCC—即第二组的三个英文字母,为传真发送台的代号(呼号)。如日本东京一台的代号(呼号)为 JMH,东京二台为 JMJ。

(g)$d_0d_0t_0t_0m_0m_0$Z MMM　YYYY —表示预报起始时刻,即制作数值预报时所用的初始场资料所对应的时刻。

这里 d_0d_0 为日期;t_0t_0 为时数;m_0m_0 为分钟数;Z 表示用的是世界时;MMM 为所在月份的英文缩写;YYYY 为所在年份。

例如 200000Z APR 2015 表示用 2015 年 4 月 20 日 0 时 0 分(世界时)的资料为初始场制作的数值预报。

(h)VALID $d_1d_1t_1t_1m_1m_1$Z,表示预报时限,即该图结果的有效时刻(VALID)为世界时 d_1d_1 日 t_1t_1 时 m_1m_1 分。本例中 $d_1d_1=18$;$t_1t_1=12$;$m_1m_1=00$。这与 FUFE503 所指定的预报时效(36 h)是一致的。即用 20 日 0 时 0 分的资料起报,作 36 h 预报,作的是 21 日 12 时 0 分的远东地区 500 hPa 高空预报。

(i)$y_1(u_1)\{[t_i-t_j]\}\{AT\ SU\},\cdots,\{y_n(u_n)\{[t_i-t_j]\}\}AT\ SU$,分别表示图上各预报内容的名称($y_i$)、单位($u_i$)和所在层次(SU)等。

本例中,$y_1=$"HEIGHT", $u_1=$"M", $y_2=$"VORT", $u_2=$"$10**{-6}$/SEC",SU="500 hPa"。即表示预报的是 500 hPa 上的位势高度(单位 gpm)和涡度(单位 10^{-6}/s)。

其中[t_i-t_j]表示预报量出现的时段,通常仅对降水量(PRECIPITATION)而言的,如 PRECIP(MM)[12—24],表示预报起始时刻后 12—24 h 内的降水量预报(单位 mm)。

在日本传真图中,一般都将多项内容迭加在一张图上发送的。这样既可提高效率,使在有限时间内发送更多的资料;也使预报员使用起来更方便,因为这些物理量或气象参数的迭加可使天气系统的结构及其演变看起来更加清楚。例如上面所述的FUFE503 图,就把 500 hPa 上的高度场和涡度场联系在一起了,从而不但可以看到预报的高度场和涡度场情况,还可以根据它们的配置来判断未来的涡度平流分布,无疑对预报地面系统及判断垂直运动的演变等都是大有帮助的。

当一张预报图上有两项以上迭加在一起的内容,而这些内容又不在同一标准等压面时,则需分别指出。如 FXFE782 图,这是一张远东地区 700 hPa 和 850 hPa 预报图。其内容说明为:TEMP(C),WIND ARROW AT 850 hPa,P-VEL(hPa/H) AT 700 hPa,即该图预报有 850 hPa 上的温度(以℃为单位)、风矢,以及 700 hPa 上的 P 坐标系垂直速度(单位:hPa/h)。表 2.6 给出日本数值预报图上的主要内容所用的符号、单位、等值线的间隔和形状,以及有关说明。

表 2.6   日本传真图主要内容的符号、单位、等值线间隔和形状

符　号	内　容	单　位	等值线		说　明
			间隔	形状	
HEIGHT(M)	位势高度	gpm	60	粗实线	高低中心分别标注 H、L,300 hPa 以上层次间隔 120 gpm。
ISOTRCH(KT)	等风速线	n mail/h	20	虚线	在 300 hPa 以上层次用。
PRECIP(MM)〔24-36〕	降水量	mm	5	虚线	标有中心数值,方括号内表示出预报时段。
P-VEL(hPa/H)	P 坐标垂直速度	hPa/h	10	虚线	标有正负中心值,0 值线用细实线,上升运动区(负值区)用阴影区表示。
SURFACE PRESS(hPa)	地面气压	hPa	4	实线	高低压中心分别标注 H、L。北半球图上等值线间隔为 10 hPa。
TEMP(C)	温度	℃	3	粗实线	冷暖中心分别标注 C、W,300 hPa 以上层次直接标出各点温度值。
T-TD(C)	温度露点差	℃	6	细实线	以阴影区表示 $T-T_d \leqslant 3$ ℃区。
VORT(10^{-6}/SEC)	涡度	10^{-6}/s	20	虚线	标有正负中心数值,0 值线用细实线,正涡度区用阴影区表示。
WIND ARROW	风矢				直接用羽矢填在各计算格点上,规定同常规天气图。

②传真图文件命名

日本数值预报传真图文件命名一般形式为 JTGRRXXv.DDn。其中："J"表示日本的传真图，即"Japan"的首写字母，"T"、"G"分别代表图的类别（其中"T"为"A"表示分析图，"T"为"F"表示预报图；"G"为"S"表示地面图，"G"为"U"表示高空图。TG 的组合意义可参见表 2.4），"RR"表示预报（分析）的地理位置（参见表 2.5），XX 代表层次（用两位阿拉伯数字表示，如 50 表示 500 hPa；57 表示 500 和 700 hPa；78 表示 700 和 850 hPa。其余类推），v 代表预报时效（以阿拉伯数字表示，如 2 表示 24 h 预报；3 表示 36 h 预报；7 表示 72 h 预报，等等），"DD"表示预报的起报（或分析）日期（用两位阿拉伯数字表示），"n"表示预报的起报（或分析）时刻（n 为 0 表示当日 08 时（北京时，下同），n 为 2 表示当日 20 时，n 为 6 表示当日 14 时，n 为 8 表示次日 02 时）。对分析图其文件名没有 v 项，地面图其文件名没有 XX 项。

（2）日本数值预报产品

①文件命名规则

日本数值预报产品通用文件名为 RJ♯♯&‰XX.DDn，其中：

（a）RJ：表示日本数值预报产品。

（b）♯♯：预报物理量场英文缩写（见表 2.7）。

表 2.7　日本数值预报产品物理量场缩写对照表

代码	预报要素	代码	预报要素
hd	散度	ht	温度
hh	位势高度	hu	风场，u 分量
hp	海平面气压	hv	风场，v 分量
hr	相对湿度		

（c）&：产品预报区域代码，包括 C、X、Y 三个区域。

C：亚太区域，纬度范围，60°N～20°S；经度范围，60°E～160°W

X：北半球：经度范围，0°E～357.5°E；纬度范围，0°N～90°N

Y：南半球：经度范围，0°E～357.5°E；纬度范围，0°S～90°S

（d）‰：产品预报时效代码（见表 2.8）。

表 2.8　数值预报产品预报时效代码表

时效代码	预报时效(h)	时效代码	预报时效(h)	时效代码	预报时效(h)	时效代码	预报时效(h)
a	0	g	36	m	96	s	168
b	6	h	42	n	108	t	172
c	12	i	48	o	120	x	196

时效代码	预报时效(h)	时效代码	预报时效(h)	时效代码	预报时效(h)	时效代码	预报时效(h)
d	18	j	60	p	132	y	216
e	24	k	72	q	144	z	240
f	30	l	84	r	156		

(e)XX:产品预报层次(见表 2.9)。

表 2.9　预报层次代码表

代码	预报层次	代码	预报层次
98	地面、海平面	40	400 hPa 位势高度层
99	1000 hPa 位势高度层	30	300 hPa 位势高度层
92	925 hPa 位势高度层	20	200 hPa 位势高度层
85	850 hPa 位势高度层	10	100 hPa 位势高度层
70	700 hPa 位势高度层	07	70 hPa 位势高度层
60	600 hPa 位势高度层	05	50 hPa 位势高度层
50	500 hPa 位势高度层		

DDn:DD 为预报产品起报时间(日,用 2 位阿拉伯数字表示);n 为预报产品时次,0 代表 00 时(北京时 08 时),2 代表 12 时(北京时 20 时)。

②预报产品说明

表 2.10 为日本数值预报产品列表。

表 2.10　日本预报产品预报要素、层次和时效描述表

序号	物理量	缩写	预报层次(hPa)	预报时效(h)
1	位势高度	hh	1000、925、850、700、500、	500 hPa,08 时,0~84 h;20 时,0~192 h 其他层次,08、20 时,0~84 h
2	温度	ht	1000、850、700、500、300、250、200、100、70、50	850 hPa,08 时,0~84 h;20 时,0~192 h 其他层次,08、20 时,0~84 h
3	降水量	he	88(地面)	08 时,0~84 h;20 时,0~168 h

2.4.2.2　欧洲中期数值预报产品

2001 年起,欧洲中期天气预报中心(ECMWF)的中期数值天气预报业务系统为全球 T1279L130 模式,水平分辨率平均达到 15 km,垂直 130 层,同化方案采用 4D VAR/ENKF。ECMWF 的预报产品由国家气象中心以 GRIB 码通过 9210 通信系统下传(见表 2.11、表 2.12)。

表 2.11　我国常用 ECMWF 模式预报产品

资料类型	要素	层次
格点资料	高度	地面、500 hPa
	温度	850 hPa
	风场	200,500,700,850 hPa
	湿度	700,850 hPa
	变温	850 hPa
	变压	700 hPa
热带	气压	地面
	高度	500 hPa
	风场	200,700,850 hPa
全球	高度场	500 hPa
	气压场	地面
	10 m 风场	
南半球	高度场	500 hPa
	气压场	地面
	温度场	850 hPa
	风场	200,500,700,850 hPa
	10 m 风场	
北半球	10 m 风场	

表 2.12　ECMWF 数值预报图主要物理量及其单位、等值间隔和中心符号

物理量名称	单位	意义	线条间隔	中心符号
2 m 温度	℃	摄氏度	4	L 冷,N 暖
温度	℃	摄氏度	4	L 冷,N 暖
变温	℃	摄氏度	4	D 大,X 小
露点温度	℃	摄氏度	4	D 大,X 小
2 m 露点	℃	摄氏度	4	D 大,X 小
相对湿度	%	百分比	8	D 大,X 小
10 m 风场	m/s	米/秒	2	D 大,X 小
涡度	(12Z)1.0E−6/s (00Z)1.0E−5/s	1.0×10^{-6}/秒 1.0×10^{-5}/秒	10(12Z) 5(00Z)	+正,−负

续表

物理量名称	单位	意义	线条间隔	中心符号
垂直速度	(12Z)1.0E$-$5 hPa /s (00Z)1.0E$-$4 hPa /s	1.0×10^{-5}百帕/秒 1.0×10^{-4}百帕/秒	（＜100）25(12Z) （＞100）100(12Z) 15(00Z)	＋正，－负
降水(3,6,12,24 h 及累计)	mm	毫米	常规,(1,10,25,50…)	＋正，－负
高空图	gpm	位势米	常规	H 高,L 低
地面图	hPa	百帕	常规	H 高,L 低
变压	hPa	百帕	常规	＋正，－负

原始文件名格式为 ECH $Y_1 Y_2 Y_3 Y_4 Y_5$. DDn。其中,ECH 为固定文件名格式,格式 Y_1 表示要素类型(分别用 H、P、T、R、U、V 表示高度、气压、温度、相对湿度、东西方向风分量、南北方向风分量),Y_2 表示地理范围(见图 2.7 所示。分为 12 个区域,分别用'A、B、C、D'四个英文字母代表北半球(0°～90°N)、'E、F、G、H'代表热带(35°N～35°S)、'I、J、K、L'代表南半球),Y_3 表示预报时效(以英文字母表示),具体为:A、E、I、K、M、O、Q、S 分别代表 0 h、24 h、48 h、72 h、96 h、120 h、144 h、168 h),$Y_4 Y_5$ 表示层次范围(两位阿拉伯数字,以 20、50、70、85 分别表示 200 hPa、500 hPa、700 hPa、850 hPa,98 表示地面或海洋),DDn 同日本数值预报产品说明。

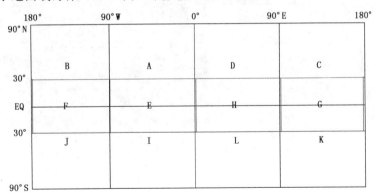

图 2.7　ECMWF 数值预报数据分区示意

2011 年起,中国气象局通过 CMACast 下发 ECMWF 数值预报 0.25°×0.25°经纬网格产品,资料信息量大,覆盖 10°S～60°N、60°E～150°E 范围,包含地面层 10 m 风场、2 m 露点温度、2 m 温度、地表温度等要素和对流有效位能、对流性降水、气压层散度、位势高度、位势涡度等要素的分析及预报场资料。预报时效长达 240 h(其中 72 h 内间隔 3 h,78～240 h 间隔 6 h),每时效 1 个二进制文件,每天 2 个时次,每个时次 53 个文件,共计 5 GB。

原始产品的文件名为:W_NAFP_C _P_ECMF_ccSMMDDHHIImmddhhiiE. bin。其中,固定代码 W 表示产品文件采用的文件名格式,NAFP 表示通过数值分析预报模式获得的各种分析和预报产品,C 为占位码,P 为占位码,ECMF 表示产品中心为 ECMWF;cc 为产品分发代码,固定为"C1";S 固定为"D",表示大气模式产品;MMDDHHII 是以世界时表示的产品预报时次,分别为月、日、时、分;mmddhhii 是以世界时表示的产品预报时效,分别为月、日、时、分;E 取固定值"1"。文件中的主要物理量和单位等如表 2.13 所示。

表 2.13　ECMWF 细网格资料物理量信息说明

缩写	名称	单位	层次关键字
10U/10V	10 m 风场 U/V 分量	m/s	sfc
2D	2 m 露点温度	K【℃】	sfc
2T	2 m 温度	K【℃】	sfc
CP	对流性降水	m【mm】	sfc
FAL	预报反照率		sfc
LCC	低云量		sfc
LSP	大尺度降水	m【mm】	sfc
MSL	平均海平面气压	hPa	sfc
PWC	大气柱水汽总量	kg/m²【mm】	sfc
SD	雪深	m【mm】	sfc
SKT	地表温度	K【℃】	sfc
TP	总降水量	m【mm】	sfc
TCC	总云量		sfc
D	散度	s⁻¹	100/200/500/700/850/925/1000mb
GH	高度	(geopotential)m	100/200/500/700/850/925/1000mb
Q	比湿	kg/kg	100/200/500/700/850/925/1000mb
R	相对湿度	%	100/200/500/700/850/925/1000mb
T	温度	K【℃】	100/200/500/700/850/925/1000mb
U/V	风场 U/V 分量	m/s	100/200/500/700/850/925/1000mb
W	垂直速度	Pa/s	100/200/500/700/850/925/1000mb

2.4.2.3　中国 T639 模式数值预报产品

2008 年 5 月开始,T639 数值预报产品通过 9210 系统正式下发,新增了 24 h 预报

时效内间隔 6 h 的定量降水预报产品。每天 2 次(00GMT,12GMT)发布,提供未来 10
d 的预报场,不同预报时效的资料间隔不同(其中:预报产品 00 到 60 h 时效 3 h 间隔,
60 到 120 h 时效 6 h 间隔,120 到 168 h 时效 12 h 间隔,168 到 240 h 时效 24 h 间隔,共
37 个时次)。T639 数据的覆盖范围是东北半球,即地理范围为 0~180°E、0~90°N 的
区域,产品以标准二进制形式(GRIB)存储在 1.0°×1.0°网格点上,总格点数为 181×
91。其文件名格式为 YYMMDDHH. NNN,其中 YY、MM、DD 分别为制作数据产品
时的年、月、日,均为 2 个数字字符;HH 为 08 或 20,是制作时间;NNN 是预报时效,为
3 个数字字符(000,003,…,240)。具体的产品内容及层次见表 2.14。

表 2.14　T639 数值预报产品内容

要素名称	代码	层次(hPa)	要素名称	代码	层次
温度	11		2 温度	11	
高度	7	200,300,	2 相对湿度	52	
风场	33	400,500,	海平面气压	2	
P 坐标垂直速度	39	600,700,	K 指数	133	
相对湿度	52	850,925,	地面气压	1	
比湿	51	1000	10 风场	33	
涡度	43	200, 500,	总降水量		
散度	44	700,850	3 h 降水量		单层
水汽通量	134		6 h 降水量		
水汽通量散度	135		12 h 降水量		
温度露点差	18	500,700,	24 h 降水量	61	
假相当位温	14	850	总降水量格点		
温度平流	216		3 h 降水量格点		
涡度平流	241		6 h 降水量格点		
24 h 降水量格点	61	单层	12 h 降水量格点		

2.5　数值天气预报产品的检验评估

　　了解数值预报产生误差的主要原因,并采用适当的方法来检验其预报能力、分析其
误差的具体情况,不但是改进和完善数值模式本身所需要,也是对预报产品的误差进行
有针对性地人工或客观订正,更是有效地应用数值预报产品的基础。

2.5.1　数值预报误差主要原因

数值天气预报发展至今,预报时效不断延长,预报精度不断提高,已取得了令人瞩目的成就。但人们在实际应用中发现:预报的系统移速偏快或偏慢、强度偏强或偏弱(甚至虚报或漏报);预报的降水区和降水量偏大或偏小;中期数值预报 5 d 以后的预报结果明显不及短期预报的可靠,有的甚至预报的槽脊与实况反位相;预报的副热带高压与实况常有较大误差等等。这些都说明数值预报不是完全精确的,它也有误差。那么是什么原因引起这些误差? 有没有从根本上纠正这些误差的办法? 通过下面的介绍可能对认识这些问题有所帮助。

2.5.1.1　可预报性问题——认识数值预报误差的基本观点

数值预报本身基于确定论的观点:各种物理系统的变化遵循一定的自然法则,系统的未来状态就由这些法则和初始状态确定。法国著名科学家拉普拉斯认为,宇宙在给定时刻的状态可由无数的微分方程的无数个参数决定。假如有一个"无所不知的大天才"写出所有这些方程,并且把它的解求出来,那末他就能够完全准确地预见宇宙在无穷时间过程中的全部演化。牛顿在著名的《数学原理》中宣布的万有引力定律,被空间科学家用来预测行星和卫星的轨道,可提前许多年以令人难以致信的精度预报出日、月蚀的发生,更使确定论的观点为广大自然科学家所接受。

根据确定论的观点,作为宇宙间一个物理系统的大气系统,其性状可用一组四个变量的函数(三个空间变量,一个时间变量)来描述。用数学的语言将大气现象所遵循的物理规律表述出来,就得到了描述该系统性状所应满足的方程。因此,对大气运动在空间和时间上的变化研究,就转化为在给定的边界条件和初始条件下方程的求解问题。许多自然科学家都持确定论的观点,如挪威气象学家 V. 皮叶克尼斯早在 1904 年就提出,天气预报的中心问题是:已知大气状态在一个时刻的观测值来解一般形式的流体运动学方程。他说,大气在未来任何时刻的状态是由其现在的状态决定的。

然而,事情绝非那么简单。未来的天气状态是既可以预报,又不可预报的。通过数值模拟和数值天气预报的实践,人们发现,两个初始场状态稍有不同的个例(由于观测误差,可认为这种不同是无法分辨的),用同一个数值模式作积分(认为按照同样的物理规律演变),随着时间的推移,积分结果的差异越来越大。这个使差别增长到显著大的时间长度,就称为可预报期限。由此,所谓未来天气状态是既可以预报,又是不可预报的,就有了更具体的含义。即存在一个可预报期限,在此期限内是可预报的,超过这个期限是不可预报的。从确定论基础上建立起来的数值天气预报走向了不确定。Lorenz、Smagorinsky、Fraedrich 和肖天贵等分别用经验和数值模式、非线性系统分析和动力学分析等方法研究了可预报性问题,结果表明:对于中小尺度(如 10^5 m)天气系统,可预报性时间仅为 1 d;对于 10^6 m 量级的天气系统,可预报时间尺度约为 2~5 d;

对于 10^7 m 量级的天气系统,可预报时间尺度约为 $4 \sim 20$ d。因此,逐日的天气尺度的预报做到 10 d 还可以有相当好的准确率,到两周还可以有超过随机猜测的水平,但是三周以上的逐日预报至少在现有的技术水平下是不可能的。

实际上,可预报性问题不但涉及可预报期限问题,也涉及在可预报期限内到底能达到多高的预报精度问题,即预报误差问题。下面我们就来分析一下在现有的技术水平下产生数值预报误差的具体原因。

2.5.1.2　产生数值预报误差的原因分析

产生数值预报误差的原因大致有以下几个方面:

(1)数值模式所描述的大气运动物理过程是有限的

用于数值预报的数值模式的主体是一组通常由运动方程、连续方程、水汽方程、热力学方程和状态方程组成的非常复杂的方程组。那么这个方程组是否足以描述大气运动中的一切物理现象和规律了呢?回答应该是否定的。主要原因是至今人们对大气运动的有些规律还知之不多,有的大气现象甚至还得不到合理的解释,因此,要把未知或知之不多的大气运动规律包括到数值模式中是不可能的。也就是说,拉普拉斯所期待的能写出所有方程的"无所不知的大天才"至今还未出现。例如,关于气候模拟和预测问题,是当今大气科学的一个热门研究课题。人们已知道,大气圈、水圈、岩石圈、冰雪圈和生物圈中发生的物理和化学过程相互作用相互影响,构成了一个整体气候系统。但我们至今对气候及其变化的认识还十分肤浅,对一些主要的物理过程还了解甚少,甚至对自然因素和人为因素在气候变化中的相对重要性问题也难以作出明确的解答。因此,要搞清楚五个圈中发生的物理、化学过程的规律,并分别用数学的语言将这些规律表示出来,形成数值模式,再将这些模式耦合起来用于气候的数值模拟和预测,是何等艰难的问题。又如,数值模式对地表、地形的描述不可能精细到与变化着的实际情况完全一致;对复杂陡峭地形下造成的精确计算上的困难,还没有一种能完全克服这一难题的方法;对于区域模式而言,边界条件的处理很难做到完全合理;谱模式中,又总存在波数的截断误差问题。所以现用数值模式肯定未能包括大气现象的一切规律。而且,众所周知,我们所用的数值模式通常是在许多假定条件下,作了简化而建立的。因此,它们通常只能预报出大气运动的一般情况,对于模式所没有包括的物理过程,特别是一些特殊的而又常常带来灾害性天气的过程,数值预报常难以胜任,预报误差的产生自然就在所难免的了。

(2)次网格过程参数化问题难以精确地处理

大气现象在时空上是从小到大的各种尺度的连续谱,用场来描述时具有无穷多个自由度。但要作数值计算只能对有限个数进行,所以不论用格点上的数值(差分法)还是谱系数(谱方法)来描述,都有一些更小尺度的现象表示不出来,这些现象就称为次网格过程。

次网格过程可通过非线性作用对较大尺度现象起很大的累积效应(反馈作用)。为了反映这种作用,通常采用参数化的方法用大尺度变量来表示次网格过程。例如,对流调整、荒川舒伯特(Arakawa-Schubert)方案等,都是较常用的。目前参数化主要用统计的方法,半经验的,带有不少的主观随意性。因此不同的参数化方法导致不同的模式输出结果,谁优谁劣只有靠对预报结果的统计来证明,预报误差是在所难免的。对此问题有两种不同的观点和做法。

一种观点是要通过增加分辨率,使原来属于次网格的某些过程变成模式变量,以致不再需要参数化了。第二种观点认为,无论引进多少个参数来描述大气这一连续介质的状态,都不可能绝对精确地反映实际现象的无限复杂性,问题的理想化是不可避免的。按照这种观点,参数化不但需要,而且是一种简化问题必不可少的"技巧"。

因此,对待次网格过程及其参数化问题,除了要看到其不完善性对预报精度的影响外,一方面要向提高模式分辨率的方向发展,另一方面由于分辨率不可能无限提高,还要继续研究、完善有关参数化方案。只有这样,才可能将次网格过程参数化对预报精度的负面影响降到最低。

(3)初始场不可能绝对准确

影响可预报时间尺度(可预报性)的主要原因,一方面是数值模式描述大气运动物理过程的有限性和次网格过程参数化问题,另一方面就是初始误差问题,前者称为模式的可预报性,后者称为大气的可预报性。

洛伦茨(E. N. Lorenz)最早对初值差异与预报误差随时间增长的关系进行了系统的研究。为了检验统计预报方法的预报能力,他用一个数值预报模式计算几十年的演变情况,并看成实际天气资料,然后用统计方法来作预报。计算需要好些天,在一次偶然的重复计算时,他发现结果很不一样。原来,前一天作为初值的有六位数,而输出的只是三位(将第四位四舍五入)。然而,初值的微小差异,随着时间的增长,结果两者竟变得毫无相似之处。这种由确定性系统所产生的"不确定"(随机性),就称为"浑沌"。

被科学界公认为"浑沌"现象第一例的是 1963 年由 Lorenz 用后来被称为 Lorenz 系统的一个方程组所揭示的事实:

$$\frac{\mathrm{d}x}{\mathrm{d}t} = -\sigma x + \sigma y \qquad (2.49)$$

$$\frac{\mathrm{d}y}{\mathrm{d}t} = rx - y - xz \qquad (2.50)$$

$$\frac{\mathrm{d}z}{\mathrm{d}t} = -bz + xy \qquad (2.51)$$

式中三个参数 σ、b、r 确定了系统的行为。令 $\sigma=10$、$b=8/3$、$r=28$,选取适当的时间步长和 x、y、z 的初值,用 4 阶 Runge-Kutta 法求解该方程组。运算几千步后,画出 z 随 x 的变化曲线,就可得到在许多介绍有关"浑沌"的著作中都可看到的"蝴蝶"图像。这就是系统输出的既非定常也非周期的解,表明在确定的系统内会出现对初值非常敏感的"浑沌"现象。

Lorenz 后来(1982)的试验证实了这种误差产生的必然性。他利用欧洲中期天气预报中心的预报结果,分析 1980 年 12 月 1 日至 1981 年 3 月 10 日的 100 天的 1～10 d 的预报。发现 24 h 的预报与实况差别很小,48 h 后预报误差增大。用统计方法对全部样本进行分析后表明,最小误差的增倍时间约为 2.5 d,而误差随时间的变化,与 Lorenz 早先的假设颇为符合。即:

$$\frac{dE}{dt} = aE - bE^2 \tag{2.52}$$

既然数值预报是基于确定论的,认为未来的状态完全是由初值确定的,而且解对初值极其敏感,以致直接影响着可预报性界限。那么能否通过改进初值使之绝对准确,而使可预报性界限无穷增大呢,实际上这是不可能的。这是因为,在数值预报的初值问题上,起码有三方面的困难制约着不可能得到绝对准确的初始场。

一是观测误差。目前所用的观探测仪器设备的精度是有限的,所用的探测技术是有缺陷的(如高空探测中的气球飘移问题等),因此很难保证探测结果是绝对准确的。

二是资料密度问题。高空资料密度通常只能适应大尺度数值模式,而远不能满足中尺度模式的需要;在海洋、高原和沙漠地区甚至天气尺度的站网也不完整。尽管现在开始用四维同化方法和发展卫星探测技术来解决这些问题,但其精度离严格意义上的精确初值还相差十分遥远。

三是客观分析造成的误差。尽管目前用于客观分析的方法很多,有改进的多项式法、逐步订正法和最优插值法等等。诸法各有特点,但在将分布不均匀的测站记录分析到分布均匀、适于数值预报使用的格点上时,实际上并不能保证真正意义上的"客观",总免不了对本不严格精确的原始数据作了一定的"歪曲"。所以,以此为初始场并在此基础上所作的预报是不可能绝对无误差的。

除上述原因以外,在气象资料传输过程中,在初始条件的处理(利用风压场平衡关系的静处理方法,包括动力迭代和正规波方法的动处理方法,以及变分处理方法等)过程中,都可能造成部分初始信息的损失,甚至增加误差。

由上可见,数值预报的精度决不是有了数值模式和充分优良的计算机就能解决一切问题的。数值预报对于初值条件的敏感依赖,不但使得很长时间的预报成为不可能,也使日常数值预报的误差成为不可避免。

值得指出的是,因初值的不确定性而产生的结论不确定,是在以确定论为基础的数值模式的运行中形成的,它仍有许多"确定"之处——统计规律性,因而也可以用统计的方法进行处理。这就是我们后面将要介绍的,应用数值预报产品为什么大多使用统计方法的缘故。

（4）计算过程中的舍入误差在所难免

数值预报涉及非常多的计算，而对计算机而言，有一定的字长，每一个变量只能用这种字长的数值来表示，所以每一步计算都有舍入误差的问题。

设某计算机的计算精度（误差）为 h，计算机表示的数为 a，则意味着这个计算机内的数 a，实际上是 $a-h/2 \leqslant x \leqslant a+h/2$ 中的某一个数。所以，尽管计算机的字长在不断提高，微机也可达到 64 位了，但字长的增长不可能是无限的，计算中的舍入误差将在所难免（$h \to 0$ 而 $\neq 0$）。

数值预报中的计算复杂，计算步骤多，舍入误差的积累有时显得十分严重。前面讲到的 Lorenz 为得到几十年的资料，在一次偶然的重复计算时发现两次计算结果很不一样，这是因为初值改变所致。而这里初值的改变正是舍入误差引起的（将 6 位数的初值的第 4 位作了四舍五入）。由此可见，舍入误差的问题还与初值问题密切相关，因为在数值积分过程中，每一步总以前一步的结果作为"初值"的，因此舍入误差是初值误差的重要来源之一。

由上述分析可知，基于确定论的数值模式看起来似乎是很严密的，实际上也确实在现有科学技术水平上反映了大气运动的基本规律，因而数值天气预报得到了快速发展。但是，必须看到，确定性系统内具有内在的随机性，数值预报中没有绝对准确的东西。模式反映的物理过程是近似的，初值是近似的，模式参数是近似的，一切数值都是近似值。根据这些近似值，经过大量的计算（每秒钟计算数千万甚至数亿次，计算数小时、数十小时），每一步计算也都是近似的（有舍入误差），其结果显然也是近似的，不精确的，有误差的。

数值预报既有确定性的一面，又有随机性的一面；既在一定条件一定期限（可预报性期限）内可信，又不可避免地存在误差。正确认识数值预报的两面性，这是使数值预报发挥应有作用的思想基础。

2.5.2　数值预报检验评估方法

数值预报产品的误差分析与检验是为了改进数值模式或在应用数值预报产品时加以订正。检验评估方法通常采用统计学和天气学的方法，可着眼于数值模式的整体性能，也可针对天气系统或具体天气要素分别进行。

2.5.2.1　天气学检验评估

（1）系统预报误差分析

可着重对影响预报区的天气系统（如高、低压或高压脊、低压槽）进行分析。分析的方法是将预报结果和出现的实况作对比并进行统计。

分析的内容主要有：

①系统漏报、空报和能正确作出预报的情况；

②系统强度预报误差情况（偏强、正确、偏弱）；

③系统移速预报误差情况(偏快、正确、偏慢)。

统计中要注意:对应系统要找准,如果把预报的系统与一个不相关的其他系统作比较,就会得出错误的结论。对强度误差和移速误差的分析,最好能定量化,如可用±x经距/12 h来定量描述某类系统的平均移速预报误差。对同类系统在不同区域、不同季节的预报,误差可能是不同的,故一般应分区、分季节统计。

(2)气象要素预报误差分析

日常工作中进行较多的是对降水预报的误差分析,此外视需要还可对地面(海面)风、空中风、高度(气压)、气温等要素作误差分析。

对降水预报误差的分析,可从降水区域的范围和降水量着手,也可从某测站有无降水及降水量着手。分析的方法也是将预报量与实况作对比统计。

其中某测站有无降水的预报误差统计,可用准确率或成功指数作为误差情况的衡量标准。这种统计方法比较简单,各气象业务单位只要有降水量数值预报图和相应的天气实况即可进行。

降水量的预报误差分析,作为以应用为目的的业务单位可以分级进行。即在报"有降水"的前提下,根据预报的降水量,统计小雨、中雨、大雨和暴雨各级的偏差情况。

用数值预报图作降水区域范围的误差分析,难度较大。因为面积计算比较困难,所以一般气象业务单位,尤其是基层气象台通常只作一些粗略的定性统计。也可以在某区域内选若干代表站,用统计单站预报误差的方法作定量统计。

在降水预报误差分析中,一般也应分区域、分季节进行。因为不同区域(如高原与海洋)、不同季节(如夏季和冬季)的误差情况通常是不同的。如果可能的话,误差分析最好还应分不同的影响系统进行。这样得出的统计结果更便于应用。

(3)应用举例

肖红茹等(2013)根据影响天气系统不同,采用天气学检验方法,对天气系统进行分类。针对降水预报,从量级、雨带落区和移速等方面进行检验,了解模式降水预报性能,为预报员能够更好地应用模式预报产品提供可以借鉴的订正依据,提高了天气预报的准确率。以下介绍他们基于我国 T639 和欧洲中期天气预报中心 EC 细网格模式产品对 2012 年 5—8 月四川盆地降水预报的天气学检验。

①资料与检验内容、标准

采用 2012 年 5 月 1 日至 8 月 20 日实况探空、降水资料,我国 T639 模式(0.28°×0.28°)和 EC(0.25°×0.25°)模式对应的每天 20 时(北京时)起报的 24 h 累积降水预报资料。根据影响天气系统不同,选取四川盆地出现明显降水过程的预报与对应时段实况进行对比检验,检验时效包括 48 h、72 h 和 96 h。

检验的内容有两方面:降水的主体雨带和降水中心。降水的主体雨带主要包含:主体雨带的强度、范围(面积)、落区和移速;降水中心包括:中心的强度和位置。根据检验内容制定了相应的检验标准：a 模式预报的主体降水雨带与实况雨带范围大体相同为预报一致；b 模式预报降水中心强度和中心位置与实况降水中心强度和位置吻合为预报一致，否则为偏强或偏弱；c 模式预报的主体降水落区和中心与实况降水的落区、中心相差在 1 个经纬度范围内为基本一致；d 根据模式预报主体降水落区与实况是否存在偏差，判断降水预报在时效上是否存在偏快或偏慢的预报偏差。

②检验结果分析

2012 年 5 月 1 日至 8 月 20 日直接影响四川盆地降水的天气系统有 500 hPa 高空西风槽、高原低涡、高原切变线、东风波，700 hPa 西南低涡、西南急流，850 hPa 倒槽。经统计，检验时间 24 h 出现明显降水的过程有 30 次，其中以西风槽为主要影响系统的达 14 次，高原低涡为主要影响系统的 7 次，高原切变线为主要影响系统的 8 次，东风波为主要影响系统的 2 次，西南低涡为主要影响系统的 6 次，西南急流为主要影响系统的 10 次，850 hPa 倒槽为主要影响系统的 2 次。下面给出的是其中对西南涡降水的检验分析结果。

西南低涡是青藏高原大地形和川西高原中尺度地形共同影响下的产物，是四川强降水发生的重要系统之一。表 2.15 是 T639 模式西南涡降水预报检验结果，从表中可以看出，对主体雨带的预报在 24～48 h 和 48～72 h 时效的一致率较高，基本都在 50% 或以上，其中 48～72 h 时效落区一致率高达 83%。预报偏差表现为强度随预报时效临近偏强和偏弱相当，范围预报偏小，落区表现为偏西、偏南，移速随预报时效临近预报偏快情况多。降水中心一致率不高，只有 24～48 h 时效为 50%，预报偏差强度随预报时效临近表现为偏强，位置预报偏西、偏南。

表 2.15　T639 模式对西南涡 24 h 累积降水预报的天气学检验结果

检验时段	主体雨带				降水中心	
	强度	范围	落区	移速	强度	位置
24～48 h	一致 67%	一致 50%	一致 50%	一致 50%	一致 50%	一致 33%
	偏弱 17%	偏大 17%	偏西 17%	偏快 33%	偏强 33%	偏南 33%
	偏强 17%	偏小 13%	偏南 33%	偏慢 17%	偏弱 17%	偏西 33%
48～72 h	一致 33%	一致 50%	一致 83%	一致 66%	一致 17%	一致 50%
	偏弱 33%	偏大 17%	偏南 17%	偏快 17%	偏强 50%	偏西南 17%
	偏强 33%	偏小 33%		偏慢 17%	偏弱 33%	偏西南 17%
						偏西 17%
72～96 h	一致 33%	偏大 17%	一致 33%	一致 17%	一致 33%	一致 17%
	偏弱 50%	偏大 33%	偏西 50%	偏快 17%	偏弱 67%	偏西南 17%
	偏强 17%	偏小 50%	偏南 17%	偏慢 67%		偏西南 17%
						偏西 50%

　　表 2.16 是 EC 对西南涡降水预报检验结果,从表中可以看出,不论是主体雨带还是降水中心的预报,一致率都较高,72 h 时效内值大都在 50% 以上,其中主雨带强度和降水中心强度、位置均达到 83%,主雨带落区和移速达 67%;预报偏差表现为,主体雨带偏强时,降水中心偏强,主雨带偏弱时,降水中心也偏弱,范围预报偏大的情况多,主雨带落区和降水中心偏西,移速偏慢。

表 2.16　EC 模式对西南涡 24 h 累积降水预报的天气学检验结果

检验时段	主体雨带				降水中心	
	强度	范围	落区	移速	强度	位置
24~48 h	一致 83%	一致 50%	一致 67%	一致 67%	一致 83%	一致 83%
	偏弱 17%	偏大 50%	偏西 33%	偏慢 33%	偏弱 17%	偏西 17%
48~72 h	一致 83%	偏大 83%	一致 67%	一致 67%	一致 83%	一致 83%
	偏弱 17%	偏小 17%	偏西 33%	偏慢 33%	偏强 17%	偏西 17%
72~96 h	一致 33%	偏大 67%	一致 50%	一致 83%	一致 33%	一致 50%
	偏弱 33%	偏小 33%	偏西 17%	偏慢 17%	偏强 33%	偏南 17%
	偏强 33%		偏南 17%		偏弱 33%	偏西 33%
			偏北 17%			

　　由上分析可知,对西南涡降水预报,EC 模式预报效果明显好于 T639 模式,对主体雨带范围预报偏差上仍然表现为 T639 模式偏小,EC 模式偏大,落区 T639 模式主要表现为偏西、偏南,EC 模式偏西,移速偏慢。

2.5.2.2　统计学检验评估

(1)形势场统计检验

　　形势场检验采用世界气象组织(WMO)基本系统委员会(CBS)推荐的数值预报标准化检验方案,包括两类检验:一是用各自的客观分析资料作为实况,对预报产品进行检验,即预报对分析的检验;二是用探空观测资料为实况,对预报产品进行检验,即分析和预报对观测的检验。

　　①用客观分析资料来检验预报结果

　　客观分析场和各时效预报资料均采用相同分辨率的网格点资料(如 $2.5° \times 2.5°$ 等经纬度),全球数值预报常用的检验区域是东亚(中国及周边区域)、北半球、赤道地区和南半球四个区域,对数值预报细化的检验按照全球 28 个区域进行。检验统计量包括:偏差、平均误差、均方根误差、误差标准差、距平相关系数、倾向相关系数和技巧评分等。在检验中,由于等经纬度网格中,纬度越高,格点分布越密集,该纬度上的格距小。为了使区域评分计算更为合理,计算时先得到每个格点的评分值,然后使用纬度权重 $\cos\phi$(ϕ 为纬度)对该区域的所有格点作加权平均。

②用观测资料来检验客观分析和预报结果

采用世界气象组织选定的 426 个探空观测站的观测资料作为实况,检验与之相对应的分析和各时效的预报场。这 426 个站基本遍布全球大陆地区,其中欧洲 80 个,北美 95 个,亚洲 142 个,澳大利亚 39 个,热带地区 70 个。数值预报分析和各时效预报场资料均为相同分辨率的网格点资料。检验区域有亚洲、欧洲、北美洲及澳大利亚,检验统计量是平均误差、均方根误差、相关系数和风矢量均方根误差等,统计方法是将网格点资料双线性内插到站点,再与探空资料进行比较并计算区域的评分。矢量评分仍为风分量评分后的合成结果,统计方法未加纬度权重 cosϕ 处理。

③常用的检验统计量

记预报的要素 A 的预报值为 A_f,相应的实况值为 A_a,i、N 为检验区域内的格点序号和总格点数,并记对区域内所有格点求和为 Σ,则各种检验统计量的数学表达式如下:

(a)偏差

$$DIFF = A_{fi} - A_{ai} \qquad (2.53)$$

偏差能直观地给出预报值与实况值之偏差场分布特征,便于对比分析。

(b)平均误差

$$ME = \frac{1}{N} \sum (A_{fi} - A_{ai}) \qquad (2.54)$$

平均误差计算时,正负误差抵消,它反映的是统计区域内预报值与实况值平均的偏离程度。当平均误差与绝对误差相近时,可以当成系统误差进行订正;当两者相差较大时,说明误差的系统性不强,不能轻易用于模式的预报订正。

(c)均方根误差

$$RMSE = \left[\frac{1}{N} \sum (A_{fi} - A_{ai}) \right]^{\frac{1}{2}} \qquad (2.55)$$

均方根误差反映了预报值与实况值的平均偏离程度,能够反映总误差情况。当其与平均误差相近时,说明区域内大误差较少,模式预报较为稳定;当与平均误差较多时,说明区域内有较大的误差,是模式改进应重点关注的地区。因而它是衡量预报误差最常用的一个统计参数。

(d)误差标准差

$$\sigma = \left\{ \frac{1}{N} \sum [(A_{fi} - A_{ai}) - ME]^2 \right\}^{\frac{1}{2}} \qquad (2.56)$$

误差标准差表示了预报偏差距离平均误差的平均离散程度。很明显,若 $ME = 0$,则 $\sigma = RMSE$。

(e)相关系数

$$\gamma = \frac{\sum (A_{fi} - A_{fmi})(A_{ai} - A_{ami})}{\left[\sum (A_{fi} - A_{fmi})^2 (A_{ai} - A_{ami})^2\right]^{\frac{1}{2}}} \tag{2.57}$$

式中，A_{fmi}、A_{ami} 分别为预报、实况平均值。相关系数能反映预报与实况值距平之间的相关程度。

（f）倾向相关系数

这是世界气象组织（WMO）基本系统委员会（CBS）1985 年特别会议决定自 1986 年 10 月 1 日起执行的标准检验方法之一。

$$TEN \cdot COP = \frac{\sum (A_{fi} - A_{oi} - M_{fo})(A_{ai} - A_{oi} - M_{ao})}{\left[\sum (A_{fi} - A_{oi} - M_{fo})^2 (A_{ai} - A_{oi} - M_{ao})^2\right]^{\frac{1}{2}}} \tag{2.58}$$

式中，A_{oi} 为预报初值；$M_{fo} = \frac{1}{N}\sum (A_{fi} - A_{oi})$；$M_{ao} = \frac{1}{N}\sum (A_{ai} - A_{oi})$。

倾向相关系数反映预报场与实况场变化趋势的相似程度。从天气学意义上讲，它反映的是槽脊移动和强度变化的预报效果。一般情况下，预报时效越长，倾向相关系数越小。但有时会有例外，当模式预报的槽脊移速的误差较大，而预报时效又较长时，会出现预报的槽脊与实际的非对应槽脊重合，从而造成虚假的倾向相关系数上升。为此，欧洲中期预报中心提出了下述距平相关系数的概念。

（g）距平相关系数

$$ANO \cdot COR = \frac{\sum (A_{fi} - C_i - M_{fc})(A_{ai} - C_i - M_{ac})}{\left[\sum (A_{fi} - C_i - M_{fc})^2 (A_{ai} - C_i - M_{ac})^2\right]^{\frac{1}{2}}} \tag{2.59}$$

式中，C_i 为气候平均值；$M_{fc} = \frac{1}{N}\sum (A_{fi} - C_i)$；$M_{ac} = \frac{1}{N}\sum (A_{ai} - C_i)$。

距平相关系数也反映槽脊位置和强度的预报效果，但因它利用的是实况和预报与气候的距平相关，避免了倾向相关系数随预报时效增加所可能出现的虚假增长现象。

（h）SI 评分

$$SI = \frac{\sum \left[|A_{fxi} - A_{axi}| + |A_{fyi} - A_{ayi}|\right]}{\sum \left[\max(|A_{fxi}|, |A_{axi}|) + (|A_{fyi}|, |A_{ayi}|)\right]} \tag{2.60}$$

式中，$A_{fxi} = \frac{\partial A_{fi}}{\partial x}$，$A_{axi} = \frac{\partial A_{ai}}{\partial x}$，$A_{fyi} = \frac{\partial A_{fi}}{\partial y}$，$A_{fyi} = \frac{\partial A_{fi}}{\partial y}$，$A_{ayi} = \frac{\partial A_{ai}}{\partial y}$，$\max(a,b)$ 表示取 a 和 b 中较大者。

SI 评分度量了预报值与实况值水平梯度的相对差异，对应天气图上即反映对锋面（锋区）的预报能力，常用于气压、位势高度等标量场的预报评分中，主要反映场的梯度预报精度，因其抓住了场分布的核心内容，故能较好地反映出模式预报的"技巧"。一般

SI 值小于 0.20 就认为是"完美预报"了,SI 达 0.70 以上的预报一般就不可用了。

(i)风矢量检验

对风矢量,通常用 u,v 分量风评分的合成结果来表征,如:

$$ME(\vec{V}) = [ME(u)^2 + ME(v)^2]^{\frac{1}{2}} \tag{2.61}$$

$$RMSE(\vec{V}) = [RMSE(u)^2 + RMSE(v)^2]^{\frac{1}{2}} \tag{2.62}$$

$$COR(\vec{V}) = \{[COR(u)^2 + COR(v)^2]\}^{\frac{1}{2}} \tag{2.63}$$

一般来说,随着预报时效的增加,预报精度下降,反映在统计检验指标上是平均误差、均方根误差增大,相关系数减小,SI 评分增加。均方根误差和 SI 评分在预报时效较短时增加较快,随后增加变慢,而趋于一个渐近值即大气的自然变化率。相关系数的变率可反映模式的好坏。一般把距平相关系数为 0.60 作为可用预报的界限,即大于该值时,则认为在日常预报中有参考使用价值,可利用的预报信息要多于错误信息。事实上,距平相关系数小于 0.60 时,预报结果中仍有可利用的预报信息

(2)降水量预报检验

①降水量预报检验方案

国家级降水预报方案以检验落点预报为主,检验区域为中国。对 T639 等全球模式、GRAPES_MESO 等区域模式的格点场降水预报及中央气象台制作的 08 h 全国范围区域降水预报的检验,选取全国 400 个台站(加密检验为 2510 个站)作为降水检验指标站。将模式预报的格点场资料采用双线性方法插值到站点上,对中央气象台制作的区域降水预报产品,利用 Micaps 系统将其由雨量等值线资料反演成降水检验指标站上的站点降水数据,然后逐站统计预报值与实况值,得出一天的降水预报检验结果。当某站的实况观测资料缺报,则在检验时将此站剔出。对客观要素预报的降水预报检验,有两种检验选择:一种以一天预报的所有站为一个样本序列,逐站统计预报值和实况值,得到某种预报方法针对某一天的预报的检验结果;另一种以一个站一个月(或若干日)为一个样本序列,逐日统计该站点预报值和实况值,得到某种预报方法针对某一站的预报的检验结果。

在具体检验计算时,有两种检验方式:一种为分级检验,即当对某一降水量级作检验时,预报和实况必须均为此量级才正确;另一种为累积量级检验,即当对某一降水量级作检验时,若预报和实况均为大于此量级的降水即为正确。根据以上两种原则分别计算报对站(次)数和空报、漏报个数,最后得出相应的统计检验量。检验产品包括 TS 评分、漏报率、空报率、预报效率(预报准确率)、公平 TS 评分等。

②降水预报检验内容

降水预报检验分为三类:一类为晴雨检验,即只对有雨、无雨两种类别进行检验;第二类为量级检验,即将降水分为五个量级的预报情况,降水量级分类见表 2.17;第三类

为累加量级检验,即分别对≥中雨、≥大雨、≥暴雨、≥大暴雨的情况的预报质量进行检验。

表 2.17　降水量分级表(mm)

降水等级	小雨	中雨	大雨	暴雨	大暴雨
12 h 降水量	0.1～4.9	5～14.9	15～29.9	30～69.9	≥70.0
24 h 降水量	0.1～9.9	10～24.9	25～49.9	50～99.9	≥100.0

中央气象台区域降水预报的检验范围为中国区域,具体考察全国各大地区的预报情况,将整个中国区分为八个区域,分别为:东北地区、新疆区、西北地区东部、华北地区、青藏高原中南部、西南地区东部、长江中下游地区和华南地区。近年来,为了满足各省台预报员对数值预报降水预报检验产品的需求,建立了以省、市、自治区为分区的分省预报检验。

③降水预报检验统计量

降水检验统计量主要有:TS 评分、漏报率 PO、空报率 NH、预报偏差 B、预报效率 EH、预报技巧评分 SS 等。其中,预报技巧评分只对模式预报和中央气象台区域降水预报作夏季检验时计算。最近几年又引入公平 TS 评分,代替没有长时间气候序列资料台站的技巧评分。

定义 NA、NB、NC 分别为某级降水预报正确站(次)数、空报站(次)数和漏报站(次)数,ND 为实况无降水且预报也为无降水的站(次)数(见表 2.18),QY 为各站点某月的降水气候概率。

表 2.18　降水检验分类表

实况\预报	有	无
有	NA	NC
无	NB	ND

各检验量计算的数学表达式如下:

(a)TS 评分

$$TS = \frac{NA}{NA + NB + NC} \tag{2.64}$$

TS 评分的理想评分是 1,取值范围 0～1,当评分为 0 时,表示没有技巧。TS 评分也叫严格成功指数,对降水的气候概率有一定依赖性,当降水频率较高时,评分往往容易较高,如冬季雨水少、而夏季雨水多,TS 评分夏季一般高于冬季。该评分的特点是对预报准确的降水较敏感,对空报和漏报都有惩罚,因此单从 TS 评分本身是分析不出预报误差的来源的。

(b)漏报率

$$PO = \frac{NC}{NA + NC} \qquad (2.65)$$

漏报率的理想评分是 0,取值范围 0~1,当评分为 1 时,表示对预报事件完全没有预报。该评分对漏报较为敏感,而与空报无关。主要描述对实际发生的预报事件有多少遗漏率。

(c)空报率

$$NH = \frac{NB}{NA + NB} \qquad (2.66)$$

空报率的理想评分也是 0,取值范围 0~1,当评分为 1 时,表示对预报事件完全空预。该检验量只对空报敏感,并与气候概率有很大的相关,但完全忽略漏报。主要描述对所有的预报事件中空报的比率。

(d)预报偏差

$$B = \frac{NA + NB}{NA + NC} \qquad (2.67)$$

预报偏差的理想评分是 1,取值范围 0~∞,主要描述预报事件的频率与实际观测事件的频率的比率。当取值小于 1 时,表示预报频率小于实际发生的频率,而大于 1 时,则表示预报频率高于实际发生的频率,但不能描述预报与实况是否一致,只能衡量相对的频率,也可以理解为预报站数(当检验站分布均匀时,也可理解为预报面积)与实况降水站数的比率。

(e)预报效率

$$EH = \frac{NA + ND}{NA + NB + NC + ND} \qquad (2.68)$$

预报效率的理想评分是 1,取值范围 0~1,又名预报准确率,对于越少发生的事件评分越高。这也就是为什么小雨的预报效率评分不及暴雨高的原因。一般对于累加检验而言,其小雨的预报效率可当作晴雨预报的准确率来使用。

(f)预报技巧评分

$$SS = \frac{TS - QY}{100 - QY} \qquad (2.69)$$

预报技巧评分以气候概率为标准,在一定程度上反映了预报技巧,减少了气候概率的影响。其理想评分是 1,取值范围 −∞~1。如果正确预报的数目等于期望正确的数目,技巧评分为 0;如果控制预报是完全的,则技巧评分为负无穷。负值表示对于所取的标准来说是负技巧。

(g)公平 TS 评分

$$ETS = \frac{NA - R(a)}{(NA + NB + NC - R(a))} \qquad (2.70)$$

式中, $R(a) = \dfrac{(NA+NB) \cdot (NA+NC)}{(NA+NB+NC+ND)}$

公平 TS 评分的理想评分是 1,取值范围[-1/3,1],0 表示没有技巧。该评分吸收了 TS 评分的一些优点,又降低了随机降水概率对评分的影响,能够修正与随机变化有关的降水预报准确率。但由于对空报和漏报都有惩罚,所以不能区分预报误差的来源。一般而言,该评分低于 TS 评分。

以上七个检验量基本能从预报事件的准确率、预报误差来源等说明预报产品的性质。国际上常用的降水检验的检验量还有真实技巧评分 TSS、HK 评分,让步比 OR 以及探测概率 POD 等,不论是哪一种评分都有评分自身的缺陷。因此,在实际工作中,应该综合几个检验量来分析预报的性能。

2.6　数值天气预报误差的订正

数值天气预报误差的订正在误差统计分析基础上进行。任宏利和丑纪范(2005)根据大气相似性原理,提出了利用历史资料的相似信息估计模式误差的反问题,并发展了一种相似误差订正(Analogue Correction method of Errors,简称 ACE)方法。该方法将统计和动力两种方法有机地结合,在不改变现有数值预报模式的前提下,既充分地利用了动力学发展的成就,又能够有效地提取大量历史资料中的相似信息,达到减小模式误差,改进当前预报的目的。以下主要介绍 ACE 的订正方法。

设 $\psi(r,t)$ 为模式预报变量,r 和 t 分别表示空间坐标向量和时间,L 是 ψ 的微分算子,它对应于实际的数值模式。当 $t>0$ 时,可以由初值数值积分得到 ψ。如果把实际大气所满足的准确模式表示为:

$$\frac{\partial \psi}{\partial t} + L(\psi) = E(\psi) \tag{2.71}$$

式中,$E(\psi)$ 表示实际存在而现有模式中未能描述或准确地描述的过程,它反映的是现有数值模式中未知的误差项。

根据相似性原理,用彼此相似的大气演变的资料反演出的 $E(\psi)$ 应该是比较接近的。设 ψ 的历史相似状态为 $\bar{\psi}$,它满足:

$$\frac{\partial \bar{\psi}}{\partial t} + L(\bar{\psi}) = E(\bar{\psi}) \tag{2.72}$$

考虑到 ψ 与 $\bar{\psi}$ 非常接近,可以将 $E(\psi)$ 关于 ψ 在 $\bar{\psi}$ 处进行一阶 Taylor 展开,即 $E(\psi) = E(\bar{\psi}) + (\psi-\bar{\psi})_D \mid_{\psi-\bar{\psi}}$。式中 D 表示 $E(\psi)$ 关于 ψ 各分量偏微商的总和。当满足 $_D \mid_{\psi-\bar{\psi}}$ 有界,并且 $\psi-\bar{\psi}$ 足够小的条件时,令 $\psi=\bar{\psi}+\psi'$,不难得出:

$$\|E(\bar{\psi}+\psi') - E(\bar{\psi})\| \ll \|E(\psi)\| \tag{2.73}$$

此时,如果用(2.72)式右端的误差项 $E(\bar{\psi})$ 来估计(2.71)式右端的误差项 $E(\psi)$,

可得：

$$\frac{\partial \psi}{\partial t} + L(\psi) = \frac{\partial \bar{\psi}}{\partial t} + L(\bar{\psi}) \tag{2.74}$$

方程右端实际上已略去了小项 $E(\bar{\psi}+\psi') - E(\bar{\psi})$。由于参考态来源于历史资料，所以（2.74）式右端的第 1 项是已知的，第 2 项则可以通过数值模式算出，因此，（2.74）式相当于在现有模式中添加了一个相似误差订正项 $E(\bar{\psi})$，使之更加接近于（2.71）式，这显然比现有模式更加接近于实际大气满足的准确模式。这里把（2.74）式称为相似误差订正方程，它反映的仍然是原来的数值模式，只不过添加了一个误差订正项，从而使得模式误差更小。

由此可见，通过历史上相似参考态得到的 $E(\bar{\psi})$（利用现有模式和历史资料）来估计出当前预报所需要确定的 $E(\psi)$，就可以把 $E(\bar{\psi})$ 作为订正项来减小模式误差，改善当前预报。这样，使用历史资料改进数值模式动力预报的问题，实质上转化为通过已知的历史相似信息估计当前未知模式误差的反问题。

思考题

1. 简述数值天气预报在大气科学中的作用和地位。

2. 一个完整的业务数值天气系统主要包括哪几个部分？

3. 我国主要数值天气预报业务模式有哪些？

4. 简述以下日本数值预报传真图的含义。

（1）AXFE78 JMH 191200Z APR 2015 TEMP(℃)，WIND ARROW AT 850 hPa P－VEL(hPa／H) AT 700 hPa

（2）FSFE03 JMH 010000Z OCT 2014 VALID 021200Z SURFACE PRESS(hPa)，PRECIP(mm)(24－36) WIND ARROW AT SURFACE

5. 数值天气预报产品检验评估分为哪两类？

6. 数值预报形势场的定量检验主要有哪些统计检验量？各检验量所反映的天气学意义是什么？

7. 简述降水的数值预报主要检验内容和方法，其统计检验量有哪些？

8. 简述数值预报相似误差订正的基本思想。

参考文献

陈德辉，沈学顺. 2006. 新一代数值预报系统 GRAPES 研究进展[J]. 应用气象学报，**17**(6)：773-777.

陈德辉，薛纪善. 2004. 数值天气业务模式现状与展望[J]. 气象学报，**62**(5)：623-633.

但玻，冯汉中，罗可生. 2013. ECMWF 0.25×0.25 经纬网格模式资料处理及软件实现[J]. 高原山地气象研究，**33**(3)：92-96.

管成功，陈起英，佟华，等. 2008. T639L60 全球中期预报系统预报试验和性能评估[J]. 气象，**34**(6)：

11-16.

矫梅燕.2010.现代数值预报业务[M].北京:气象出版社,162-194.

康玲,祁伏裕,孔文甲,等.2003.数值预报产品检验及误差分析方法简介[J].内蒙古气象,**3**:16-19.

孔玉寿,章东华.2005.现代天气预报技术(第二版)[M].北京:气象出版社,19-41.

李泽椿,毕宝贵,金荣花,等.2014.近 10 年中国现代天气预报的发展与应用[J].气象学报,**72**(6):
　　1069-1078.

钱传海,端义宏,麻素红,等.2012.我国台风业务现状及其关键技术[J].气象科技进展,**2**(5):35-43.

任宏利,丑纪范.2007.数值模式的预报策略和方法研究进展[J].地球科学进展,**22**(4):336-381.

任文斌,杨新,孙潇棵,等.2014.T639 数值预报产品订正方案[J].气象科技,**42**(1):145-150.

闫之辉,赵俊英,朱琪,等.1997.高分辨率有限区域业务数值预报模式及其降水预报试验[J].应用气
　　象学报,**8**(4):393-401.

杨昌贤,郑艳,林建兴,等.2008.数值预报产品检验和评估[J].气象研究与应用,**29**(2):32-37.

袁国波,韩子亮,赵红霞.2009.T639 数据格式及其读取方法[J].陕西气象,**4**:8-9.

张兰慧,尚可政,程一帆,等.2011.数值预报产品的误差订正方法[J].兰州大学学报,**47**(3):44-47.

张智勇.2005.欧洲中心和日本数值预报格点产品解释应用初探[J].吉林气象,**1**:10-12.

章国材,矫梅燕,李延香.2010.现代天气预报技术和方法[M].北京:气象出版社,220-356.

第 3 章　数值天气预报产品定性应用方法

数值天气预报产品的一种重要应用方式是预报员根据天气学原理,在数值天气预报结果的基础上,进行人工订正,对天气形势做出诊断分析和预报,并做出具体的天气形势和要素预报。相对于站点数值天气预报产品定量应用方法,把这种应用方式称为数值天气预报产品的定性应用方法,也可以称为数值天气预报产品的天气学释用方法。下面首先介绍数值天气预报产品的直接解读应用,然后介绍数值天气预报产品天气学释用的基本方法,最后通过实例分析来说明数值天气预报产品天气学释用的思路和步骤。数值预报分析产品与预报图也是天气图的一种形式,因此,利用该产品采用天气图外推技术也可以制作天气形势和要素预报。

3.1　数值天气预报产品的直接解读应用

数值预报产品的直接解读应用就是在 MICAPS 平台(或数值产品综合显示平台)上将数值预报产品资料进行图形化显示,预报员可以像分析天气图那样在日常天气预报中直接分析解读数值预报产品图。数值预报产品既可以提供地面以及标准等压面的天气形势分析与预报场,又可以给出隐含有各种预报信息的物理量场的诊断分析产品。因此,在应用数值预报产品制作天气形势和气象要素预报时,可以把传统的天气图外推预报技术移植到数值产品的应用中,即根据数值预报产品图分析地面和空中等压面图上影响系统的演变,进而对影响系统的强度、移动作出判断,在此基础上根据气象要素产生的条件和预报经验作出具体的要素预报结论。由于目前各家的数值预报模式在形势场、温度场等方面的预报已经具有很高的准确度和可靠性,直接应用数值预报产品可以取得较好的预报效果,尤其是气压、位势高度、风、温度和降水量等要素的短期预报。此外,预报员还可以根据数值预报产品提供的大量的物理量场诊断分析预报结果,为作出较为正确的天气形势和要素预报结果提供辅助作用。

3.1.1　地面数值预报产品

地面数值预报产品给出了当前和未来地面天气系统的分布及演变特征,根据天气系统的强弱变化及演变,可以分析地面气压系统和锋面系统的演变,对制作地面风和能见度等气象要素预报有重要作用。

(1)地面锋面系统的分析

地面锋面是冷暖两个气团的交界面,其锋面前后的温度、气压、湿度、风场以及天气明显不同,是制作气象要素预报的基础。根据地面数值天气预报产品图,并结合 850 hPa 或 700 hPa 温度场的分布,就可以确定数值模式预报的锋面系统的位置以及系统的强度变化。如图 3.1 所示为欧洲格点报提供的 2014 年 4 月 2 日 20 时地面分析图,结合图 3.2 可以看出,850 hPa 在我国的东北东部—丹东—山东半岛北部—甘肃与内蒙古交界—新疆北部一线,存在温度冷槽等温线密集区,即冷锋锋区。相应图 3.1 的海平面气压场看,在贝加尔湖至我国东北地区有一冷高压,在冷高压的前部等压线比较密集,正好对应 850 hPa 上的等温线的密集区,因此,地面冷锋就位于我国的东北东部—丹东—山东半岛北部—甘肃与内蒙交界—新疆北部一线。图 3.3 给出了 24 h 海平面气压场预报图,图 3.4 为相应的 850 hPa24 h 温度场预报图。由图可见,锋面南压到台湾—广东和广西南部,而且从冷锋后的冷高压中心强度看,位于贝加尔湖至我国东北地区的冷高压强度明显减弱,表明冷高压在南下过程中,由于下垫面变暖使得该冷高压变性减弱,从而使南下的冷锋强度减弱。对比分析图 3.1 和图 3.3 可以看出,过去 24 h 地面锋面大约移动了 18 个纬距。4 月 2 日 20 时地面锋面距离南京站还有约 9 个纬距,因此,可以判断地面锋面于 2014 年 4 月 3 日 08 时左右过境南京。

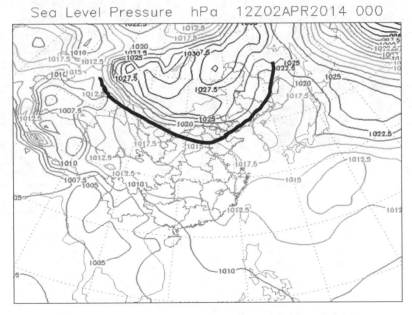

图 3.1　2014 年 4 月 2 日 20 时海平面气压场(hPa)分布图

(细实线表示等压线,兰色粗实线表示地面冷锋)

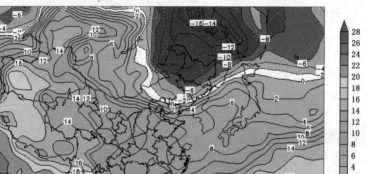

图 3.2　2014 年 4 月 2 日 20 时 850 hPa 温度场(℃)

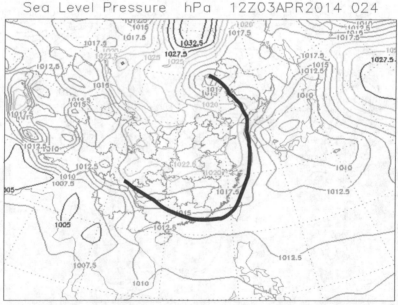

图 3.3　2014 年 4 月 2 日 20 时预报至 4 月 3 日 20 时的海平面气压场

（细实线表示等压线,兰色粗实线表示地面冷锋）

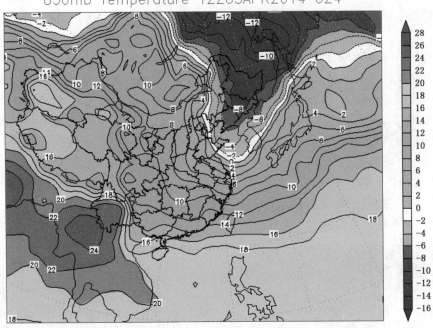

图 3.4　2014 年 4 月 2 日 20 时预报至 4 月 3 日 20 时 850 hPa 温度场(℃)分布

（2）地面风向风速预报

从图 3.1 和图 3.3 对比分析可以看出,2014 年 4 月 3 日 08 时之前,南京站处在冷锋锋前,锋面在南下过程中,由于冷高压变性减弱,冷锋强度减弱,锋前的气压梯度减小,因此,南京站风速减小,风向以偏南风为主;4 月 3 日 08 时之后,冷锋过境,气压梯度加大,因此,南京站将由偏南风逐渐转为偏北风,且风速加大。

（3）辐射雾预报

辐射雾是在有利的季节和大尺度环流背景下产生的,概括起来大尺度环流背景是:海平面气压场为弱的高压脊、均压区或鞍型场。如果数值预报产品预报的地面形势为弱的高压脊,或均压区或鞍型场中的任一形势,在有利的季节条件下,预报站点或预报区域满足辐射雾产生的条件,即大气层结为稳定或中性稳定层结(近地面存在逆温层),地面为微风,湿度比较大,夜间天空状况为少云,那么该站或预报区域就有可能出现辐射雾。

3.1.2　物理量场诊断分析产品

数值预报产品除了能够提供地面和标准等压面上的温度、气压(位势高度)、湿度和风场等基本气象要素以外,还提供了大量的动力场、温湿场等诊断分析产品,这些产品或物理量场中都隐含了一定的预报信息,对做出正确的形势和要素预报具有较好的参考作用。

(1)500 hPa 涡度场在预报中的应用

涡度是反映气旋曲率大小的物理量,正涡度越大,气旋式曲率越大;反之,负涡度越大,反气旋式曲率越大。槽线(切变线)是指等高线气旋式曲率最大点的连线,因此,依据 500 hPa 正负涡度中心位置即可确定槽脊线的位置。根据动力气象基础理论知识,正涡度区对应槽区,有上升运动,负涡度区对应脊区,有下沉运动。因此,根据 500 hPa 涡度场分布可以确定槽脊系统的位置。如图 3.5 所示,从等高线走向看,2014 年 3 月 11 日 20 时南京站处在槽前西南风控制,但从涡度分布看,南京站处在西北—东南向的正涡度区中,因此,11 日 20 时南京站将受短波脊控制,随着该脊的东移,11 日 20 时以后,南京站将处在脊后槽前。

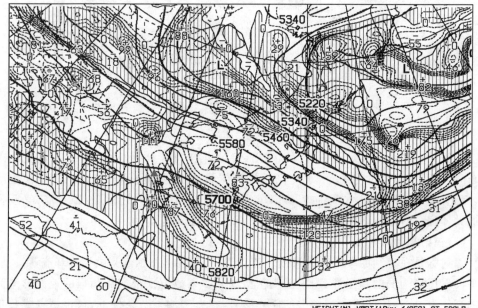

图 3.5　2014 年 4 月 10 日 20 时预报至 11 日 20 时远东地区 500 hPa 形势场,粗实线表示等高线(m),虚线表示等涡度线($10^{-6}\,\mathrm{s}^{-1}$),阴影区表示正涡度区,红三角所在位置表示南京站

在利用涡度场确定槽(脊)系统时,如果大尺度环流呈径向型,即系统为长波槽脊,那么无论利用等高线曲率,还是正负涡度场都很容易确定系统位置;如果大尺度环流呈纬向型,即系统为短波槽脊,那么利用等高线曲率就不易确定系统位置,但是涡度场上

系统的位置比较明显。因此,利用涡度场可以比较准确地确定纬向型环流上的短波槽脊系统,这样才能做出准确的形势预报。此外,根据等高线走向和正负涡度分布,还可以确定正负涡度平流,当等高线把正涡度向负涡度引导,即为正涡度平流,反之为负涡度平流。

(2)500～100 hPa 风场在预报中的应用

根据 500 hPa 以上的风场除了确定高空系统的位置、强度以外,还可以确定高空急流的位置、高空急流轴和急流大小。一般,在高空急流的右后侧,如果对应中低层的急流左前侧,那么就有利于垂直上升运动的增强,对暴雨等强对流天气是有利的。

(3) 500 hPa 温度场在预报中的应用

500 hPa 温度场有两个作用:一是确定高空锋区,即等温线的密集区(如图 3.6 所示)。如果存在高空锋区,就有锋区扰动,容易产生高云;二是确定高空 500 hPa 槽脊系统位置。众所周知,在一般情况下,温度槽脊总是落后于气压槽脊,因此,可以利用温度场和位势高度场之间的位相差大体确定 500 hPa 槽脊系统的位置。由图 3.6 可看出,从闭合的冷中心－朝鲜－长江口一线有一温度冷槽,那么在该温度槽的东部附近即为 500 hPa 气压槽的位置。

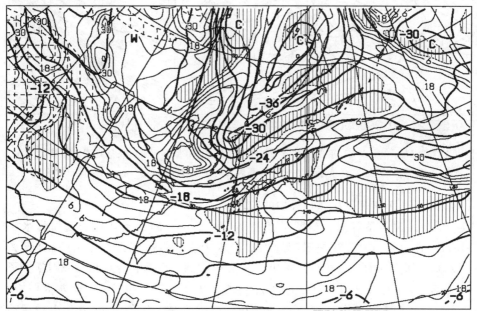

图 3.6　2014 年 4 月 2 日 20 时预报至 3 日 20 时 500 hPa 和 700 hPa 的形势场合成图。粗实线表示 500 hPa 等温线,细实线表示 700 hPa 等温度露点差,阴影区表示 $T-T_d \leqslant 3$ ℃的区域

（4）700 hPa 温度露点差在天气预报中的应用

700 hPa 温度露点差小于等于 3 ℃的区域表示中低层大气湿度比较大，即中层有云，如果配合 700 hPa 存在上升运动，那么就有利于云和降水的产生。此外，根据温度露点差小于等于 3 ℃的区域的后边界，大致可以确定 700 hPa 槽线（切变线）的位置（如图 3.7 所示）。由图可见，平均在 113°E 附近从华北到华东存在一南北向槽线，而在 30°N 及其北部附近存在一东西向切变线，显然在槽线以东、切变线以南存在大范围的湿度区。

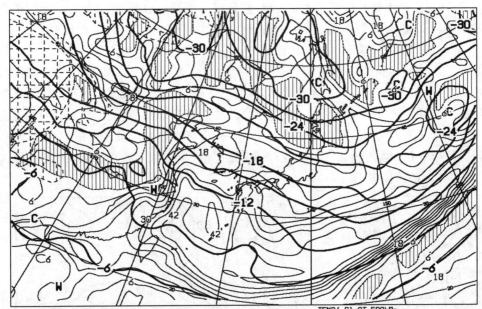

图 3.7　2011 年 4 月 20 日 08 时预报至 21 日 08 时 500 hPa 和 700 hPa 合成图。粗实线表示
500 hPa 等温线，细实线表示 700 hPa 等温度露点差，阴影区表示 $T-T_d \leqslant 3$ ℃的区域

（5）700 hPa 垂直速度场在预报中的应用

700 hPa 上升运动区配合温度露点差小于等于 3 ℃的区域有利于云和降水的产生，同时，上升运动区中心往往对应地面的降水中心或强对流天气产生的区域（如图 3.8 所示），与图 3.9 对比分析可以看出，700 hPa 在湖北南部和台湾北部分别预报了一个上升运动中心，对应这两个中心的地面图（图 3.9）上分别预报了一个降水大值中心。因此，在制作短期天气预报时，除了分析预报区域或站点是否位于 700 hPa 上升运动区以外，还要分析上升运动的中心位置及强度，这样就可以辅助制作地面强降水或强对流天气的落区预报，即，在其他条件相同的情况下，700 hPa 上升运动中心附近即为强降水或强对流天气出现的位置，并且上升运动中心强度越强，降水或强对流天气就越强。

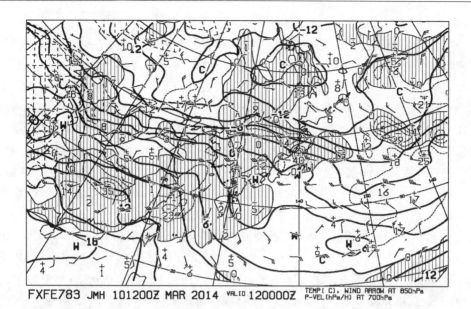

FXFE783 JMH 101200Z MAR 2014 VALID 120000Z　TEMP(C), WIND ARROW AT 850hPa
P-VEL(hPa/H) AT 700hPa

图 3.8　2014 年 3 月 10 日 20 时预报至 12 日 08 时 850 hPa 和 700 hPa 合成图。粗
实线表示 850 hPa 等温线,虚线表示 700 hPa 等垂直速度线,阴影区为 $\omega \leqslant 0$ 的区域
(上升运动区),风矢量表示 850 hPa 风场

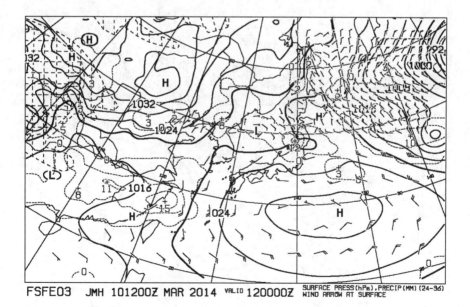

FSFE03　JMH 101200Z MAR 2014 VALID 120000Z　SURFACE PRESS(hPa),PRECIP(MM)(24-36)
WIND ARROW AT SURFACE

图 3.9　2014 年 3 月 10 日 20 时预报至 12 日 08 时地面形势场分布。粗实线表示等压线
(hPa),虚线表示地面 24~36 h 12 小时累积降水量(mm),风矢量表示地(海)面风场

(6)850 hPa 温度场在预报中的应用

850 hPa 温度场在制作短期天气预报时主要有三个方面的应用:一是 850 hPa 等温线的密集区—锋区,大体可以确定地面锋面大致位置和性质,即温度冷槽对应冷锋,温度暖脊对应暖锋。二是可以确定 850 hPa 槽线(切变线)的位置,一般情况下,850 hPa温度槽脊落后于气压槽脊,因此,根据温度槽脊与气压槽脊之间的位相差,即可确定850 hPa 槽脊系统的大体位置(如图 3.10 所示)。由图可见,850 hPa 温度场在贝加尔湖附近存在温度暖脊密集区,对应地面为一暖锋;从贝加尔湖向西偏南方向到新疆与内蒙古交界处存在温度冷槽密集区,对应地面为一冷锋,冷锋与暖锋交点处为蒙古气旋的中心。因此,对应地面图上在贝加尔湖附近为一蒙古气旋。此外,从图 3.10 可以看出,我国东北东部—丹东—大连—渤海湾有一冷锋,在东海存在一东海气旋,在 160°E、47°N 附近海域存在一锢囚锋,并对应有冷锋和暖锋存在。三是根据 850 hPa 与 500 hPa温度差,大体可以确定大气层结稳定性。一般情况下,当 850 hPa 温度减去 500 hPa 温度大于等于 26 ℃时即可表示大气层结是不稳定的,有利于雷阵雨的产生(如图 3.11 所示),由图可见,南京站 500 hPa 受温度冷槽控制,温度大约为−15 ℃,而对应 850 hPa南京站受温度暖脊控制,温度约为 14 ℃,因此南京站 850 hPa 与 500 hPa 的温度差约为 29 ℃,明显大于 26 ℃,所以,2014 年 3 月 28 日 08 时前后南京站附近大气层结是不稳定的,可以预报 28 日 08 时左右有雷阵雨,实际观测也证明了这一点。

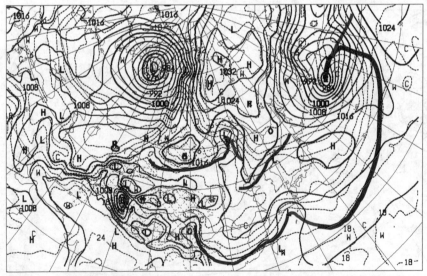

图 3.10　2014 年 3 月 27 日 20 时预报至 4 月 1 日 20 时地面海平面气压
(细实线,hPa)和 850 hPa 温度场(虚线),粗实线表示地面锋线

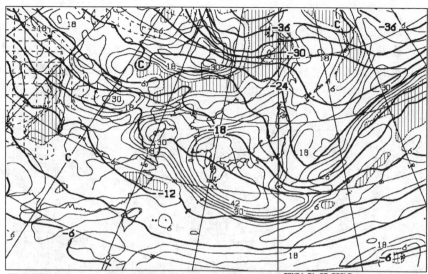

FXFE572 JMH 270000Z MAR 2014 VALID 280000Z　TEMP(C) AT 500hPa
T-TD(C) AT 700hPa

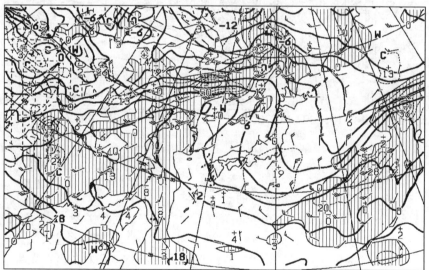

FXFE782 JMH 270000Z MAR 2014 VALID 280000Z　TEMP(C), WIND ARROW AT 850hPa
P-VEL(hPa/H) AT 700hPa

图 3.11　上图 500 hPa 与 700 hPa 形势场合成图,粗实线表示 500 hPa 等温线,细实线表示 700 hPa 温度露点差,阴影区表示 $T-T_d \leqslant 3$ ℃的区域;下图 700 hPa 和 850 hPa 形势场合成图,粗实线表示 850 hPa 等温线,风羽表示 850 hPa 风场,虚线表示垂直速度,阴影区表示 $\omega < 0$ hPa/h

(7)850 hPa 风场在预报中的应用

利用预报的 850 hPa 的风场首先可以确定槽线(切变线)的位置(如图 3.12 所示);其次根据风速大小和风向确定低空急流的位置,即风向一致风速超过 12 m/s 的大风速区就是低空急流,在低空急流的左前方存在气旋式曲率,辐合达到最强,因此就有利于热带地区的暖湿气流不断向北输送,从而产生强降水或强对流天气。从图 3.12 可以看出,从我国的华南沿海-东海地区存在低空急流。

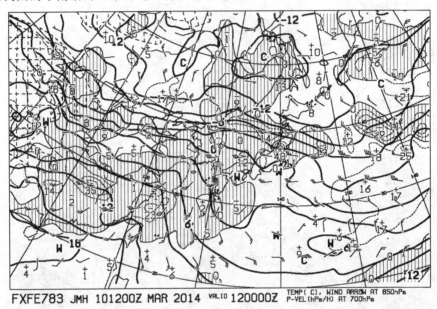

图 3.12　2014 年 3 月 10 日 20 时预报的 3 月 12 日 08 时 700 hPa 和 850 hPa 形势场合成图,
粗实线表示 850 hPa 等温线,虚线表示 700 hPa 等 ω 线,风羽表示 850 hPa 风矢量

(8)850 hPa 假相当位温在预报中的应用

低层(850 hPa)假相当位温的分布与天气现象有很好的对应关系,强对流天气往往出现在假相当位温高能舌的区域。例如,2005 年 5 月 31 日北京的冰雹天气过程,5 月 31 日上午北京地区为晴空,下午 13 时左右出现雷暴,13 时 30 分左右出现强冰雹,并局地伴有强雷雨和大风,冰雹从西北向东南横扫了整个京城。此次强对流天气过程出现的冰雹主要集中于 13 时 30 分至 15 时 00 分,18 时 54 分左右开始第二次出现雷雨夹冰雹的天气,直至 21 时左右对流天气消失。从全球中期数值预报产品提供的 850 hPa 假相当位温看(图 3.13),低层(850 hPa)的假相当位温(在 5 月 31 日 20 时)北京地区均处在假相当位温的高能舌中,对比图 3.14 看,6 月 1 日 08 时北京地区就已经处在高能舌的后部,低能区的附近,此时对流性天气也随之结束。因此,通过分析,发现冰雹前,根据低层(850 hPa)的假相当位温(在 5 月 31 日 20 时),北京地区均处在高能舌中,在 5

月 31 日 23 时后高能舌南压东移至渤海湾附近,特别是 6 月 1 日 08 时北京地区就已经处在高能舌的后部,低能区的附近(见图 3.14)。

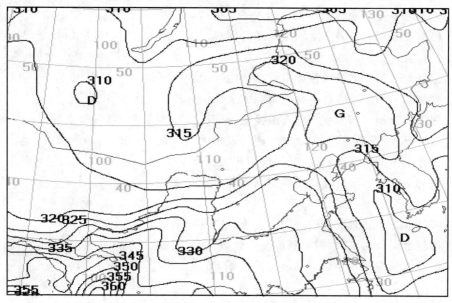

图 3.13　2005 年 5 月 31 日 20 时 850 hPa 假相当位温分布(单位:K)

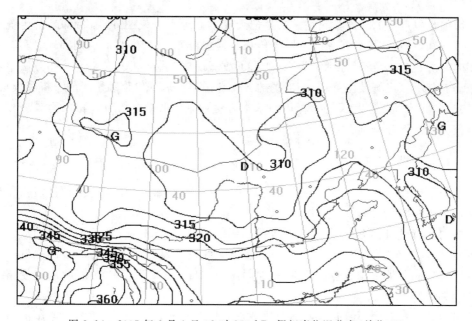

图 3.14　2005 年 6 月 1 日 08 时 850 hPa 假相当位温分布(单位:K)

总之,分析掌握和正确应用数值预报产品提供的物理量与天气发生、发展的关系,有利于提高天气形势和要素预报的准确率。在分析数值预报物理诊断量时,要注重从这些物理量场中提取隐含的与天气相关的预报信息。概括起来有以下几点:

①根据 500 hPa 位势高度场或风场的预报结果,分析出相应的槽线(切变线),以及高空急流位置;

②根据 850 hPa 风场预报确定低空急流和槽脊位置;

③根据 850 hPa 温度场预报确定锋区及锋面性质;

④根据 850 hPa 和 500 hPa 上预报的温度计算出两层间的温差,来近似地反映大气稳定度,一般情况下,当温差≥26℃时就表示大气层结不稳定,有利于雷暴产生;

⑤根据预报的涡度场和高度场,分析正负涡度平流区;

⑥根据 700 hPa 垂直速度和温度露点差确定中层的上升运动区和湿度区、以及上升运动的中心强度与位置;

⑦根据 500 hPa 涡度场确定槽脊系统的位置和强度;

⑧根据低层(850 hPa)假相当位温的分布与天气现象有很好的对应关系,判断强对流天气往往出现在假相当位温高能舌的区域。

3.2　数值天气预报产品的天气学释用

数值预报产品的天气学释用方法是把天气学原理和天气图外推预报方法(传统天气预报方法)进行移植和扩展。不同于传统天气预报方法的是,将对前期和现时实况天气图的时间、空间分析延伸到了未来(利用了数值预报结果),并把传统天气图方法中对气压场、高度场、风场及温度场、湿度场的分析和预报扩展到对物理量场的分析和预报。概括起来,数值预报产品天气学释用的基本方法包括"纵横分析"法、相似形势法和落区预报方法。下面分别介绍。

3.2.1　"纵横分析"法

"纵横分析"法就是天气图外推预报方法的移植和扩展。以日本传真图(包括分析图和数值预报图)为例,纵横分析的思路可用图 3.15 表示。

横向分析是对各类图(包括前期实况分析图、现时实况分析图、不同时效的数值预报图)作时间连续的演变分析。着重分析影响系统的移动及移动中各时段的强度变化(包括生消)。分析中应对各物理量场(如涡度及涡度平流、垂直速度场等)的演变情况结合起来进行。

纵向分析是对同一时间的各类图作垂直对比分析,从中了解主要影响系统的空间结构和有关物理量的配置关系及其演变情况。如 FSAS 地面图上若本站受低压控制,且 FSFE02 地面 24 h 预报图中本站处于雨区内,则可对应分析 FXFE782 图的锋区、槽线(切变线)、垂直速度和 FXFE572 上的湿区以及 FUFE502 上的涡度(涡度平流)等分布情况,以及上下对应分析槽线(锋面)坡度及降水所在部位,由此判断锋面类型和相应的天气特点。这种分析对具体的要素预报有直接的启示作用。

图 3.15　数值预报产品应用的"纵横分析"示意图

　　鉴于目前数值预报尤其是短期数值预报对形势的预报已超过人工主观预报的水平,所以在形势分析中要贯彻以数值预报产品为基础的思想,但还应充分发挥预报员的经验,即用天气学分析方法来修正数值预报可能出现的明显失误。当数值预报结果与主观预报结论差异很大,或有转折性天气过程发生,或经误差检验分析表明数值模式预报能力较差的天气系统将影响时,要作细致分析,以便得出符合实际的预报结论。

　　在形势分析预报的基础上,就可以运用天气学概念模式,根据一般的天气预报方法和预报员的经验作出相应要素的定性预报。当然,在作要素预报时,充分利用其他资料,包括数值预报产品中的部分要素预报(如温度、降水量等)是十分必要的。

3.2.2　相似形势法

　　相似形势法也叫天气—气候模型法,它是天气图预报具体方法的一种。它的理论依据是"相似原理",即认为相似的天气形势反映了相似的物理过程,因而会有相似的天气现象出现。

　　用传统的相似形势法作气象要素预报,要在事先用历史资料把各种天气出现时的地面或空中形势归纳成若干型(天气—气候模型),并统计各型的相似天气过程与预报区天气的关系。作预报时,只要根据当时的天气形势及其演变特点,找到历史相似天气型,即可作出相应的天气预报。

　　有了数值预报产品,就可以将传统的相似形势法加以改造和利用。方法是用预报的形势场到历史资料中找出相似个例或相似模型,则该相似个例或相似模型对应出现的天气,就是我们要预报的结论。可见,应用了数值预报产品,使我们把衡量天气形势和天气过程相似的标准,从前期和当前推进到了未来,无疑这对提高预报准确率是有利的。

3.2.3　落区预报法

将表征某种天气现象发生时的一些物理条件的特征量(线),描绘在同一张天气图上,然后综合这些条件,把各特征量(线)重合的范围认为是该种天气现象最可能出现的区域,这种方法就叫做落区预报法。

实践表明,某些天气(特别是对流性天气、雾、沙尘等)形成的物理条件常常在天气产生前不久才开始明显。因此,在有数值预报产品以前,落区预报法所能预报的时效是非常有限的,一般只能作 12 h 以内的预报。因为用当时的观测实况资料组成的各特征量(线)来确定某天气现象的落区,从本质上讲只是一种实时诊断而非预报。

有了数值预报产品,就有了预报的未来的天气形势、有关物理量,也就有了能反映某种天气产生的各物理特征量(线)的预报值,根据这些特征量(线)的预报值确定的天气落区,才是真正意义上的落区预报。下面以系统性雷暴预报为例,简单介绍利用数值预报产品制作雷暴落区预报的一般方法。

(1)高空槽、切变线雷暴落区预报

高空槽、切变线是经常造成雷暴的天气系统。高空槽或切变线是否能够造成雷暴,要看槽线或切变线前后的气流分布和它们的冷暖特性。

根据可得到的数值预报产品和有关天气学知识,一般认为槽前型雷暴多出现在 500 hPa 槽前、低空 SW 风急流的左前方、有上升运动($\omega < 0$)、正涡度($\zeta > 0$)或正涡度平流($-\vec{V} \cdot \Delta\zeta > 0$)、中低层湿度大($T - T_d \leqslant 3 ℃$)和条件不稳定$\left(\dfrac{\Delta\theta_{se}}{\Delta Z} < 0\right)$的区域,据此就可构成雷暴的预报落区(见图 3.16)。

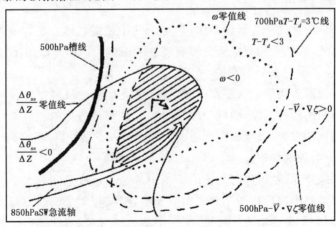

图 3.16　雷暴落区预报示意图

（2）锋面雷暴的落区预报

锋面雷暴是我国夏季主要的雷暴类型之一，据上海气象台统计，6－8 月份有 60％的雷暴形成在锋面上，而石家庄有 80％以上的雷暴是锋面雷暴。冷锋、暖锋、静止锋上都可能产生雷暴。其中以冷锋雷暴出现最多，强度也较强。暖锋雷暴较少，静止锋雷暴和切变线相联系。下面仅以冷锋雷暴出现的位置预报作简要说明。

锋面雷暴往往产生在沿锋线伸展的等露点线湿舌控制的范围内，或偏于湿舌尖端的部位上。湿舌越窄，产生的雷暴越强；24 h 露点变量正值区，有利于产生雷暴；同一条冷锋的不同地段，由于温度、气压、湿度场配置不同而产生雷暴的可能性及其强度也不同。在锋后冷平流较强而锋前空气又是暖而湿的锋段，有利于雷暴形成。在锋后冷平流较弱而锋前空气又是暖而干的锋段就不利于雷暴的形成；在后倾槽的情况下，锋面雷暴一般发生在锋面前后（槽前）。在前倾槽的情况下，雷暴发生在槽后、锋前的区域内，在这种情况下，还常常可能发生冰雹。因此，冷锋雷暴落区预报的思路是：根据数值预报产品，首先由 850 hPa 等温线的分布确定地面锋线的位置及性质；然后根据 850、700 和 500 hPa 高度场和风场的分布确定三层槽线的位置，并据此确定槽线系统是后倾槽还是前倾槽；最后，分别就后倾槽和前倾槽、地面锋面、850 hPa 等露点线或等比湿线以及 24 h 露点变量大于零所相交的区域即为雷暴发生的区域。

（3）低涡雷暴的落区预报

夏季在东北和华北地区常常出现冷涡雷暴，其特点是变化快，持续时间长（可持续 3～6 d），危害性大（有时伴有大风、冰雹）。利用数值预报产品制作冷涡雷暴落区预报的思路是：

①冷涡雷暴主要出现在冷涡的南部及东南部位，而以出现在东南部位的最为常见。这是因为当冷涡发展南移时，其东南部与西太平洋副热带高压靠近的缘故。在冷涡的东南部及副热带高压西北部有很强的气流辐合，加上副热带高压西北部又有较强的暖湿平流，因此，冷涡的东南部位经常产生大片雷暴。在冷涡的东北和西北部位也可产生雷暴，但很少。

②冷涡雷暴一般是与地面冷锋或高空小横槽相伴出现和活动的。当冷涡后部暖高脊很强，且向东北方向伸展时，小横槽就带着一股股冷空气沿涡后偏北气流南下，加强了低涡的辐合上升运动，促使不稳定能量释放，因此冷涡后部小横槽（旋转槽）对冷涡雷暴的产生和持续出现起着重要作用。当冷涡中心稳定少动时，这种反映冷空气不断补充的高空小横槽一次次转竖，就造成了冷涡雷暴的连续出现。

③冷涡雷暴产生在 500 hPa 与 850 hPa 温度差（$T_{500} - T_{850}$）负值最大的区域或其前方。

④在冷涡控制区域，在低层 850 hPa 有明显的暖湿平流，高层有冷平流的区域，往往有强雷暴或冰雹出现。

据此将冷涡东南部、地面冷锋、500 hPa 冷涡后部小横槽、$T_{500}-T_{850}$ 负值最大的区域或其前方、850 hPa 温度暖平流和 500 hPa 温度冷平流叠加在同一张图上,则其公共区域即为冷涡雷暴的落区预报。

(4)副热带高压西北部雷暴落区预报

在对流层低层,副热带高压西北部空气比较暖湿,常常储存大量的不稳定能量。在有外来系统入侵或没有外来系统侵入的情况下,都有发生雷暴的可能。当天气系统很弱,等压线十分稀疏时,有时可以由于地形造成的小范围风场辐合,而引起孤立分散的雷暴。当副热带高压明显东退时,也可以引起不稳定能量释放而造成雷暴。当副热带高压西北部有锋面、低压、高空槽、切变线、低涡等系统影响时,在副热带高压西北部会出现较广的雷暴区。

总之,除了上述系统可以产生雷暴外,还有台风倒槽、东风波等系统也可以产生雷暴。在此不一一赘述。下面以江苏省大范围雷暴落区预报为例,说明强对流天气发生区的落区预报基本思路:

根据江苏省气象台的统计分析,发现江苏省大片强雷暴区的活动与以下四个因子有关:(1)700 hPa 的槽线;(2)地面锋;(3)850 hPa 副热带高压西北部偏南风的最大风速轴线(西南风急流轴);(4)850 hPa 湿舌。根据这些经验和统计分析,利用数值预报产品即可将强对流天气出现的条件综合在一张图上,由这些条件共同围起来的区域即为强对流出现的区域。根据统计分析,江苏省强对流天气主要发生在(如图 3.17 所示):

图 3.17　江苏省气象台制作的强对流天气落区预报示意图

①700 hPa 槽线或切变线暖区方向 2～5 个纬距;

②地面锋前 1～3 个纬距;

③低空急流轴左右 1～1.5 个纬距;

④850 hPa 的湿舌内部。

这四项因子共同存在的区域就是强对流性天气最可能发生的区域。

需要指出,由于公开发布的数值预报产品是有限的,有时还不能完全满足预报工作的需要,因而根据需要有时还要对已有的数值预报产品进行再加工,国外称此为数值输出产品的再诊断(Model Output Diagnoses,简称 MOD)。例如,可以根据位势高度场或风场的预报结果,分析出相应的槽线(切变线);根据 850 hPa 风场预报确定低空急流;根据 850 hPa 温度场预报确定锋区及锋面性质;根据 850 hPa 和 500 hPa 上预报的温度计算出两层间的温差,来近似地反映稳定度;根据预报的涡度场和高度场,分析正负涡度平流区等。MOD 使数值预报的再生产品更丰富,有效地扩大了数值预报产品的应用范围。

3.2.4　应用举例

下面以一次东海气旋及其产生降水天气过程为例,说明用数值预报产品天气学释用方法制作天气形势分析和要素预报的过程。1989 年 1 月 17 日,南京处于脊线位于祁连山脉至日本海的近东西向高压底部,地面风向偏东;35°N 以南在云贵地区存在昆明准静止锋,雨区从西南向东北方向扩展,14 时(北京时,下同)开始,南京由中云转小雨(见图 3.18)。在此情况下,如何应用数值预报产品制作未来 24～36 h 的形势及相应的气象要素预报?

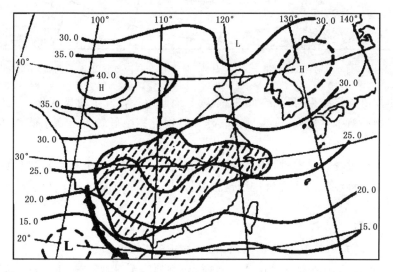

图 3.18　1989 年 1 月 17 日 14 时(北京时)地面形势简图(阴影区为降水区,细实线表示等压线,粗实线表示昆明准静止锋)

（1）横向分析

由 FSAS 图（见图 3.19），18 日 08 时长江口附近海面上预报将出现气旋波（FS-FE02 图上该处表现为一明显的倒槽，见图 3.20），并有锋面生成，南京（图中▲所示位置，下同）处于气旋后部。到了 18 日 20 时（见图 3.21），这个气旋波已向东移动并发展加深了（已有闭合等压线）。我国 17 日 02 时（世界时为 16 日 18 时）发布的亚欧地面 48 h 预告图（见图 3.22）上也预报出 19 日 02 时在东海存在气旋波，且其后部冷锋已南压至华南，分裂高压中心南移到 33°N 附近，华东地区气压场转为西高东低型。

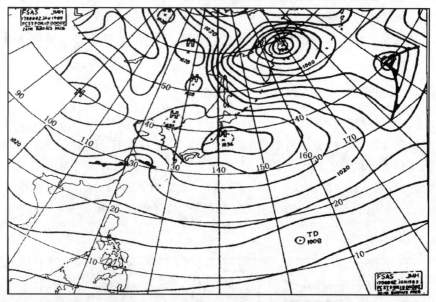

图 3.19　日本 JMH 1989 年 1 月 17 日 08 时发布的亚洲地区地面形势 24 h 预报

由上述数值预报结果可以推断，未来 24 h 地面形势将发生明显变化。主要特点是将有东海气旋波新生并发展，南京地区气压场将由北高南低转为西高东低型，因此风向将由偏东风转向偏西风。

上面的分析过程就是对地面形势的"横向分析"（时间连续分析）。类似地我们还可对其他各层的形势或有关物理量进行这种分析，这里不再细述。下面再看纵向分析（空间垂直分析）。

（2）纵向分析

图 3.19 上的东海气旋波及其锋面附近，在 FSFE02 图（图 3.20）上对应有一片降水区，32 mm 的降水中心与波动中心相对应，南京的降水量在 10～15 mm 之间。

在 FXFE782 图（图 3.23）上 850 hPa 等温线在东海至我国西南地区比 AXFE78 图（见图 3.24）上相应地区明显加密，表明该地区确有锋生过程。由该图预报的 18 日 08

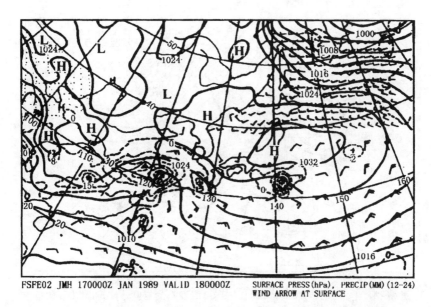

FSFE02 JMH 170000Z JAN 1989 VALID 180000Z　　　SURFACE PRESS(hPa), PRECIP(MM)(12-24)
WIND ARROW AT SURFACE

图 3.20　日本 JMH 1989 年 1 月 17 日 08 时发布的远东地区地面气压、风矢和降水 24 h 预报

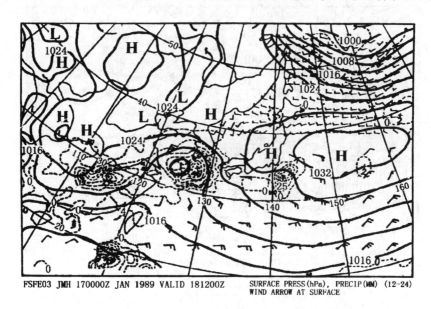

FSFE03 JMH 170000Z JAN 1989 VALID 181200Z　　　SURFACE PRESS(hPa), PRECIP(MM)(12-24)
WIND ARROW AT SURFACE

图 3.21　日本 JMH 1989 年 1 月 17 日 08 时发布的远东地区地面气压、风矢和降水 36 h 预报

时风矢分布可看出,850 hPa 南京处于槽前,受西南气流影响;而在 700 hPa 垂直运动场上,上升运动中心与地面气旋波中心及降水中心近于重合,南京处于 ω 负值区(阴影区),即有上升运动。但到了 18 日 20 时(见图 3.25),虽然 850 hPa 上锋区仍存在,但南

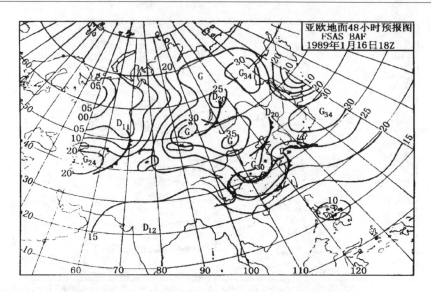

图 3.22　中国 BAF 1989 年 1 月 17 日 02 时发布的亚欧地区地面 48 h 预报

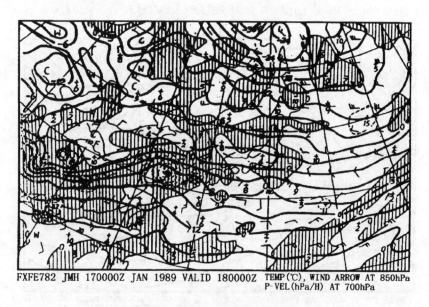

图 3.23　日本 JMH 1989 年 1 月 17 日 08 时发布的远东地区 850 hPa 温度、
风矢和 700 hPa 垂直速度 24 h 预报

京上空 700 hPa 上的垂直速度已由负值转为正值,即出现了下沉运动。

再看 FXFE572 图(见图 3.26),南京处于阴影区中,说明 18 日 08 时南京上空 700 hPa 上将处于湿度大值区,即 $T - T_d \leqslant 3\ ℃$。到了 18 日 20 时(见图 3.27),这片阴影区

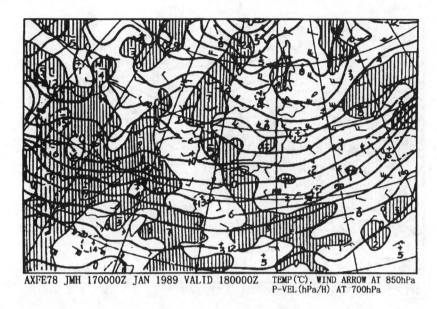

AXFE78 JMH 170000Z JAN 1989 VALID 180000Z   TEMP(℃), WIND ARROW AT 850hPa
P-VEL(hPa/H) AT 700hPa

图 3.24   日本 JMH 1989 年 1 月 17 日 08 时发布的远东地区 850 hPa 温度、
风矢和 700 hPa 垂直速度实况分析

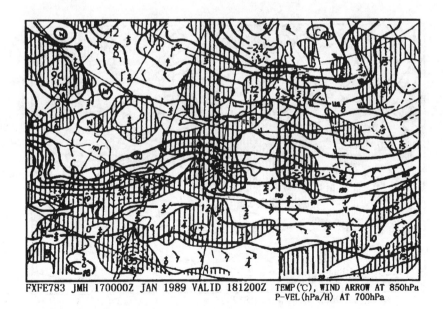

FXFE783 JMH 170000Z JAN 1989 VALID 181200Z   TEMP(℃), WIND ARROW AT 850hPa
P-VEL(hPa/H) AT 700hPa

图 3.25   日本 JMH 1989 年 1 月 17 日 08 时发布的远东地区 850 hPa 温度、
风矢和 700 hPa 垂直速度 36 h 预报

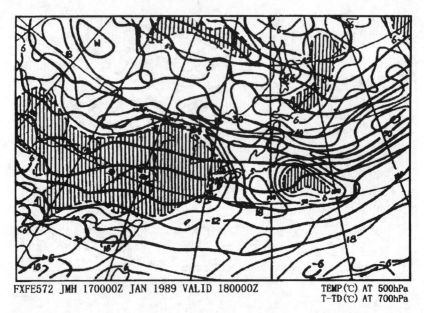

FXFE572 JMH 170000Z JAN 1989 VALID 180000Z　　　　TEMP(℃) AT 500hPa
　　　　　　　　　　　　　　　　　　　　　　　　　　T-TD(℃) AT 700hPa

图 3.26　日本 JMH 1989 年 1 月 17 日 08 时发布的远东地区地区 500 hPa 温度、
700 hPa $T - T_d$ 24 h 预报

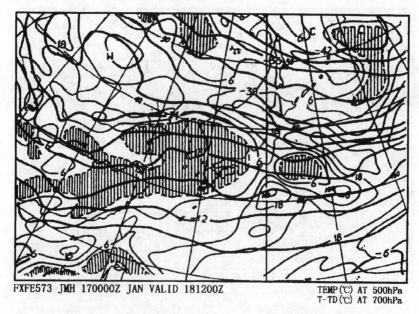

FXFE573 JMH 170000Z JAN VALID 181200Z　　　　　TEMP(℃) AT 500hPa
　　　　　　　　　　　　　　　　　　　　　　　　　T-TD(℃) AT 700hPa

图 3.27　日本 JMH 1989 年 1 月 17 日 08 时发布的远东地区地区 500 hPa 温度、
700 hPa $T - T_d$ 36 h 预报

已东移南压,南京已处于 $T-T_d>3$ ℃区。此外,从这张图上预报的 500 hPa 温度场可看出,在地面锋线所在地区上空,等温线比较稀疏,无明显锋区特征,这说明此次锋生过程主要发生在对流层低层,锋面的垂直伸展高度较低。

再往上看 500 hPa 的形势特点。17 日 08 时 500 hPa 上 35°N 以南地区为较平直的西风气流,华南地区受弱脊控制(见图 3.28)。此时,南京处于负涡度区中。在南京西侧的四川地区存在正涡度中心,在偏西气流作用下江淮地区至东海有正涡度平流,利于低层低气压系统的发展,到了 18 日 08 时(见图 3.29),预报高原东侧有明显低槽发展起来,且该槽位于预报的 850 hPa 槽西侧(即槽随高度是西倾的),槽前至华东沿海西南气流明显加强,与地面气旋中心对应的长江口上空出现了数值为 55×10^{-6}/s 的正涡度中心。18 日 20 时该低槽继续加深并东移(见图 3.30),南京仍处于槽前受西南气流影响。可见,17 日 08 时以后 500 hPa 形势亦将有明显变化。这一演变过程在欧洲中心的 48 和 72 h 预报中也作出了较准确的预报(见图 3.31)。

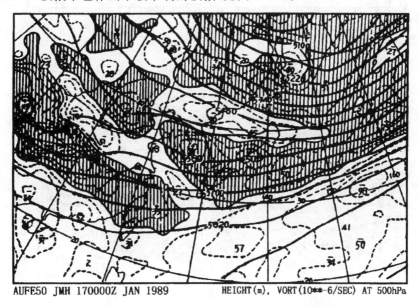

AUFE50 JMH 170000Z JAN 1989　　　　HEIGHT(m), VORT(10**-6/SEC) AT 500hPa

图 3.28　日本 JMH 1989 年 1 月 17 日 08 时发布的远东地区 500 hPa 高度、涡度实况分析

通过上面分析可以看到,地面气旋和锋面的发生与移动对应着空中 500 hPa 低槽及相应涡度场的演变。在此背景条件下,垂直运动和湿度分布在未来 24 h 内都将发生变化。根据这些数值预报结果,再参考其他传真资料及有关预报规则,就可用天气学原理和方法作出相应气象要素的定性预报。下面仅以南京地区 24 h 降水预报说明之。

(3)南京地区降水天气预报及检验

众所周知,产生云和降水的宏观基本条件是上升运动和水汽条件。从前述数值预

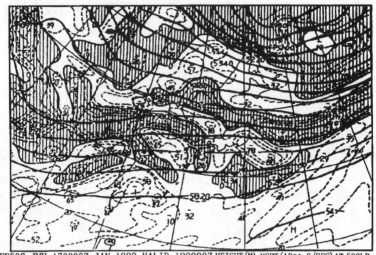

FUFE502 JMH 170000Z JAN 1989 VALID 180000Z HEIGHT(M),VORT(10**-6/SEC) AT 500hPa

图 3.29　日本 JMH 1989 年 1 月 17 日 08 时发布的远东地区 500 hPa 高度、涡度 24 h 预报

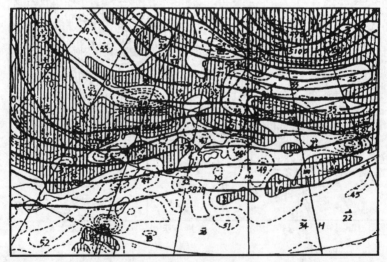

FUFE503 JMH 170000Z JAN 1989 VALID 181200Z HEIGHT(M)，VORT(10**-6/SEC) AT 500hPa

图 3.30　日本 JMH 1989 年 1 月 17 日 08 时发布的远东地区 500 hPa 高度、涡度 36 h 预报

报产品看,南京地区未来处于地面锋后、气旋区内,有利于低层空气的辐合和抬升;18 日 08 时南京上空 700 hPa 预报为上升运动,且处于 $T-T_d \leqslant 3$ ℃的相对湿区内;而 500 hPa 低槽 24 h 内不能移过南京,即南京地区在预报时效内一直受该槽槽前西南气流影响。由此可见,垂直运动和水汽条件都有利于南京地区发生降水。因此 17 日 14 时开

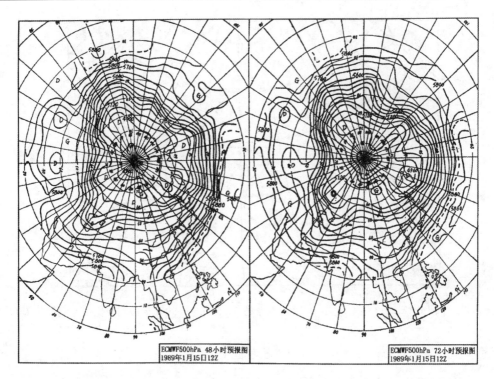

图 3.31　ECMWF 1989 年 1 月 15 日 12 时发布的 500 hPa 形势预报

始的降水天气将可能持续到 18 日白天。到 18 日 20 时,不但预报气旋中心已移至 125°E 附近,这预示着低层辐合抬升作用将减弱,而且南京上空 700 hPa 垂直运动已预报转为下沉运动,且空气相对湿度减小(转为 $T-T_d>3$ ℃),即不利于降水的条件开始出现。

我们再参考 FSFE02 和 FSFE03 图上所作的 12~24 h(17 日 20 时至 18 日 08 时)和 24~36 h(18 日 08 时至 18 日 20 时)两时段的雨量预报,前者预报南京雨量为 10~15 mm,而后者仅 5~10 mm。综上分析可知,此次降水过程将主要发生在 17 日夜间到 18 日上午(雨量小到中等),18 日下午雨将渐止。

至于降水性质的预报,除可参考当地季节性特点(南京冬季少对流性降水)外,还可用有关传真资料进行判断。图 3.32 为预报的 18 日 08 时 500 hPa 与 850 hPa 假相当位温(θ_{se})的差值,其值可用以判断大气稳定度情况,现预报南京地区为较大的正值,因此我们可预报这次降水为稳定性降水。

天气实况是南京的降水从 17 日 14 时开始,一直持续到次日 10 时 40 分,过程降水量 11.4 mm,主要发生在 17 日 20 时至 18 日 08 时时段内,18 日下午只有短时间的零星小毛毛雨,可见预报基本是成功的。而且,500 hPa 形势的演变,特别是主观预报很难预报出的东海气旋的发生发展及移动,数值预报的结果均与实况相当一致。

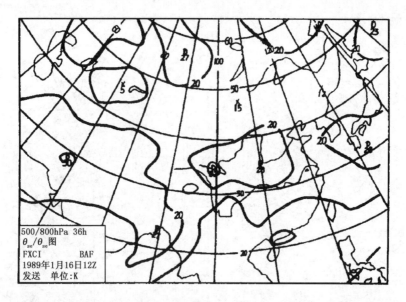

图 3.32　中国 BAF 1989 年 1 月 16 日 12 时发布的 500 hPa 和 850 hPa 假相当位温差值 36 h 预报

思考题

1. 在数值预报产品的天气学释用中,如何使用 500 hPa 涡度场预报结果制作形势预报?
2. 850 hPa、500 hPa 温度场预报产品在数值预报产品天气学释用中有何作用?
3. 何为数值预报产品天气学释用方法? 其与天气图预报方法有何差别?
4. 数值预报产品天气学释用方法主要有哪几类? 并分别简述各类方法的基本思想。

参考文献

端义宏,金荣花. 2012. 我国现代天气业务现状及发展趋势[J]. 气象科技进展,**2**(5):5-11.

方乾,于波,沈树勤,等. 2001. 新一代天气预报业务流程[M]. 北京:气象出版社.

何宏让. 2015. 数值天气预报产品释用技术及业务应用现状分析[J]. 气象水文装备,**26**(2):1-8.

矫梅燕. 2010. 天气业务的现代化发展[J]. 气象,**36**(7):1-4.

矫梅燕. 2010. 现代天气业务[M]. 北京:气象出版社.

孔玉寿,章东华. 2008. 现代天气预报技术(第二版)[M]. 北京:气象出版社,41-53.

苏兆达,苏洵. 2007. 数值预报产品释用的阈值法研究[J]. 气象研究与应用,**28**(4):5-7.

伍荣生,谈哲敏,王元. 2007. 我国业务天气预报发展的若干问题思考[J]. 气象科学,**27**(1):112-118.

张虹,缪三银. 1993. 国外气象传真图的接收和使用[M]. 青岛:青岛海洋大学出版社.

章国材. 2011. 强对流天气分析与预报[M]. 北京:气象出版社.

中国气象局科教司. 1999. 省地气象台短期预报岗位培训教材[M]. 北京:气象出版社.

第 4 章　数值天气预报产品诊断释用方法

诊断释用主要包括模式直接输出(Direct Model Output,简称 DMO)和诊断分析(Diagnostic analysis)两种方法。前者的预报要素为数值模式的预报变量,而后者则是非模式预报量,如云、能见度和雷暴等一些重要天气现象(或气象要素)。

4.1　模式直接输出方法

众所周知,无论是全球中期数值预报模式,还是区域(中尺度)数值预报模式,模式的预报产品都包括地面气温、气压、湿度、风场、降水量、海平面气压,以及标准等压面上的气温、位势高度、湿度和风场等要素。模式直接输出(DMO)方法就是通过插值把格点上的数值模式要素预报结果分析到具体的站点,从而得到站点上的要素预报。DMO方法的最大优点是不需要建立预报方程,甚至相同的程序可以应用于不同的模式产品,可以获得任意多站点的预报结果,同时也可以得到任意站点、任意模式预报要素的预报结果。DMO 方法的主要缺点是预报精度不高,对数值模式误差没有订正能力,预报精度完全依赖于模式,相对于形势场预报模式对要素预报的精度往往不是很高,这些因素决定了 DMO 的预报效果不是很好,这也是人们致力于研究其他释用方法的原因。

4.1.1　双线性插值原理

设某一站点位于模式的一个水平网格内(见图 4.1),F_1、F_2、F_3 和 F_4 分别为该站点周围 4 个最近模式网格点上的要素值,则该站点的值 F 为:

$$F = a_1 F_1 + a_2 F_2 + a_3 F_3 + a_4 F_4 \tag{4.1}$$

式中,

$$
\begin{aligned}
a_1 &= s(1-h) \\
a_2 &= (1-s)(1-h) \\
a_3 &= (1-s)h \\
a_4 &= sh \\
a_1 &+ a_2 + a_3 + a_4 = 1
\end{aligned}
\tag{4.2}
$$

上式中 s 表示站点距该网格北界距离占模式南北方向水平格距的比例,h 表示站点距该网格东边界距离占模式东西方向水平距离的比例,则 $1-s$ 表示站点距该网格南界距离占模式南北方向水平格距的比例,$1-h$ 表示站点距该网格西边界距离占模式东西方向水平距离的比例(如图 4.1(a)所示)。一般情况下,双线性插值方法常用于气压、气温等连续变化的物理量的插值。

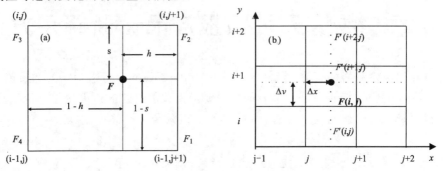

图 4.1　双线性插值示意图(a)和双非线性插值示意图(b)(黑色圆点表示站点位置)

4.1.2　双非线性插值原理

该原理考虑了气象要素的梯度分布。这种梯度分布上的不均匀反映了天气上的差异,它与剧烈天气的演变过程密切相关。

根据 Newton 插值多项式:

$$F(x) = F(x_0) + \frac{x - x_0}{\Delta x}\Delta F(x_0) + \frac{(x - x_0)(x - x_1)}{2!(\Delta x)^2}\Delta^2 F(x_0) + \cdots R_n(x) \quad (4.3)$$

对上式的前三项进行差分变换有:

$$F(x) = F(x_0) + [F(x_1) - F(x_0)]\Delta x + [F(x_2) + F(x_{-1})$$
$$- F(x_0) - F(x_1)]\Delta x(\Delta x - 1)/4$$
$$(\Delta x = x - x_0 \quad x_{-1} < x_0 \leqslant x \leqslant x_1 < x_2) \quad (4.4)$$

该式右边第一、二项为 x 点线性内插值,第三项为 x 点非线性变化的梯度订正值。

实际应用时,利用单站附近 16 个格点值(见图 4.1(b)),先沿 x 轴方向由 4 个格点值非线性插值得到 4 个 F' 值,然后再沿 y 轴方向由这 4 个 F' 值非线性插值得到单站值 F。

$$F'_{I-1,j} = F_{I-1,J} + (F_{I-1,J+1} - F_{I-1,J})\Delta x + (F_{I-1,J-1} + F_{I-1,J+2}$$
$$- F_{I-1,J} - F_{I-1,J+1})(\Delta x - 1)\Delta x/4$$

$$F'_{I,j} = F_{I,J} + (F_{I,J+1} - F_{I,J})\Delta x + (F_{I,J-1} + F_{I,J+2} - F_{I,J} - F_{I,J+1})(\Delta x - 1)\Delta x/4$$
$$(4.5)$$

$$F'_{I-1,j} = F_{I-1,J} + (F_{I-1,J+1} - F_{I-1,J})\Delta x + (F_{I-1,J-1} + F_{I-1,J+2}$$

$$- F_{I-1,J} - F_{I-1,J+1})(\Delta x - 1)\Delta x/4$$

$$F'_{I,j} = F_{I,J} + (F_{I,J+1} - F_{I,J})\Delta x + (F_{I,J-1} + F_{I,J+2} - F_{I,J} - F_{I,J+1})(\Delta x - 1)\Delta x/4 \tag{4.6}$$

$$F_{i,j} = F'_{I,j} + (F'_{I+1,j} - F'_{I,j})\Delta y + (F'_{I-1,j} + F'_{I+2,j} - F'_{I,j} - F'_{I+1,j})(\Delta y - 1)\Delta y/4 \tag{4.7}$$

式中 Δx、Δy 分别表示站点 (i,j) 距最近一个网格西边界和南边界的距离。一般情况下,双非线性插值方法常用于在空间分布上具有不连续性的物理量的插值,比如降水等。

4.1.3　DMO 方法应用

由于 DMO 具有其他方法不可替代的优势,尽管其预报效果有一定的局限性,近年来仍然是精细化气象要素预报业务中的一个重要方法。因此,在传统的 DMO 方法基础上寻求一些改进,以便能够提高 DMO 预报效果是一项重要的工作。如国家气象中心针对温度等与地形高度关系密切的要素进行了地形高度误差订正,原因是模式地形高度和台站实际地形高度有较大差异,如 NCEP 全球模式在我国大部分地区模式地形高度与实际地形高度差异在 500 m 内,而在青藏高原东南地区和新疆西部地区的模式地形高度与实际地形高度差异超过了 1500 m,因此,这些地区对于温度等高度敏感的要素,如果不进行高度订正会引起比较大的误差。高度订正的方法是根据要素随高度变化的特征,扣除由于模式地形高度和站点实际高度差异所引起的误差。对于温度预报,最简单的方法是利用地形高度每增加 100 m 温度降 0.6℃ 的温度递减率 (γ),在插值时把参与插值计算的格点的温度先订正到站点高度上,再进行插值。图 4.2 是基于 T639 模式的 2011 年全国 2500 个县级台站平均的最高温度预报平均绝对误差和误差在 2℃ 以内站次百分比的对比。其中"T639_DMO"为未经高度订正的预报结果,而"T639_DMO_订正"为经过高度误差订正的预报结果,订正方案如上所述。从图 4.2 可以看到,从 24 h 预报到 120 h 预报,订正后的预报效果要好于未经高度订正的预报,其中平均绝对误差减少最高达到 13%,最少也达到 5% 左右。从误差小于 2℃ 站次的百分比(正确率)看,订正前只有 24 h 和 48 h 预报达到 50% 以上,而订正后 24～96 h 的预报都达到 50% 以上,其中 24 h 预报准确率达到了 61%,而订正前是 52%。

利用最近的观测资料计算近期的预报误差,并近似作为预报系统误差在后面的预报中进行扣除,对 DMO 方法的预报偏差进行订正,也可以明显提高预报效果。具体的订正方法是利用近期的实况观测资料分站点、分时效计算预报平均误差,在每天的预报中减去预报误差。为了避免极端情况的影响,在进行偏差订正时,预报误差乘以一个系数,该系数取 0～1.0 之间的值,值越小,预报误差的影响越小,订正效果越小;值越大,预报误差的影响越大,订正效果越大,但极端情况的影响也就增大。对其他预报要素同

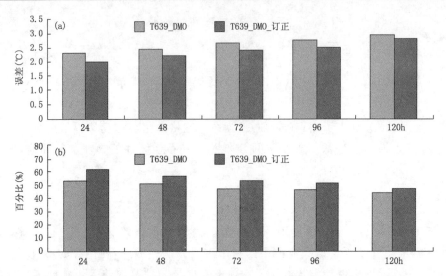

图 4.2　2011 年 9 月全国 2500 站平均的 T639_DMO 最高温度预报平均绝对
误差(a)和温度误差 2 ℃以内站次百分比(b)（赵声荣 等,2012)

样可以通过高度误差订正或者预报偏差订正来提高 DMO 的预报效果,但需要注意的是不管模式高度误差订正还是预报偏差订正,都需要针对不同的要素、不同的季节、不同的区域进行研究分析和试验,寻求最佳的订正方案。

4.2　非模式直接输出量的诊断方法

对于不是数值模式直接输出的预报要素,可以通过其他量诊断分析或采用经验公式计算得到。其中,用数值模式导出(或数值预报产品二次计算得出)的物理量来诊断分析,可以从有限的常规气象观测资料中获取更多重要的天气信息,从而有助于对各种天气系统和天气过程的动力和热力特征作出深入、定量的解释。

4.2.1　云量的诊断

云的产生与湿对流湍涡、大尺度环流、辐射、云微物理过程有关。所以,云的预报相对来说比较困难,为了在模式直接输出结果的基础上诊断出云量,根据云产生的条件,通过试验有以下几种释用方法:

(1)经验公式

根据经验,云的产生与大气当中充沛的水汽和垂直上升运动有关。因此,通过大量统计试验后,得到了云量和不同层次相对湿度之间的函数关系,即云量的经验计算公式:

$$C_i = \frac{RH_i - RH_0}{RH_1 - RH_0} \tag{4.8}$$

式中，C_i 表示云量，RH_1 表示不同层次云量为 1 的相对湿度，RH_0 表示云量为 0 的相对湿度阈值，RH_i 表示模式预报的某一层次网格点处的相对湿度。表 4.1 给出了成云和不成云的相对湿度临界值。注意表 4.1 中的数值是通过对东南沿海地区多年实况资料的统计得到的，在东南沿海地区的预报中具有一定的普适性，但是在西北、东北和华北等其他地区并不一定适用。因此必须采用当地的实况资料重新进行统计，以便得到当地成云和不成云的相对湿度临界值。

表 4.1　成云和不成云时的相对湿度临界值(%)

层次(hPa)	850	700	500	400	300	250
云量为 1	97	92	87	82	77	72
云量为 0	65	60	55	50	45	40

②相对湿度阈值法

云量与水汽凝结(凝华)浓度有关，凝结又与水汽饱和度有关。根据数值模式预报的相对湿度结果、地形高度可以定性地判断低云分布。

低云区的计算与低云的判据为：

晴空：　$RH < 70\%$（RH 为相对湿度，下同）

少云：　$70\% \leqslant RH < 80\%$

多云：　$80\% \leqslant RH < 90\%$

阴：　　$RH \geqslant 90\%$

当地形高度 $Z_s < 1200$ m，RH 取 850 hPa 层上的值。当 $1200 \leqslant Z_s < 2500$ m 时，RH 取 700 hPa 层上的值。当 $Z_s > 2500$ m 时，RH 取 850 hPa 与 700 hPa 层上的加权平均值。

将数值模式输出的格点相对湿度场与阈值相比较，大于阈值的格点为有低云，而小于阈值的格点则无云。

(3)根据模式预报的云水(云冰)值判断

目前业务运行中的全球中期数值预报模式和中尺度数值预报模式，除了提供常规天气形势预报场以外，还提供云的微物理量，如云水、雨水、云冰以及雪和冰雹混合比等产品。根据垂直温度廓线确定凝结层次的高度。凝结层次以上为冷云或混合云。凝结层次以下的为暖云。根据不同高度确定冷云、混合云、暖云的临界云水(云冰)值。如果网格点上模式输出的云水(云冰)值大于临界云水(云冰)值，则该点认为有云，反之则无云。根据观测结果表明，大气中水含量大于 0.1 g/kg 时，则宏观上表现为有云，否则判断无云。根据模式提供的形势场和云的微物理量场，对不同层次每个网格点上的水含量与 0.1 g/kg 的阈值进行比较,大于等于阈值即判断该网格点上有云,否则判断为无云。这种释用方法仅仅给出了云的有无,但还不能确定云量的多少。下面给出通过试验得到的云量与云水物质混合比 q_{cw} 之间的函数关系。

(a)低云量

利用 1000 hPa 和 850 hPa 的 q_{cw},分别计算这两个等压面上的低云量 C_l。

在夏半年:

$$C_l = \begin{cases} 0.0 & q_{cw} < 10^{-6}\,\mathrm{kg \cdot kg^{-1}} \\ 0.5+0.2(q_{cw}-10^{-6})/(4.9\times10^{-5}) & 10^{-6} \leqslant q_{cw} < 5\times10^{-5}\,\mathrm{kg \cdot kg^{-1}} \\ 0.7+0.2(q_{cw}-5\times10^{-5})/(5\times10^{-5}) & 5\times10^{-5} \leqslant q_{cw} < 10^{-4}\,\mathrm{kg \cdot kg^{-1}} \\ 0.9+0.1(q_{cw}-10^{-4})/(5\times10^{-5}) & 10^{-4} \leqslant q_{cw} < 1.5\times10^{-4}\,\mathrm{kg \cdot kg^{-1}} \\ 1.0 & q_{cw} \geqslant 1.5\times10^{-4}\,\mathrm{kg \cdot kg^{-1}} \end{cases}$$

$$(4.9)$$

在冬半年:

$$C_l = \begin{cases} 0.0 & q_{cw} < 10^{-6}\,\mathrm{kg \cdot kg^{-1}} \\ 0.1+0.3(q_{cw}-10^{-6})/(9.9\times10^{-5}) & 10^{-6} \leqslant q_{cw} < 10^{-4}\,\mathrm{kg \cdot kg^{-1}} \\ 0.4+0.3(q_{cw}-10^{-4})/10^{-4} & 10^{-4} \leqslant q_{cw} < 2\times10^{-4}\,\mathrm{kg \cdot kg^{-1}} \\ 0.7+0.3(q_{cw}-2\times10^{-4})/(5\times10^{-5}) & 2\times10^{-4} \leqslant q_{cw} < 2.5\times10^{-4}\,\mathrm{kg \cdot kg^{-1}} \\ 1.0 & q_{cw} \geqslant 2.5\times10^{-4}\,\mathrm{kg \cdot kg^{-1}} \end{cases}$$

$$(4.10)$$

综合这两个等压面上的计算结果,得到低云量 C_L。

$$C_L = 1-[1-C_l(1000)][1-C_l(850)] \tag{4.11}$$

(b)中云量

利用 700 hPa 和 500 hPa 的 q_{cw},分别计算这两个等压面上的中云量 C_m。

在夏半年:

$$C_m = \begin{cases} 0.0 & q_{cw} < 10^{-6}\,\mathrm{kg \cdot kg^{-1}} \\ 0.5+0.2(q_{cw}-10^{-6})/(4.9\times10^{-5}) & 10^{-6} \leqslant q_{cw} < 5\times10^{-5}\,\mathrm{kg \cdot kg^{-1}} \\ 0.7+0.2(q_{cw}-5\times10^{-5})/(5\times10^{-5}) & 5\times10^{-5} \leqslant q_{cw} < 10^{-4}\,\mathrm{kg \cdot kg^{-1}} \\ 0.9+0.1(q_{cw}-10^{-4})/(5\times10^{-5}) & 10^{-4} \leqslant q_{cw} < 2\times10^{-4}\,\mathrm{kg \cdot kg^{-1}} \\ 1.0 & q_{cw} \geqslant 2\times10^{-4}\,\mathrm{kg \cdot kg^{-1}} \end{cases}$$

$$(4.12)$$

在冬半年:

$$C_m = \begin{cases} 0.0 & q_{cw} < 10^{-6}\,\mathrm{kg \cdot kg^{-1}} \\ 0.1 + 0.3(q_{cw} - 10^{-6})/(9.9 \times 10^{-5}) & 10^{-6} \leqslant q_{cw} < 10^{-4}\,\mathrm{kg \cdot kg^{-1}} \\ 0.4 + 0.3(q_{cw} - 10^{-4})/10^{-4} & 10^{-4} \leqslant q_{cw} < 2 \times 10^{-4}\,\mathrm{kg \cdot kg^{-1}} \\ 0.7 + 0.3(q_{cw} - 2 \times 10^{-4})/(5 \times 10^{-5}) & 2 \times 10^{-4} \leqslant q_{cw} < 2.5 \times 10^{-4}\,\mathrm{kg \cdot kg^{-1}} \\ 1.0 & q_{cw} \geqslant 2.5 \times 10^{-4}\,\mathrm{kg \cdot kg^{-1}} \end{cases}$$

(4.13)

综合这两个等压面上的计算结果,得到中云量 C_M。

$$C_M = 1 - [1 - C_m(700)][1 - C_m(500)] \tag{4.14}$$

(c)高云量

利用 300 hPa 和 200 hPa 的 q_{cw},分别计算这两个等压面上的高云量 C_h。

在夏半年:

$$C_h = \begin{cases} 0.0 & q_{cw} < 10^{-6}\,\mathrm{kg \cdot kg^{-1}} \\ 0.5 + 0.2(q_{cw} - 10^{-6})/(1.9 \times 10^{-5}) & 10^{-6} \leqslant q_{cw} < 10^{-5}\,\mathrm{kg \cdot kg^{-1}} \\ 0.7 + 0.2(q_{cw} - 5 \times 10^{-5})/(9 \times 10^{-5}) & 10^{-5} \leqslant q_{cw} < 10^{-4}\,\mathrm{kg \cdot kg^{-1}} \\ 0.9 + 0.1(q_{cw} - 5 \times 10^{-5})/10^{-4} & 10^{-4} \leqslant q_{cw} < 1.5 \times 10^{-4}\,\mathrm{kg \cdot kg^{-1}} \\ 1.0 & q_{cw} \geqslant 1.5 \times 10^{-4}\,\mathrm{kg \cdot kg^{-1}} \end{cases}$$

(4.15)

在冬半年:

$$C_h = \begin{cases} 0.0 & q_{cw} < 10^{-6}\,\mathrm{kg \cdot kg^{-1}} \\ 0.1 + 0.3(q_{cw} - 10^{-6})/(4 \times 10^{-5}) & 10^{-6} \leqslant q_{cw} < 5 \times 10^{-6}\,\mathrm{kg \cdot kg^{-1}} \\ 0.4 + 0.3(q_{cw} - 5 \times 10^{-6})/(9.5 \times 10^{-5}) & 5 \times 10^{-6} \leqslant q_{cw} < 10^{-4}\,\mathrm{kg \cdot kg^{-1}} \\ 0.7 + 0.3(q_{cw} - 10^{-4})/5 \times 10^{-5} & 10^{-4} \leqslant q_{cw} < 1.5 \times 10^{-4}\,\mathrm{kg \cdot kg^{-1}} \\ 1.0 & q_{cw} \geqslant 1.5 \times 10^{-4}\,\mathrm{kg \cdot kg^{-1}} \end{cases}$$

(4.16)

综合这两个等压面上的计算结果,得到高云量 C_H。

$$C_H = 1 - [1 - C_h(300)][1 - C_h(200)] \tag{4.17}$$

(d)总云量

综合 C_L,C_M 和 C_H 的计算结果,得到总云量 C_T。

$$C_T = 1 - (1 - C_L)(1 - C_M)(1 - C_H) \tag{4.18}$$

为了与云观测的习惯取值相一致,将诊断出的产品 C_L、C_M、C_H 和 C_T 的值均乘以 10。

(4)Smagorisky 经验判据

许多观测事实表明,在高层大气中,甚至相对湿度只有 70% 的情况下就可产生凝结。莫斯科 1951－1963 年的飞机探测资料的统计结果表明,对于层积云(水云),温度在 $-2.6 \sim -7.5$ ℃的气层内,平均相对湿度为 95.1%(温度露点差 $t-t_d$ 约为 0.7 ℃),在 $-22.6 \sim -27.5$ ℃的气层中,平均相对湿度为 84.3%($t-t_d$ 约为 2.0 ℃)。在剖面图上确定云区,温度－露点差的大小是主要的依据。按照统计平均情况,取以下不等式作为有云存在的经验判据:

　　低云 $P \geqslant 800$ hPa,$t-t_d \leqslant 1.5$ ℃

　　中云 800 hPa$>P \geqslant 500$ hPa,$t-t_d \leqslant 2.0$ ℃

　　高云 $P < 500$ hPa,$t-t_d \leqslant 3.0$ ℃

在没有地面报提供的云量时,根据模式预报产品,采用 Smagorisky 的经验公式确定各层的云量 N:

　　低云:1000~800 hPa, 　$N_1 = -2.0 + 3.33\overline{RH_1}$ 　($RH \leqslant 90\%$)

　　中云:800~550 hPa, 　　$N_2 = -0.7 + 2.0\overline{RH_2}$ 　($RH \leqslant 85\%$)

　　高云:550~100 hPa, 　　$N_3 = -0.43 + 1.73\overline{RH_3}$ 　($RH \leqslant 83\%$)

式中,N_1,N_2,N_3 分别为低、中、高云的云量,$\overline{RH_1}$,$\overline{RH_2}$,$\overline{RH_3}$ 分别为 1000~800 hPa,750~550 hPa,500~100 hPa 气层的平均相对湿度。

4.2.2　云状的诊断

根据对流性云生成的动力和热力条件,利用数值预报产品,采用诊断分析技术,先将对流性云与非对流性云分开进行诊断。

(1)积雨云(Cb)

积雨云一般出现在大气层结不稳定气层中,因此,根据模式输出结果诊断积雨云,首先要判断大气层结是否稳定,然后根据 850 hPa 相对湿度和沙氏指数大小判断积雨云是否存在。根据诊断分析可以确定积雨云的云区范围,而出现积雨云的频数可以按表 4.2 中的 850 hPa 相对湿度(RH_8)来分类。

表 4.2　积雨云分类及条件

云型	850 hPa 相对湿度	频数分类
Cb	$\geqslant 0.85$	孤立的
Cb	$\geqslant 0.90$	不经常的
Cb	$\geqslant 0.95$	频繁的

(a)大气层结稳定性判断

根据模式预报结果诊断出各标准等压面的假相当位温 θ_{se},计算 850 和 500 hPa 之间 θ_{se} 随气压的变化,如果 $\dfrac{\partial \theta_{se}}{\partial p} > 0$,则大气层结是不稳定的。

(b)沙氏指数

沙氏指数 S 是 850 hPa 气块沿着干绝热曲线上升到凝结高度后,再沿湿绝热曲线上升到 500 hPa 高度时的温度 T' 与 500 hPa 的环境空气温度(T_{500})的差值,即:

$$S = T_{500} - T' \tag{4.19}$$

当沙氏指数为负值时,大气为不稳定,负值越大,不稳定程度越大;当沙氏指数为正值时,大气是稳定的。

(c)综合判断

对模式每一个格点进行判断,当沙氏指数 $S \leqslant -3\ ℃$,且 $RH_8 \geqslant 0.85$ 时,有积雨云出现;否则就没有积雨云。

(2)非积雨云

非积雨云是指伴有中度积冰和(或)湍流的云层。按照 500 hPa 和 850 hPa 相对湿度的组合,在大气层结稳定的情况下,分为高积云(ACAS)、积云和层积云(CUCS)以及深厚的层状云(LYR)。天空状况由相对湿度确定,如表 4.3 所示。

表 4.3 云状与相对湿度的关系

天空状况 (500 hPa)	天空状况 (850 hPa) RH_8 RH_5	晴天 0.0～0.7	少云 0.7～0.8	多云 0.8～0.92	阴天 0.92～1.0
晴天	0.0～0.55	无云	少云 CUCS	多云 CUCS	阴天 CUCS
少云	0.55～0.7	少云 ACAS	少云 ACAS	多云 LYR	阴天 LYR
多云	0.7～0.85	多云 ACAS	多云 LYR	多云 LYR	阴天 LYR
阴天	0.85～1.0	阴天 ACAS	阴天 LYR	阴天 LYR	阴天 LYR

以上是利用数值预报模式产品预报云状的一种方法。近年来,通过实际观测资料、卫星遥感资料和数值预报产品之间的模拟耦合,通过大量试验又提出了另外一种利用数值预报模式直接诊断云状的方法,其预报思路是:

首先,根据对流性云生成的动力和热力条件,先将对流性云与非对流性云区分开:600 hPa 以下,$\frac{\partial \theta_{se}}{\partial p} > 0$,$\omega < 0$(或地面假相当位温 $\theta_{se0} - \bar{\theta}_{se0} \geqslant 1.0\ ℃$,$\bar{\theta}_{se0}$ 为地面平均值),且高层无逆温层,若有,则为对流性云,否则为非对流性云。

其次,按照云的厚度和云顶高度进一步区分 Cb 云和 Cu 云:规定相对湿度 $RH \geqslant 96\%$,云厚 $\Delta P > 250$ hPa 的对流云为 Cb 云;相对湿度 $RH < 96\%$,云底高度 $PB \geqslant 910$ hPa,云顶高度 $PT \geqslant 660$ hPa 的对流云为 Cu 云。

最后,区分非对流云 Cs、Ci、Cc、As、St、Sc、Ns、Ac:

$RH \geqslant 96\%$，云底 $PB \leqslant 980$ hPa，云顶 $PT \geqslant 820$ hPa，为 St 云；

$RH \geqslant 96\%$，云底 $PB < 820$ hPa，云顶 $PT \geqslant 600$ hPa，为 Ns 云；

$RH \geqslant 96\%$，云底 $PB < 600$ hPa，云顶 $PT \geqslant 450$ hPa，为 As 云；

$RH \geqslant 96\%$，云底 $PB < 450$ hPa，为 Cs 云；

$RH < 96\%$，云底 $PB \geqslant 900$ hPa，云顶 $PT \geqslant 800$ hPa，为 Sc 云；

$RH < 96\%$，云底 $PB < 800$ hPa，云顶 $PT \geqslant 450$ hPa，为 Ac 云；

$RH < 96\%$，云底 $PB < 450$ hPa，云顶 $PT \geqslant 350$ hPa，为 Cc 云；

$RH < 96\%$，云底 $PB < 350$ hPa，为 Cc 云。

4.2.3　云底高和云厚的诊断

云底高度和云厚受多种因素影响，不同季节和不同地区差异很大，即使在同一地区和同一季节也有很大差别，因此，除了以某一地区的云高的统计平均值作为确定不同地区云底、云顶高度方法以外，云高的诊断分析预报也可以分为对流云和非对流云两类来进行诊断释用。

（1）积雨云

假设所有的积雨云都有雷暴、中度积冰和湍流。则其云顶和云底的高度按如下公式计算：

$$H_{\text{Cb底}} = z_8 \times 0.5$$

$$H_{\text{Cb顶}} = \begin{cases} z_5 + \dfrac{T' - T_5}{0.8 - \gamma} \times 100 & \text{当 } \gamma < 0.7 \text{ 时} \\ z_5 + \dfrac{T' + 56.5}{0.008} & \text{当 } \gamma \geqslant 0.7 \text{ 时} \end{cases} \tag{4.20}$$

式中，z 表示模式预报的位势高度，下标"8"表示垂直方向的层次为 850 hPa，其他依此类推；$\gamma = -[(T_2 - T_5)/(z_2 - z_5)] \times 100$；$T'$ 表示 850 hPa 的气块沿着干绝热曲线上升到凝结高度后，再沿湿绝热曲线上升到 500 hPa 高度时的温度。当 $\gamma < 0.7$ 时，采用简单的气块法；而当 $\gamma \geqslant 0.7$ 时，则假定 Cb 中的气块上升到温度为 -56.5 ℃的对流层顶，并形成 Cb 顶。

（2）非对流云底云顶高度

非对流云的云顶和云底高度用如下的公式计算：

$$\text{ACAS：} \begin{cases} H_{\text{ACAS顶}} = z_5 + (z_2 - z_5) \times RH_5 \times 0.5 \\ H_{\text{ACAS底}} = z_8 + (z_5 - z_8) \times 0.5 \end{cases}$$

$$\text{LYR：} \begin{cases} H_{\text{LYR顶}} = H_{\text{ACAS顶}} \\ H_{\text{LYR底}} = H_{\text{CUCS底}} \end{cases} \tag{4.21}$$

$$\text{CUCS：} \begin{cases} H_{\text{CUCS顶}} = z_8 + (z_5 - z_8) \times RH_8 \times 0.5 \\ H_{\text{CUCS底}} = z_8 \times 0.5 \end{cases}$$

式中 z 表示的是位势高度,下标表示的是标准等压面,如"5"表示的是 500 hPa, "8"表示的 850 hPa,"2"表示的是 200 hPa 等等。

4.2.4　能见度的诊断

引起大气能见度变化的根本原因是大气透明度,而在大气中,雾、烟幕和沙尘等天气均能引起能见度的变化,当大气中的水汽凝结物(云,雾,江水…),固体浮游物(烟,灰尘,盐粒…)凝集时,能见度差;扩散时,能见度好。以下主要介绍由于雾引起的能见度的诊断。

(1)用模式中的液态水含量诊断

一般认为:雾在 $-15℃\sim 0℃$ 时的液态水含量(LWC)范围为 $0.05\sim 0.5$ g/kg,所以采用液态水含量来描述数值预报结果中雾的生消过程。在雾的持续期间,能见度是随着雾的液态水含量的变化而变化的。根据 Kunkei(1984)研究,关于液态水含量(q_l)和能见度(V_{is})之间的关系为:

$$V_{is} = \frac{3.9}{\beta}, \beta = 144.7(\rho_0 \times q_l)^{0.88} \tag{4.22}$$

式中,ρ_0 为水的密度(单位:g·cm^{-3}),q_l 为液态水含量(单位:g/kg),β 是根据大量的试验给出的物理参数。

根据数值天气预报产品提供的近地面层云水含量,利用(4.22)式即可计算出每一个网格点在任一个预报时刻的能见度 V_{is}。

(2)能见度逐级判别法

利用数值预报产品直接对能见度进行诊断预报,以地面相对湿度、地面风和降水三者的预报值作为解释预报因子,采用逐级判断的方式确定某一时刻能见度等级范围。这三个预报因子对辐射雾、平流雾以及锋面雾等天气条件下的能见度预报具有比较明显的指示意义。这里将能见度分为六个等级,即:<1、$1\sim 2$、$2\sim 4$、$4\sim 6$、$6\sim 10$ 和 $\geqslant 10$ km。对地面相对湿度及地面风区分白天和夜间,并由预报个例调试结果给出了各级能见度对应的地面相对湿度临界值和能见度等级递增时的地面风预报值;另外,根据预报时刻前后 3 h 的降水预报量及其变化情况,确定相应的能见度等级递减时的降水预报值。

(a)不同能见度等级时的地面相对湿度预报临界值见表 4.4。

表 4.4　地面能见度与相对湿度预报临界值对应关系

地面能见度(km)	<1	$1\sim 2$	$2\sim 4$	$4\sim 6$	$6\sim 10$	$\geqslant 10$
白天相对湿度(%)	80.0	75.0	60.0	40.0	20.0	0.0
夜间相对湿度(%)	85.0	80.0	65.0	45.0	25.0	0.0

(b)地面风预报值与能见度等级递增值见表4.5。

表 4.5　地面风预报值(m/s)与能见度等级递增值对应关系

能见度等级递增值(级)	1	2	3	4	5
白天地面风预报值(m/s)	2.5	3.6	4.9	7.2	11.5
夜间地面风预报值(m/s)	2.2	3.0	4.0	6.0	10.0

(c)降水预报量对地面能见度的控制如下:当预报时刻前后 3 h 的降水预报量均大于 3 mm 时,表明降水为连续过程,强度较大,能见度预报递减一个等级;如果此时后 3 h 降水预报量比前 3 h 的大 3 mm 以上,表明降水强度加大,能见度预报再递减一个等级。这种控制方法考虑了模式本身的降水特点和预报人员经验。

根据模式给出的上述物理量预报结果,按照图 4.3 所示的运算流程,即可得到每个网格点上的能见度等级范围。

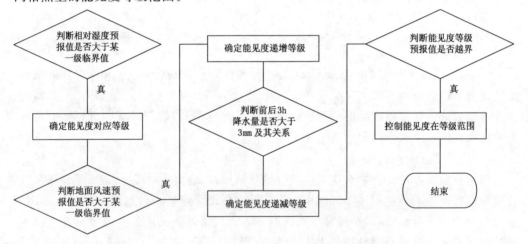

图 4.3　能见度诊断预报流程

4.2.5　飞机颠簸的诊断

飞机在飞行过程中突然出现的忽上忽下,左右摇晃及机身振颤等现象,称为飞机颠簸。颠簸强烈时,1 分钟内飞机上下抛掷十几次,高度变化数十米,空速变化可达 20 km/h 以上。飞机颠簸是由大气湍流引起的,按照不稳定的成因,可将引起飞机颠簸的大气湍流分成四类:动力颠簸、热力颠簸、风切变引起的颠簸和尾涡颠簸。不同类型的颠簸应作为不同的预报对象。深对流风暴内部或附近的颠簸与山区上空的颠簸就不同。晴空颠簸(CAT)与隐藏对流云的强层云降水区上空的颠簸不同。

造成飞机颠簸的大气湍流的空间和时间尺度都是比较小的,对它进行有效的探测需要采用大密度、小间隔(时间、空间)的方法,这在常规的气象业务中是达不到的,因此,给预报工作带来了极大的困难。但是,颠簸的出现往往是成片的,颠簸区的水平范围可以从几公里到上千公里,时间尺度可以从几十秒到十几个小时,这说明利用常规资料或中尺度数值预报模式产品制作颠簸预报是可能的。下面简要介绍两种利用数值模式产品诊断晴空颠簸区的方法。

(1)经典晴空颠簸诊断方法

长期以来,在航空气象文献中用理查逊数(Ri)来描述晴空颠簸概率:

$$Ri = (g/\theta)\left(\frac{\partial \theta}{\partial z}\right)/\left|\frac{\partial v}{\partial z}\right|^2 \tag{4.23}$$

式中,$\left(\frac{g}{\theta}\right)\left(\frac{\partial \theta}{\partial z}\right)$是该层大气静力稳定度,$\left|\frac{\partial v}{\partial z}\right|^2$是跨越该层大气的垂直风切变的平方。$Ri$值小表明在某孤立区域风切变大(风速或风向切变),与之对应的静力稳定度相对较弱,可能有颠簸发生。以Ri数为基础的理论认为,层与层之间的风速垂直变化有极限值,如果大气静力稳定度足够弱时,层与层会发生垂直翻转以减小垂直风切变。这个概念在对以下两种环境作诊断时非常有应用价值:一是在急流附近,因为强的垂直风切变可能产生 CAT;二是在近地面层有大风、大气最底层处于不稳定状态时,边界层因白天受热可能产生边界层颠簸。

在以全球尺度数值预报模式的产品为基础,利用上述Ri的计算公式来诊断颠簸区域时,并没有得到有意义的结果,这主要是由于模式分辨率太粗的缘故。在实际大气中形成颠簸的Ri数其理论极值是小于 1 的,而经验表明,从现有的全球尺度数值预报模式产品诊断出与颠簸形成区域相对应的Ri值是 5 或略小些。由于在实际大气中颠簸在很小的区域内发展,持续时间又很短,以致于数值预报模式指导产品不能达到理论极限点。为此,利用Ri的倒数作为颠簸出现与否的参数来衡量颠簸的强弱。用Ri数倒数的大值区来表示颠簸的高发区(概率大值区)。需要注意的是,由于处在不同层次的几个颠簸高发区可能在任何时间出现,通常采用垂直剖面图的方法来确定 CAT 易于产生的层次。如果用单层的平面图,难以发现急流附近Ri大值区的空间范围及垂直方向所处的位置,而且如果预报员只把注意力放在急流所在层次上的话,很容易把与地面锋区附近强的风切变区所对应的 CAT 区忽略掉。模拟试验表明:利用理查逊数的倒数的大值区来表示颠簸的高发区,其预报的颠簸区往往比实际的大得多。

(2)EIlrod 指数诊断飞机颠簸

大量个例研究表明,飞机颠簸和晴空湍流密不可分,晴空湍流往往发生在:(a)风的垂直切变区;(b)风的水平切变区;(c)流场的辐散或辐合地带;(d)流场的水平形变区;(e)流场变化的不连续区;(f)强的水平温度梯度区。所有这些特定环境往往多存在于锋带。EIlrod 用 Petterson 锋生强度公式推出了湍流指数的一种近似表达形式:

$$TI = VWS \times (DEF + DIV) \tag{4.24}$$

式中，$DIV = -\left(\dfrac{\partial u}{\partial x} + \dfrac{\partial v}{\partial y}\right)$，$VWS = \dfrac{\Delta V}{\Delta z}$ 为风的垂直切变，DEF 为流场的水平伸展形变和切变形变的结合，表达式为：

$$DEF = \left[\left(\dfrac{\partial u}{\partial x} - \dfrac{\partial v}{\partial y}\right)^2 + \left(\dfrac{\partial v}{\partial x} + \dfrac{\partial u}{\partial y}\right)^2\right]^{\frac{1}{2}} \tag{4.25}$$

在使用式（4.24）对实际发生的颠簸个例进行模拟中发现，DIV 和颠簸没有很好的对应关系，对湍流指数总体计算效果并没有改进，因此把公式（4.24）修改为：

$$TI = VWS \times DEF \tag{4.26}$$

TI 的单位为 $10^{-7}s^{-2}$，根据实际的飞机报告历史资料，拟合出颠簸指数和飞机颠簸的对应关系如表 4.6 所示。

表 4.6 颠簸强度与晴空湍流指数（TI）对照表

颠簸强度	TI 值
轻	$TI \leqslant 4$
轻—中	$4 < TI \leqslant 8$
中	$8 < TI \leqslant 16$
强	$TI > 16$

4.2.6　飞机积冰的诊断

飞机积冰是指飞机在由过冷水滴组成的云中飞行时，因水滴冻结、水汽凝华聚积而在飞机某些部位出现的结冰现象。飞机积冰会对飞机飞行性能造成很大的破坏，一方面增加了飞机的重量，导致飞机承载超限；另一方面，改变了飞机机翼的流体力学特征，导致飞机上升能力下降或者失去上升功能，对飞机飞行造成很大的影响。导致飞机积冰的原因主要包括：雨滴大小、运行情况及环境温度等。根据有关研究资料表明，飞机处于 $-14 \sim 0$ ℃ 环境温度下，如果遇到较大且较冷的雨滴是极易积冰的，而飞机处于 $-9 \sim -5$ ℃ 的环境温度时，飞机积冰的强度是最大的。以下介绍三种国内外传统的积冰算法，对积冰进行诊断预报。

（1）Ic 积冰算法

根据容易积冰的温度、湿度范围，国际民航组织推荐如下构建的飞机积冰指数 Ic。其计算公式如下：

$$Ic = [(RH - 50) \times 2] \times [t \times (t + 14)/(-49)]/10 \tag{4.27}$$

式中，RH 为相对湿度（%），t 为温度（℃）。公式的前半部分用相对湿度线性拟合水滴的数量、大小的增长过程，RH 越接近 100，取值越接近最大值 100；公式的后半部分用温度的二次方来拟合水滴的增长率,当 $t=-7$ ℃时为最大值 1,$t=-14$℃和 0℃时取最小值 0。RH 低于 50% 或者 t 超过-14℃~0℃范围时,水滴增长率判断为 0,认为无积冰发生。

因此,积冰指数 Ic 输出范围为 0$\sim$100,数值越大,表示积冰越强;$RH=100\%$ 和 $t=-7$ ℃时,积冰指数取得最大值 100。具体积冰强度判据为:0$\leqslant Ic<$50,预报有轻度积冰;50$\leqslant Ic<$80,预报有中度积冰;$Ic\geqslant$80,预报有严重积冰。按照这样的分类依据,在图形化显示中,预报结果分成 4 个等级:无积冰、轻度积冰、中度积冰、严重积冰。

(2)RAP 积冰算法

RAP 算法由美国国家大气研究中心(NCAR)开发。包含 4 种积冰类型,分别是 Forbes 定义的 3 种积冰类型(一般条件积冰、不稳定条件积冰、冻雨型积冰)和 Thompson 提出的一种层状型积冰。

具体定义如下:

(a)一般条件积冰:-16℃$\leqslant t\leqslant0$℃,$RH\geqslant63\%$。

(b)不稳定条件积冰:-20℃$\leqslant t\leqslant0$℃,$RH\geqslant56\%$,且低层不稳定层 $RH_{max}\geqslant65\%$。

(c)冻雨型积冰:$t\leqslant0$℃,$RH\geqslant80\%$,且高层 $t>0$℃,$RH\geqslant80\%$。

(d)层状型积冰:-12℃$\leqslant t\leqslant0$℃,$RH\geqslant85\%$,且高层 $t<-12$℃,$RH<85\%$。

RAP 算法提供的 4 种积冰类型,主要是由积冰形成的物理过程和气象条件而定义的。它仅仅提供了一种积冰的可能性,区分不出强度等级。在图形化显示中,预报结果分成 5 个等级:无积冰、一般积冰、不稳定积冰、冻雨积冰和层状积冰。

(3)$RAOB$ 积冰算法

$RAOB$ 积冰算法在 1992 年由美国空军全球天气中心(AFGWC)开发。该算法最初采用无线电探空资料,根据每个探空层上的温度(t)、露点(t_d)及温度递减率(γ),区分积冰强度和积冰类型(见表 4.7)。积冰层的上下限根据积冰判据由温度、露点在高度上的差值得到。积冰类型分为 8 个等级,在图形化显示中预报结果按这 8 个等级显示:无积冰、微量毛冰、轻度混合冰、轻度毛冰、轻度明冰、中度混合冰、中度毛冰、中度明冰。

表 4.7　$RAOB$ 积冰方案

t(℃)	$-8<$	$t\leqslant0$			$-16<$	$t\leqslant-8$			$-22<t\leqslant-16$
$t-t_d=ddp$(℃)	$ddp\leqslant1$		$1<ddp\leqslant3$		$ddp\leqslant1$		$1<ddp\leqslant3$		$ddp\leqslant4$
递减率/(℃/ 304800 mm)	稳定	不稳定	稳定	不稳定	稳定	不稳定	稳定	不稳定	
	$\leqslant2$	>2	$\leqslant2$	>2	$\leqslant2$	>2	$\leqslant2$	>2	
积冰类型	轻度 毛冰	中度 明冰	微量 毛冰	轻度 明冰	中度 毛冰	中度 混合冰	轻度 毛冰	轻度 混合冰	轻度 毛冰

4.3 动力释用方法

4.3.1 基本思路

动力释用方法根据反映特定天气的概念模型或动力学背景条件的物理量,利用天气动力学原理分析判断特定天气出现的可能性。动力释用方法用到的物理量可以是比较复杂的综合量,比如,整层大气水汽含量的情况、层结的稳定情况、冷暖平流的情况、辐合辐散的情况等等。如果满足了所必须的天气动力学条件,故预报出现这种天气,这种方法多适用于大范围降水、区域性暴雨的预报。特定天气出现的背景条件依赖于预报员的天气学知识和预报经验。动力释用方法是数值预报产品应用的另一种途径,它采用非统计的方法来应用数值预报产品,可弥补统计释用方法的某些缺陷(如需要一定量的数值预报产品历史样本资料等)。

4.3.2 应用举例

4.3.2.1 强降水动力释用方法

国家气象中心夏建国(1996)设计的强降水动力释用方法是利用中国气象局武汉暴雨研究所 AREM 模式输出的风场、比湿场与垂直速度场,结合实况降水强度,预报华中区域的降水强度和降水量,取得了较好的效果。该方法的基本思路是:在数值模式运行后,获取最近的 6 h 降水量观测资料,推算出相应的降水强度和垂直速度,并用它来修正数值模式有关格点的垂直速度预报,再近似计算未来 12～36 h 的降水强度及各个 6 h 时段的降水量。具体步骤如下:

(1)资料

AREM 模式制作的 12～36 h(间隔 6 h)预报产品,包括比湿(q)、东西风(U)、南北风(V)、垂直速度(ω);产品层次为 500 hPa、700 hPa、850 hPa、950 hPa;模式格距为 $0.5° \times 0.5°$;预报范围为 15°N～55°N,85°E～135°E。

从中国气象局 9210 工程资料处理终端上读取与模式预报范围相对应的最近地面气象站过去的 6 h 降水量实况,并将资料内插到与模式预报产品一致的格点上。

(2)由 6 h 雨量推断出降水强度

6 小时雨量 R_6(单位:mm)与降水强度 R(单位:g/s)的经验诊断关系式为:

$$R = \frac{R_6}{RTIME \times 3600 \times RATE} \tag{4.28}$$

式中,$RTIME$ 为降水时间,以 1.5 h 做试验;$RATE$ 为水汽与降水量的比率,即 1 g 水汽能产生 10 mm 的降水量(在 1 cm² 面积上)。

（3）由 6 h 降水强度推断出垂直速度

降水强度公式可近似表示为：

$$R \approx \frac{1}{g} \int_{p_s}^{0} \nabla \cdot (\vec{V}q) \mathrm{d}p = \frac{1}{g} \int_{p_s}^{0} \vec{V} \cdot \nabla q \mathrm{d}p + \frac{1}{g} \int_{p_s}^{0} q \nabla \cdot \vec{V} \mathrm{d}p \tag{4.29}$$

式中，p_s 为地面气压，q 为比湿，$\vec{V}$ 为风矢。为简化计算，略去 500 hPa 以上气柱中的水汽对降水的贡献，上式积分上限设为 500 hPa。利用连续性方程，得：

$$\frac{1}{g} \int_{p_s}^{500} q \nabla \cdot \vec{V} \mathrm{d}p \approx -\frac{1}{g} \bar{q} \omega_{500}$$

于是，降水强度也可表示为：

$$R \approx \frac{1}{g} \int_{p_s}^{500} \vec{V} \cdot \nabla q \mathrm{d}p - \frac{1}{g} \bar{q} \omega_{500} \tag{4.30}$$

$$\omega_R = -\left(R - \frac{1}{g} \int_{p_s}^{500} \vec{V} \cdot \nabla q \mathrm{d}p -\right) g / \bar{q} \tag{4.31}$$

式中，ω_R 即为由 6 h 雨量推算出的垂直速度，它代表了 0～6 h 内垂直速度的平均值，并可认为其中间时刻的垂直速度瞬时近似值。

（4）垂直速度变化的计算

可以把降水系统当作一个具有该垂直速度的天气系统来处理，它的移动方向和速度取决于环境风场，每个格点上的垂直速度变化不取决于该点上的风，而决定于环境风场。因此，可以以不同时效的数值预报风场近似代替环境风场，并利用数值预报格点场的垂直速度变化来修正达到新位置的垂直速度。

（a）计算环境风场

由于系统移动速度的变化主要取决与环境风场的变化，故以不同时效数值预报风场近似代替环境风场，利用空间 5 点平均和时间内差，求格点不同时次的环境风场：

$$\overline{U}^5 = \overline{U}^5_{12} + (\overline{U}^5_{36} - \overline{U}^5_{12}) \times T_i / 24 \tag{4.32}$$

$$\overline{V}^5 = \overline{V}^5_{12} + (\overline{V}^5_{36} - \overline{V}^5_{12}) \times T_i / 24 \tag{4.33}$$

式中，$\overline{U}^5_{12}$、$\overline{U}^5_{36}$、$\overline{V}^5_{12}$、$\overline{V}^5_{36}$ 分别代表预报时效为 12 h 与 36 h 的 U、V 分量的 5 点平均值，T_i 为时间内插的小时数，以资料时间后 3 h 的数据代表 6 h 的平均值，因此分别取为 3，9，15，21。

（b）根据计算出来的环境风场，计算 ω_R 移动距离和位置

$$\Delta i_{ii} = \overline{U}^5 \times \Delta t / \Delta x \tag{4.34}$$

$$\Delta j_{jj} = \overline{V}^5 \times \Delta t / \Delta y \tag{4.35}$$

$$i_{ii} = i_0 + \Delta i_{ii} \tag{4.36}$$

$$j_{jj} = j_0 + \Delta j_{jj} \tag{4.37}$$

式中，$\Delta t = 6$ h $= 360$ min；$\Delta x = 2 \times 3.14159 \times 6371 \times 1000 \times \cos\varphi \times \Delta\lambda / 360$；$\Delta y = 2 \times 3.14159 \times 6371 \times 1000 \times \Delta\varphi /$；$\varphi$ 为所在纬度，$\Delta\varphi = 0.5°\mathrm{N}$，$\Delta\lambda = 0.5°\mathrm{E}$；$i_{ii}$、$j_{jj}$ 作四舍五

入取整处理。

(c)计算 ω_R 的变化

求 ω_R 在移动 15 h、21 h、27 h 和 33 h 后所在点(i_{ii},j_{jj})的 ω_{Rt}。ω_{Rt} 为与降水量对应的不同时刻的垂直速度,并看作是 $t-3$ h 至 $t+3$ h 的平均。比如 ω_{R15} 是与降水量对应的、在资料时间后 15 h 的垂直速度,代表 12~18 h 内的平均垂直速度。考虑到由降水量导出的垂直速度 ω_R 的移动,近似计算 ω_R 的变化,则变化后为:

$$\omega_{Rt}' = \omega_{Rt} + \Delta\omega_{Rt} \tag{4.38}$$

$$\Delta\omega_{Rt} = \omega_{Rt} \times \alpha \times (\omega_{R2} - \omega_{R1})/\omega_{R1} \tag{4.39}$$

式中,ω_{R1},ω_{R2} 分别为前后 6 h 的 AREM 垂直速度预报值,α 为试验系数,这里取 0.6。

(5)降水量的预报

用 ω_{Rt}' 代替 ω_{500},就可由方程(4.30)求出不同时段的平均降水强度,乘以降水时间(取 1.5 h),由此算出的即为 6 h 时段内的降水量,然后累计求出各格点的 12~36 h 雨量。

4.3.2.2 湿 $\vec{Q}$ 矢量释用技术

湿 $\vec{Q}$ 矢量包含了动力学和热力学信息,由其计算出的垂直运动包含了动力、热力两个方面共同影响,物理意义更为明确,$\vec{Q}$ 矢量散度辐合中心与雨区有较好的对应关系,在强对流天气、暴雨、雷暴等灾害性天气研究中得到广泛的应用。上海台风研究所岳彩军等(2013)利用湿 $\vec{Q}$ 矢量对数值模式产品开展动力释用研究,试验结果表明释用的预报降水场优于模式预报。湿 $\vec{Q}$ 矢量的释用技术主要包括以下四个步骤:

(a)用松弛法迭代计算以非地转干 $\vec{Q}$ 矢量($\vec{Q}^{\#}$)散度为强迫项的 ω 方程

$$\nabla^2(\sigma\omega) + f^2\frac{\partial^2\omega}{\partial p^2} = -2\nabla\cdot\vec{Q}^{\#} \tag{4.40}$$

式中,

$$Q_x^{\#} = \frac{1}{2}\left[f\left(\frac{\partial v}{\partial p}\frac{\partial u}{\partial x} - \frac{\partial u}{\partial p}\frac{\partial v}{\partial x}\right) - h\frac{\partial\vec{V}}{\partial x}\cdot\nabla\theta\right] \tag{4.41}$$

$$Q_y^{\#} = \frac{1}{2}\left[f\left(\frac{\partial v}{\partial p}\frac{\partial u}{\partial y} - \frac{\partial u}{\partial p}\frac{\partial v}{\partial y}\right) - h\frac{\partial\vec{V}}{\partial y}\cdot\nabla\theta\right] \tag{4.42}$$

上式中 $\sigma = -h\frac{\partial\theta}{\partial p}$ 为稳定度,其中 $h = \frac{R}{p}\left(\frac{p}{1000}\right)^{R/C_p}$,其他为气象常用物理参数。

通过(4.41)和(4.42)式计算出(4.40)式右端强迫项 $-2\nabla\cdot\vec{Q}^{\#}$,取上下边界条件为 $p=100$ hPa 处 $\omega=0$;$p=1000$ hPa 处 $\omega=0$。所有侧边界处垂直速度为 0,同时为保持(4.40)式为椭圆方程有解,逐层稳定度 σ 值取其所在层的平均值,然后对(4.40)式采用松弛法迭代求解,得到垂直速度 ω_1。

(b)用松弛法迭代计算以湿 $\vec{Q}$ 矢量($\vec{Q}^{*}$)散度为强迫项的 ω 方程

以湿 $\vec{Q}$ 矢量散度为强迫项的 ω 方程为：

$$\nabla^2(\sigma\omega) + f^2 \frac{\partial^2 \omega}{\partial p^2} = -2\nabla \cdot \vec{Q^*} \tag{4.43}$$

式中，

$$Q_x^* = \frac{1}{2}\left[f\left(\frac{\partial v}{\partial p}\frac{\partial u}{\partial x} - \frac{\partial u}{\partial p}\frac{\partial v}{\partial x}\right) - h\frac{\partial \vec{V}}{\partial x}\cdot\nabla\theta - \frac{\partial}{\partial x}\left(\frac{LR\omega}{C_p \cdot p}\frac{\partial q_s}{\partial p}\right) \right] \tag{4.44}$$

$$Q_y^* = \frac{1}{2}\left[f\left(\frac{\partial v}{\partial p}\frac{\partial u}{\partial y} - \frac{\partial u}{\partial p}\frac{\partial v}{\partial y}\right) - h\frac{\partial \vec{V}}{\partial y}\cdot\nabla\theta - \frac{\partial}{\partial y}\left(\frac{LR\omega}{C_p \cdot p}\frac{\partial q_s}{\partial p}\right) \right] \tag{4.45}$$

上式中 $\sigma=-h\frac{\partial\theta}{\partial p}$ 为稳定度，其中 $h=\frac{R}{p}\left(\frac{p}{1000}\right)^{R/C_p}$，其他为气象常用物理参数。

将 ω_1 代入(4.44)、(4.45)两式，并基于此两式计算出(4.43)式右端强迫项 $-2\nabla\cdot\vec{Q^*}$，采用求解(4.40)式的类似处理方式，取上下边界条件为 $p=100$ hPa 处 $\omega=0$；$p=1000$ hPa 处 $\omega=0$，同时 σ 值取其所在层平均值，然后对(4.43)式进行松弛法迭代求解，得到垂直速度 ω_2。

(c)逐小时可降水量计算

可降水量的计算公式为：

$$I = -\frac{1}{g}\int_{500}^{850} F\omega\,\mathrm{d}p \tag{4.46}$$

式中，

$$F = \frac{q_s T}{p}\left(\frac{LR - C_p R_v T}{C_p R_v T^2 + q_s L^2}\right) \tag{4.47}$$

将 ω_2 代入(4.46)式，且利用辛普森公式展开，则逐小时可降水量的计算公式可表示为：

$$RI = -1.84\times10^6\times\left[(\omega_2 F)_{850} + 4(\omega_2 F)_{700} + (\omega_2 F)_{500}\right] \tag{4.48}$$

(d)降水落区界定

对于可降水量落区的界定，采用以下两个条件：

①700 hPa 湿 $\vec{Q}$ 矢量散度小于 0

②700 hPa $T-T_d\leqslant4$ ℃

同时满足①、②条件时(4.48)式成立，否则 $RI=0$。

思考题

1. 简述模式直接输出方法的优缺点，对其预报偏差一般如何订正？
2. 简述动力释用方法的基本思想。

参考文献

丁一汇.1989.天气动力学中的诊断分析预报方法[M].北京:科学出版社.

康志明,尤红,郭文华,等.2005.2004年冬季华北平原持续大雾天气的诊断分析[J].气象,**31**(12):
　　51-56.

李耀东,金维明,王炳仁,等.1997.建立在数值预报系统上的航空气象要素预报试验[J].应用气象学
　　报,**8**(4):485-491.

廖洞贤,王两铭.1986.数值天气预报原理及其应用[M].北京:气象出版社,371-388.

刘风林,孙立潭,李士君.2010.飞机积冰诊断预报方法研究[J].气象与环境科学,**34**(4):26-30.

刘汉卫,潘晓滨,臧增亮,等.2011.华东地区一次辐射雾的数值模拟分析[J].干旱气象,**29**(2):
　　174-181.

刘健文,郭虎,李耀东,等.2002.天气分析预报物理量计算基础[M].北京:气象出版社.

苏兆达,苏询.2007.数值预报产品释用的阈值法研究[J].气象研究与应用,**28**(4):5-7.

王名才.1994.大气科学常用公式[M].北京:气象出版社.

夏建国,等.1996.暴雨业务预报方法和技术研究—区域性、持续性暴雨数值预报产品动力释用技术研
　　究[M].北京:气象出版社.

叶平,白洁,王洪芳.2011.云底高预报研究概述[J].第28届中国气象学会年会论文集.厦门.

岳彩军,寿亦萱,寿绍文.湿Q矢量对模式产品动力释用技术研究及应用//第30届中国气象学会年
　　会.南京:888-894.

章国材.2011.强对流天气分析与预报[M].北京:气象出版社.

赵声蓉,赵翠光,赵瑞霞,等.2012.我国精细化客观气象要素预报进展[J].气象科技进展,**2**(5):
　　12-21.

赵树海.1994.航空气象学[M].北京:气象出版社.

第 5 章　数值天气预报产品的
统计学释用方法

数值预报本身主要是以确定性的大气动力学为基础的,而大气运动随机性的描述则主要靠统计学,把描述大气"行为"的统计概念和动力概念结合起来,就形成了统计动力预报方法。数值预报产品的统计学释用,主要通过概率统计解释来实现,即在数值天气预报产品基础上,结合大量的历史观测资料以及各种稠密的实况资料,利用动力学和统计学等技术方法,建立气象要素预报模型,从而获得更为精确的客观定量要素预报结果或特殊服务需求的预报产品。

5.1　统计释用的一般方法

目前业务用得最多、效果较好的统计动力释用方法主要以完全预报(Perfect Prediction,简称 PP)方法和模式输出统计(Model Output Statistics,简称 MOS)预报方法为代表。后来,人们在实践中发现,把预报员的经验(Experience)、诊断量(Diagnosis)与模式输出产品相结合(称为 MED 方法),预报的效果更好,从而产生了相应的综合预报方法。

5.1.1　PP 方法

5.1.1.1　基本原理

PP 法是 1959 年由美国克莱因(W. H. Klein)提出的。它用历史资料中与预报对象 $Y(t)$ 同时间的实际气象参数 $x(t)$ 作预报因子,建立统计关系 $Y(t)=f(x(t))$。即在建立统计预报方程时,预报对象和预报因子都是同时的观测(或诊断)值,而且预报因子是指数值预报能够输出,且用历史天气资料稍作加工就可以得到的量。应用时,假定数值预报的结果是"完全"正确的,用其预报结果 $\hat{x}(t)$ 代入上述已建立的统计关系式中,就可得到预报对象 $\hat{Y}(t)$ 的预报结论,例如 24(36) h 数值预报产品代入上述统计关系式中,就可得到预报对象的 24(36) h 预报结论(其流程见图 5.1)。

PP 法由于应用了数值预报结果,其预报精度一般可高于由前期因子报后期状态的经典统计预报法(Classic Statistics,简称 CS)。又因它可利用大量的历史资料进行统

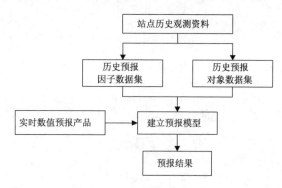

图 5.1　PP法技术流程

计,因此得出的统计规律一般比较稳定可靠。它可以利用不同的数值模式的输出产品进行预报,且随着数值模式的改进,PP法会自动地随之提高预报准确率。而且由于数值模式改动时,事先建立的统计关系不会受到影响,因而不会影响业务工作的连续进行。

用PP法作预报,除含有统计关系造成的误差外,主要是无法考虑数值模式的预报误差(认为其"完全"正确),因而使其预报精度受到一定影响。如果能在了解数值模式性能的基础上,用前述误差分析方法统计出各种不同情况下的平均误差值,对数值预报的结果进行订正后再代入完全预报统计关系式中,就可使PP的误差减小。此外,由于PP的统计关系不受数值模式的影响,所以可同时使用几种不同的数值预报产品,例如分别使用日本、欧洲中心和我国的预报产品,然后进行综合,这样得到的结果一般较为可靠。

5.1.1.2　应用举例

河北省气象台赵玉广等(2002)利用多年的气候资料,从分析研究雾与气象要素的关系入手,运用天气学原理,采用PP方法、应用常规气象资料和T213数值预报产品,制作24 h、48 h河北省雾的区域预报。根据雾的气候特征,从空间分布看,张家口、承德地区雾的出现频率较低,只对除两地区以外的其他地区建立预报方程;从时间分布来看,河北全省雾的出现时间主要集中在10月、11月、12月、1月、2月、3月,因此只建立以上6个月的预报方程。

(1)资料的处理

通过普查1990—1994年10月—翌年3月的天气图,首先确定不可能出现雾的消空指标。由于10月—翌年3月各月的气候条件有所不同,各月的初选消空指标也不同(表5.1)。所选的十个指标站为保定、坝县、沧州、饶阳、衡水、石家庄、束鹿、南宫、邢台、邯郸,只要有八个站消空则消空。用以上指标筛选出的样本共有370个,其中漏掉雾日20个,且均为零散的雾区,范围不超过2个地区3个站。因此,初选指标的漏报率仅为 6.3%。经以上筛选后,将无雾日滤掉,借以提高有雾日的预报概率,然后把雾日按有无及范围大小分成 3 个量级。雾的范围大于 4 个地区 10 个站,取 y 值为 2;预报区内无雾,取 y 值为 0;界于两者之间,取 y 值为 1。

表 5.1　初选消空指标

	温度露点差(℃)	风速(m/s)	露点温度(℃)
10 月	≥16	>7	<5
11 月	≥17	>8	<−5
12 月	≥18	>7	<−11
1 月	≥16	≥8	<−15
2 月	≥14	≥8	<−12
3 月	≥16	≥6	<0

(2)因子选取的方法

在长期的工作实践中,预报人员发现 500 hPa 中纬度环流场较平直对形成雾有很好指导意义。为了表示这种环流特征,引进 500 hPa 呼和浩特、张家口、太原、北京 4 站的风向,作为预报雾的第一步判断条件,如果 4 个站中有 3 个站为 320°~360°风向,则断定全省不可能出现雾,这种方法减少了雾的空报率。另外,在全省有无雾的方程中,还引进了表示 850 hPa 温度场、地面气压场形势的气象要素作为预报因子,有利于提高方程预报的准确率。例如,北京-邢台、太原-济南、呼和浩特-石家庄、天津-石家庄的气压差,表示了地面气压场形势;张家口-邢台、太原-济南、北京-郑州的温度差代表了河北省上空冷暖平流状况。取华北范围内 850 hPa 7 个站、地面 18 个站作为代表站,选取雾日前一天的资料。用所选取的气象要素逐个与雾的代表值 y 求相关,得到一批相关系数,把大于临界值的因子作为预报因子。

(3)区域预报方程的建立

把所选取的预报因子,利用多元线性回归方法建立预报方程,得到通过显著性检验的方程如下(这里只给出 11 月、12 月、1 月的方程):

11 月份方程:

$$y11 = 0.887 + 0.0698x_1 - 0.0133x_2 + 0.0374x_3 + 0.0271x_4$$

式中,x_1 为南宫地面露点温度,x_2 为太原与济南地面气压差,x_3 为 850 hPa 太原 24 小时变温,x_4 为 850 hPa 郑州温度露点差。

12 月份方程:

$$y12 = 3.2702 - 0.007x_1 + 0.1129x_2 + 0.1353x_3 + 0.1156x_4$$

式中,x_1 为太原与济南地面气压差,x_2 为 850 hPa 北京与郑州温度差,x_3 为呼和浩特地面温度,x_4 为坝县地面露点温度。

1月份方程：

$$y1 = 1.8485 + 0.0639x_1 - 0.0062x_2 - 0.0438x_3 + 0.0738x_4 - 0.0021x_5$$

式中，x_1 为 850 hPa 呼和浩特 24 h 变温，x_2 为 850 hPa 济南 24 h 变温，x_3 为 850 hPa 济南与太原温度差，x_4 为南宫地面露点温度，x_5 为 850 hPa 北京与郑州温度差。

（4）回归方程的拟合

把历年因子值代入回归方程，计算出预报量的回归值，与实测值进行拟合，找出预报值的 95% 置信区间及拟合概率（表 5.2）。从表可以看出，预报方程对无雾或大范围有雾的预报准确率较高。而对零散雾的预报能力较差。

表 5.2　方程的置信区间及拟合率

	0	1	2
10 月	71% $y\leqslant0.541$	25% $0.541<y<0.799$	100% $y\geqslant0.799$
11 月	75% $y\leqslant0.926$	36% $0.926<y<1.356$	88% $y\geqslant1.356$
12 月	86% $y\leqslant0.924$	25% $0.924<y<1.428$	100% $y\geqslant1.428$
1 月	78% $y\leqslant0.973$	44% $0.973<y<1.375$	79% $y\geqslant1.375$
2 月	50% $y<0.08$	43% $0.08<y<1.85$	75% $y\geqslant1.85$
3 月	80% $y<0.913$	25% $0.913<y<1.506$	100% $y\geqslant1.506$

（5）回归方程的检验

用 1995 年 10—12 月，1996 年 1—3 月的 57 个样本，对上述方程组进行验证：预报雾区完全正确的 34 次，量级误差一个等级共 10 次，空报 12 次，漏报 1 次，所以在预报时效内预报量级与实况完全相符的正确率 60%，而预报有、无雾的准确率为 77%。

（6）预报效果检验

从 2001 年 12 月到 2002 年 3 月的评分结果见表 5.3。可以看出，该方法对于雾的区域性预报具有较好的效果。

表 5.3　2001 年 12 月到 2002 年 3 月雾的预报 TS 评分

月　份	12	1	2	3
24 h	72%	77.6%	73%	74%
48 h	54.5%	66.4%	56%	60%

5.1.2　MOS 方法

5.1.2.1　基本原理

MOS 法是 1972 年由美国气象学家格莱恩(Glahn H R)和劳里(Lowry D A)提出并投入业务预报使用的。MOS 方法直接把数值预报模式的输出产品作为预报因子 $\hat{x}(t)$，并与预报时效对应时刻的天气实况(预报对象 $\hat{Y}(t)$)建立统计关系 $\hat{Y}(t)=f(\hat{x}(t))$。作预报时，只要把数值模式输出的结果代入建立的统计关系式，即可得到预报结论，其技术流程见图 5.2。

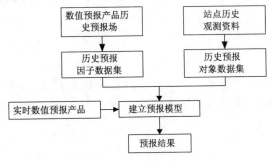

图 5.2　MOS 法技术流程

MOS 方法可以引入许多其他方法难以引入的预报因子(如垂直速度、涡度等物理意义明确、预报信息量较大的因子)。它还能自动地修正数值预报的系统性误差。例如，某数值模式对槽脊系统的预报有规律的偏慢，则根据这种预报偏慢了的槽及有关物理量，统计其与实际天气区的关系，用这样建立起来的统计关系式，仍可把天气区报在较为接近实际的位置上，而不是报在偏慢了的槽附近。因此，在目前数值预报还不能完全正确的情况下，MOS 的预报精度普遍优于 PP 法。

MOS 方法的不便之处是，它要求有至少 1—2 年的数值预报产品历史资料作为建立 MOS 方程的样本资料。而且数值模式一旦有了改进或变动，就会在某种程度上影响 MOS 预报的效果。虽然国内外都有人做过对比试验，认为 MOS 预报对数值模式的改变并不十分敏感，但以改进的数值模式产品重新推导出 MOS 方程，显然有利于提高预报质量。尤其是当数值模式由差分格式改为谱模式这样的重大变化时，重建 MOS 方程是必要的。

根据数值预报产品的来源，MOS 方法又可分为中心 MOS 和地方 MOS 两种。中心 MOS 是指制作数值预报的某级气象中心(如国家气象中心)，利用自己的数值预报产品制作对下属各地具有指导作用的 MOS 预报。可见，中心 MOS 的优势是自己做数值预报，因而有大量数值预报产品提供数以万计的候选因子，且常有高性能的计算机可供处理使用。而地方 MOS 使用的数值预报产品,是由上级气象中心甚至别国制作并提供的,建立 MOS 方程所用的统计方法一般也比较简单。可见,地方 MOS 可供选择的数值预报产品因子是有限的,但却能有效地发挥预报员对当地天气特点的了解和预报的经验,采取如将天气形势分型等方法,按实际工作需要有重点地建立相应的 MOS 方程。显然,目前我国省级以下气象部门大多只能采用地方 MOS 方法。但随着数值预报的发展和普及(包括微机性能逐步提高到适于制作数值预报),中心 MOS 的做法,或中心 MOS 与地方 MOS 优势的结合,将成为 MOS 预报的发展趋势。

5.2.1.2　应用举例

武汉市气象局刘火胜等(2011)以 GRAPES 数值预报产品和实况资料,利用 MOS 预报方法制作武汉市最高、最低气温的预报。

(1)资料来源和处理

GRAPES 资料为 PCVSAT 逐日接收并处理的 Micaps 资料,气温实况资料来自武汉市观象台逐月报表文件。目前在国外比较成熟预报业务中,预报因子的处理基本是将数值预报产品的格点预报值直接内插到站点上作为站点的预报因子,再与站点的预报对象建立预报方程,即:

$$V_s = \sum_{i=1}^{N} (V_i W_i) / \sum_{i=1}^{N} W_i$$

式中,V_s 为站点因子值,V_i 和 W_i 分别为第 i 个网格点的数值预报值和该格点对站点 S 影响的权重函数,N 为可能对站点 S 造成影响的格点总数。考虑距预报站点不同距离的格点对站点所产生的影响各不相同,其影响权重函数采用 Cressman 客观分析方法函数进行计算:

$$W_i = \begin{cases} (R_0^2 - R_i^2)/(R_0^2 + R_i^2) & (R_i \leqslant R_0) \\ 0 & (R_i > R_0) \end{cases}$$

式中,R_i 和 R_0 分别为第 i 个网格点到插值站点的水平距离和站点 S 在插值时考虑的影响半径。

(2)预报因子初选

由于数值预报模式输出产品种类繁多、数量庞大,因此在建立方程前,需人工经验初选预报因子,在考虑武汉市地形、气候背景以及影响相对湿度变化等各项条件后,从以下 5 个方面选取物理意义明确的因子,包括多个层次(海平面、850 hPa～100 hPa)的预报场资料:一是描述天气系统的因子:高度场和温度场;二是动力因子:涡度、散度、垂直速度及 u、v 分量等;三是能量因子:总能量、潜热通量等;四是湿度因子:降水、相对湿度及水汽混合比等;五是动态因子:反映天气系统、诊断量的变化,包括以上各因子的 24 h 变量。由于不同的物理量有不同的量纲,所以具体计算预报因子时需对各物理量先进行标准化处理,这里采用方差标准化处理。

（3）预报因子与预报对象的相关分析

在预报对象与预报因子单点相关普查的基础上，选取相关系数大而且相互独立的高相关因子按不同站点、不同时次分别建立因子库，并依据相关系数大小，按能通过 0.05 显著性 t 检验的标准对因子库进行排序筛选，剔除一些与预报量相关不大而且物理意义不明显的因子，将最后入选的因子和实况按一一对应关系建立逐站逐时回归方程。

（4）建立 MOS 预报方程

将采集的数值预报产品物理量作为因子，将其插值到武汉市的 5 个预报站点，逐日建立因子库。这样，每个站点都有了 888 个候选因子。同时，收集每个站点 2002 年 1 月 1 日—2006 年 12 月 31 日期间的最高温度和最低温度实况。

在 MOS 方程的建立过程中，根据武汉市相似气候背景，同时考虑到方程样本个数不能太少的原因，将一年分成 1—2 月、3—4 月、5—6 月、7—8 月、9—10 月、11—12 月等 6 个时段，利用同一时期的因子库和对应的最高温度、最低温度实况资料，采用多元线性回归方法来建立最高温度、最低温度的预报方程。这样，对于每个站点，一年中最高温度和最低温度就有了 6 个方程。

（5）预报效果检验及分析

武汉市气温精细化预报业务系统使用上述方法制作武汉市 48 h 内逐日最高气温、最低气温预报。对于 2009 年 6 月 1 日—2010 年 5 月 31 日逐日的预报结果，按照中国气象局规定的日常气温预报评分标准（|预报值－实况值|≤2.0 ℃为正确，计 1 分，否则计 0 分）进行了检验评分。

（a）从表 5.4 中可以看出，经过 MOS 方法制作的日最高最低气温预报，24 h、48 h 预报准确率都在 50% 以上，最高达到了 79.78%，在业务上有较好的参考作用。

（b）最低温度的预报的准确率普遍高于最高温度的预报准确率；24 h 最高温度的预报准确率（图 5.3）仅有 1、6 月高于最低温度预报准确率，5、9 月与低温预报持平外，其他月份均低于低温准确率。而 48 h 预报中（图 5.4），高温准确率仅 6、7、8 月略高于低温预报，其他月份明显低于低温预报准确率。这主要是因为武汉市处于中纬度地带，属东北亚热带季风性湿润气候，同时受大陆性气候影响，南北气流交换频繁，导致不同季节高、低温呈现出不同的变化特征。

（c）从最高温度和最低温度预报的绝对误差来看，最低温度预报的平均误差要比最高温度的平均误差小，并且预报时次越长，则最高温度的平均误差越比最低温度的平均误差大（表 5.4）。

表 5.4　武汉市汉口站(57494)24 h 内最高最低气温预报统计

	24 h 预报		48 h 预报	
	准确率(%)	平均绝对误差(℃)	准确率(%)	平均绝对误差(℃)
最高温度	76.27	1.918	56.39	2.410
最低温度	79.78	1.852	69.91	1.859

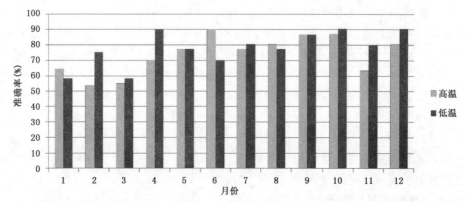

图 5.3　武汉市汉口站(57494)2009 年 6 月 1 日—2010 年 5 月 31 日 24 h 最高、
最低气温 MOS 预报准确率

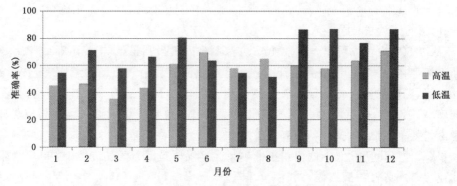

图 5.4　武汉市汉口站(57494)2009 年 6 月 1 日—2010 年 5 月 31 日 48 h 最高、
最低气温 MOS 预报准确率

5.1.3　MED 方法

MOS 预报的实践表明,采用纯 MOS 方法(指完全以数值预报产品作为预报因子建立 MOS 方程的方法)仍有许多局限性。由于许多预报量(如能见度、低云、雷暴等天气)明显与边界层条件等有关,这是靠获取上级或国外数值预报产品的"地方 MOS"方法无法完全解决的。因为来自上级或国外的数值预报产品中,可选因子非常有限,特别是边界层预报,除了海平面气压场和部分海面风外,几乎没有别的物理量可取。为此,人们开始采用把 MOS 预报与天气学经验预报(E)以及诊断分析(D)相结合的综合预报方法,成为当前天气预报(尤其是航空天气预报)较为有效的工具。

湖南省长沙市气象台陈勇等(2008)基于对长沙地区 1971—2000 年 30 年雷暴气候特征的分析研究,采用数值模式输出统计、指数与经验指标、诊断分析三者相结合的MED 法,同时引入莱克力指数、修正的 K 指数等物理量,综合应用数值预报产品、经验指标及区域气象站资料,研究开发出该地区 249 个站点 3—10 月甚短期(6 h、6～12 h)雷暴危害度等级潜势预报模型。其预报模型建立的具体步骤如下:

首先,对可能产生雷暴的因素,如数值预报产品、各种物理量指数、本站要素及经验指标进行统计分析,计算其与雷暴的相关系数。

其次,将相关系数在 0.50 以上的因子选为预报因子。这些因子包括:①用于判断冲击力强弱的 500、700、850 hPa 影响系统。欧洲中心格点预报值东西两格点高度差。以及反映地面冷空气强弱的欧洲中心 850 hPa 温度格点预报日变温;②用于判断是否有利于雷暴产生的莱克力指数(T_{mj})、修正的 K 指数(m_K)等稳定度指标;③与长沙地区 245 个区域气象站结合的单站预报指标和消空指标;④日本降水量格点预报值和欧洲中心 850、700 hPa 相对湿度预报值,用于判断水汽条件;⑤其它有利于雷暴产生的经验指标。欧洲中心高度、温度和相对湿度 24 h 的预报以及日本 C 区地面特性层降水量12～18 h、12～24 h 预报产品的处理方法与上述方法相同。本站资料直接自动读自各区域自动站和观测站,挑选 2 个指标,实现资料与预报的紧密结合。

第三,根据相关程度和预报经验,得到不同的权重系数。

第四,建立长沙地区各县(市)、乡镇 249 个站点未来 6 h、6～12 h 甚短期雷暴危害度等级预报模型。其中,6 h 预报模型为:

$$y(i) = 0.11x_0(i) + 0.90x_1(i) + 0.11x_2(i) + 0.11x_3(i) + 0.06x_4(i) + 0.06x_5(i)$$
$$+ 0.10x_6(i) + 0.10x_7(i) + 0.10x_8(i) + 0.80x_9(i) + 0.90x_{10}(i)$$

式中,$y(i)$为判别系数;$i=1,2,\cdots,249$,为预报的 249 个站点数。其他各预报因子的意义和取值如下:

$x_0(i)$由该站 $m_K(i)$值决定。$m_K(i)>33\ ℃$,$x_0(i)$取值 1.5;$25\ ℃≤m_K(i)≤32\ ℃$,$x_0(i)$取值 1.0;$m_K(i)≤24\ ℃$,$x_0(i)$取值 0.0。

$x_1(i)$由高空 500、700、850 hPa 三层关键区($25°～32°$N,$100°～115°$E)内有无低槽、切变或低涡等低值系统形成并影响该站决定。若两层或以上有此类低值系统,$x_1(i)$取值 1.5;若仅任一层有此类低值系统,$x_1(i)$取值 1.0;否则,$x_1(i)$取值 0.0。

$x_2(i)$由该站(区域自动站及观测站)温度 $T(℃)$与水汽压 E(hPa)之差$(T-E)_i$决定。$(T-E)_i≤1.9$,$x_2(i)$取值 1.0;否则,$x_2(i)$取值 0.0。

$x_3(i)$由日本 C 区地面特性层降水量 12～18 h 预报格点 9 至格点 12 组合该区的降水量 $R_c(i,0)$ 值决定。$R_c(i,0)>0.1$ mm，$x_3(i)$取值 1.0；否则，$x_3(i)$取值 0.0。

$x_4(i)$由该站(区域自动站及观测站)3 h 变温 $\Delta T_3(i)$ 与 3 h 变压 $\Delta P_3(i)$ 决定。若 $\Delta T_3(i) \geqslant 1.5$ ℃，或 $\Delta P_3(i) < -1.5$ hPa，$x_4(i)$取值 1.0；否则，$x_4(i)$取值 0.0。

$x_5(i)$由长沙站 925 hPa 与地面的温差 ΔT_c 决定，若 $\Delta T_c>1.0$ ℃，$x_5(i)$取值 1.0；否则，$x_5(i)$取值 0.0。

$x_6(i)$由长沙站 T_{mj} 决定。$T_{mj}>29$ ℃，$x_6(i)$取值 1.0；否则，$x_6(i)$取值 0.0。

$x_7(i)$由上游 7 站(常德、桃源、汉寿、源江、益阳、桃江、湘阴)是否有 3 站以上过去 6 h 或现在天气现象是否出现雷暴决定。若有雷暴出现，$x_7(i)$取值 1.0；否则，$x_7(i)$取值 0.0。

$x_8(i)$由欧洲中心 500 hPa 高度 24 h 预报格点 1 与格点 3 的差 $h_{1(1)}$ 及格点 4 与格点 6 的差 $h_{2(1)}$ 决定。$h_{1(1)}$ 或 $h_{1(2)} \leqslant -3$ hPa，或 $h_{1(1)}$ 与 $h_{1(2)}$ 均 $\leqslant -2$ hPa，$x_8(i)$取值 1.0；否则，$x_8(i)$取值 0.0，风场预报确定影响系统为台风倒槽时，则在 $h_{1(1)}$ 和 $h_{2(1)}$ 前加负号。

$x_9(i)$由欧洲中心 850 hPa 温度 24 h 预报格点 2 和格点 5 组合该区的温度($\Delta T_{i(1)}$)决定。$\Delta T_{i(1)} \leqslant -2$ ℃，$x_9(i)$取值 1.0；否则，$X_9(i)$取值 0.0。

$x_{10}(i)$由欧洲中心 850 hPa、700 hPa 相对湿度 24 h 预报格点 2 和格点 5 组合该区的相对湿度 $R_{h(i,1)}$ 决定。850 hPa、700 hPa 两层 $R_{h(i,2)}>85\%$，$x_{10}(i)$取值 1.0；否则，$x_{10}(i)$取值 0。

第五，根据历史拟合情况确定预报方程的预报临界值。

当 $y(i)<0.44$ 或满足消空指标时，则预报该站点未来 6 h 无雷暴；

当 $0.44 \leqslant y(i)<0.61$ 时，则预报该站点未来 6 h 将出现弱雷暴；

当 $0.61 \leqslant y(i)<0.72$ 时，则预报该站点未来 6 h 将出现中雷暴；

当 $y(i) \geqslant 0.72$ 时，则预报该站点未来 6 h 将出现强雷暴。

值得一提的是，由于不同尺度天气系统预报时效与其生命史长短相当，及时调用预报资料既可大大减少雷暴预报时效性短带来的误差，也可更真实地反映大气状况，因此制作上午预报采用 08 时获取的资料。制作下午预报采用 14 时获取的资料。制作晚上预报则采用 20 时获取的资料。从而在每天早上 02 时 30 分、上午 09 时、下午 03 时 30 分和晚上 08 时 30 分 4 个时次分别制作未来 6 h 和 6～12 h 的雷暴滚动预报。

统计 2006—2007 年 3—10 月长沙、宁乡、浏阳及马坡岭 4 站 6 h、6～12 h 雷暴落区及强度预报的 TS 评分、漏报率和空报率，其结果见表 5.5、表 5.6。在表 5.5 中，"早上"这一预报时段因值班员未使用，故对其未作统计："综合"是指上午、下午、晚上三个时次的平均。

表 5.5　2006－2007 年 3—10 月长沙市不同预报时段 6 h、6～12 h 雷暴落区预报结果检验

预报时段	TS 评分		漏报率(P_0)		空报率(F_0)	
	6 h	6～12 h	6 h	6～12 h	6 h	6～12 h
上午	0.75	0.78	0.07	0.08	0.18	0.14
下午	0.80	0.82	0.07	0.08	0.13	0.12
晚上	0.77	0.79	0.08	0.07	0.15	0.14
综合	0.77	0.80	0.07	0.07	0.15	0.13

表 5.6　2006－2007 年 3—10 月长沙市 6 h、6～12 h 不同量级雷暴预报结果检验

量级(强度)	TS 评分		漏报率(P_0)		空报率(F_0)	
	6 h	6～12 h	6 h	6～12 h	6 h	6～12 h
弱雷暴	0.80	0.79	0.06	0.06	0.14	0.15
中雷暴	0.78	0.77	0.04	0.05	0.18	0.18
强雷暴	0.72	0.73	0.00	0.03	0.28	0.24

从表 5.5 可见。无论是上午、下午、晚上时段,还是综合时段,TS 评分均达到了 0.75 以上,空报率与漏报率之和低于 0.25。这表明该系统对雷暴的定性预报能力较强;相对于 6 h 的雷暴落区预报,6～12 h 的预报质量评分略高;从不同预报时段来看,下午、晚上、上午的预报评分效果依次递增,这反映出雷暴在该地区是白天多于夜间且下午到上半夜逐渐增多。表 5.6 中的检验数据同样表明,该系统对雷暴等级具有一定的预报能力;弱、中雷暴的等级评分明显高于强雷暴的,而强雷暴的空报率较高、漏报率较低,说明强雷暴这一小概率事件其预报难度更大。

5.2　最优子集回归方法

基于数值预报产品释用的温度、降水分级等常规要素预报方法多采用的是 MOS、PP 法等动力统计释用技术,数学模型普遍采用较为广泛使用的逐步回归和逐步判别方法,这些方法计算简便快速,但在实际应用和理论上都发现有不足之处,当预报模型不合理或预报因子选取不适当时,预报效果比较差。而最优子集预报回归模型采用 CSC (双评分)准则进行判别,能够比逐步回归方法选取更好的因子,可以使进入预报方程的预报因子对预报方程贡献最大化,故建立的预报模型不仅历史拟合效果好,而且试报效果也比较好。

5.2.1　基本原理

最优子集回归（Optimal Subset Regression,OSR）是从自变量所有可能的子集回归中以某种准则确定出一个最优回归方程的方法。基本思想是：按照一定的目的和要求，选定一种变量（因子）选择准则 S，每一个子集回归都能算出一个 S 值，即，如果有 m 个因子，则有 2^m-1 个 S 值。S 越小（或越大）对应的回归方程效果就越好。在 2^m-1 个子集中，最小（或最大）值对应的回归就是最优子集回归。

从最优子集回归建模的基本思想可以看出，建立最优回归预测模型的一个重要问题是选择合适的因子识别准则。不同的目的可以选择不同的因子识别准则，目前常用的变量选择准则有：平均残差平方和准则、平均预测均方误差 S_p 准则、C_p 准则、最小预测平方和准则（PRESS）和 CSC 准则等。下面简要给出常用的变量选择准则。

5.2.2　确定变量选择准则

上面提及的几个准则都是从预测角度提出的，这里对它们的基本思想分别进行介绍。

（1）平均残差平方和准则

平均残差平方和准则定义为：

$$MQ_k = \frac{Q_k}{n-k} \tag{5.1}$$

式中，$Q_k = \sum_{t=1}^{n} (y_t - b_1 x_{1t} - b_2 x_{2t} - \cdots - b_k x_{kt})^2$，$n$、$k$ 分别表示样本数和因子数（下同）。依这一准则，按 MQ_k 越小越好为准则，选择回归子集。

（2）平均预测均方误差 S_p 准则

S_p 准则定义为：

$$S_p = \frac{Q_k}{(n-k-2)(n-k-1)} \tag{5.2}$$

式中，Q_k 同式（5.1）。该准则是按 S_p 越小越好的原则选择自变量子集。

（3）C_p 准则

C_p 准则是 C. L. Mallows 在 1964 年提出的一个统计量，它同 S_p 准则一样，也是基于残差平方和的一个准则，定义为：

$$C_p = \frac{Q_k}{\hat{\sigma}^2} - n + 2k \tag{5.3}$$

式中，$\hat{\sigma}^2$ 是全部变量子集误差方差的无偏估计，$\hat{\sigma}^2 = \frac{1}{n-1} \sum_{t=1}^{n} (y-\bar{y})^2$；$Q_k$ 是 k 个变量的残差平方和。用 C_p 准则选子集时，C_p 应越小越好。

（4）最小预测平方和准则（$PRESS$）

$PRESS$（Prediction Residual Error Sum of Squares）准则是 Allew D M 1971 年提出的,是刀切法的一种。在计算预测偏差时,它与其他统计量的计算方法不同。它是用独立样本来计算预测偏差的。$PRESS$ 定义为：

$$PRESS = \sum_{i=1}^{n} \left(\frac{e_i}{1-h_{ii}} \right)^2 \tag{5.4}$$

式中,$e_i = y_i - \sum_{j=1}^{n} h_{ij} y_j$,$e_i$ 是用全部 n 个样本建立回归模型时的拟合误差;$h_{ij} = x_i^T$ $(X^T \cdot X)^{-1} x_j$,h_{ii} 是其第 i 行对角线元素。$PRESS$ 达最小的子集就是最优子集。

（5）CSC 准则

根据以往的试验研究,CSC 准则优选效果好。所以在此着重介绍 CSC 准则。CSC 准则是针对气候预测特点提出的一种考虑数量和趋势预测效果的双评分准则。CSC 定义为：

$$CSC = S_1 + S_2 \tag{5.5}$$

式中,$S_1 = n\left(1 - \dfrac{Q_k}{Q_y}\right) = n\left(1 - \dfrac{\dfrac{1}{n}\sum\limits_{t=1}^{n}(y_t - b_1 x_{1t} - b_2 x_{2t} - \cdots - b_k x_{kt})^2}{\dfrac{1}{n}\sum\limits_{t=1}^{n}(y_t - \bar{y})^2} \right)$,$S_1$ 也被

称为精评分,Q_k 是估计值偏离观测值的离差平方和,Q_y 是观测值方差的平方;$S_2 = 2I$ $= 2\left[\sum\limits_{i=1}^{I}\sum\limits_{j=1}^{I} n_{ij} \ln n_{ij} + n \ln n - \left(\sum\limits_{i=1}^{I} n_{i.} \ln n_{i.} + \sum\limits_{j=1}^{I} n_{.j} \ln n_{.j} \right) \right]$,式中 I 为预报趋势类别数, $n_{.j} = \sum\limits_{i=1}^{I} n_{ij}$,$n_{i.} = \sum\limits_{j=1}^{I} n_{ij}$,$n_{ij}$ 为 i 类事件与 j 类事件的列联表中的个数。S_2 表示趋势评分,也称为粗评分。以 CSC 达到最大为准则选择最优子集回归。由于因子采用了连续型变量,故不考虑粗评分;对于精评分来说,采用 S_1 的表达式存在这样的问题,即进入预报方程的因子增加时,残差平方和减小,S_1 将随着因子的增加而增加。为解决这一问题,定义 CSC 准则为：

$$CSC = (n-k)\left(1 - \frac{Q_k}{Q_y}\right) \tag{5.6}$$

式中,k 为进入方程的因子数量。

5.2.3　最优子集回归释用技术的实现步骤

下面以降水概率预报释用为例,说明最优子集回归释用技术的实现过程。

（1）制作降水概率预报模型的基本思路

采用 MOS 建模原理,在全球中期数值预报模式输出产品及其诊断量的基础上,根

据预报经验选取备选因子,将某一诊断量在某一层上站点周围一定范围内的所有格点视为一个场,将该场与单站降水量进行典型相关分析,得到它们之间的典型相关系数以及描述该场最大特征的典型变量。根据样本统计有降水时各典型变量的极大值和极小值。计算所有备选因子场的平均典型相关系数(eps),选取典型相关系数大于 eps 的典型变量作为初选因子,应用事件概率回归估计(REEP)制作降水概率预报。由于 REEP 建立的模型不是全局最优的,因此需穷尽初选因子的所有组合,采用双评分准则确定最优子集回归方程。回归方程与典型变量的值域一起构成预报模型。预报流程见图5.5。

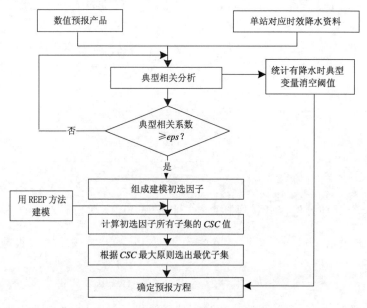

图5.5　降水概率预报最优子集回归计算流程

(2)典型相关分析的具体参数

应用典型相关分析方法首先要确定因子组变量个数,因子组变量数目需结合样本量和预报组变量数目来定。这里的预报对象 Y 为单站日降水量,则 $q=1$;样本量最大为 $n=124$;预报因子为某一格点场。因为需要保证典型变量的稳定性,则样本量 n 应大于 p、q,且 n 与 p、q 之比大于 2,故确定格点数为 44,即 $p=44$。

根据偏度和峰度检验,日降水量和大多数因子都是偏态的,在应用统计关系时应对它们进行变换以满足统计假设。对日降水量资料进行 0、1 化处理,$y \geqslant 0.1$ 时为 1,否则为 0;预报因子场资料不进行 0、1 化处理,而进行标准化处理。

因标准化变量的协方差不带单位,也称为相关系数。连续型因子与 0、1 化预报变量之间的相关系数用(5.7)式求出。

$$r = \frac{\overline{x}(1) - \overline{x}}{s_x} \left(\frac{P}{1-P} \right)^{\frac{1}{2}} \tag{5.7}$$

式中,$\overline{x}$ 为因子的平均值,$\overline{x}(1)$ 为 $y=1$ 时 x 的平均值,P 为事件 $y=1$ 出现的频率,s_x 为因子的样本标准差。

(3)建立降水概率预报模型

对降水量资料进行 0、1 化处理,对模式资料进行标准差标准化处理。根据降水形成条件确定备选因子(表 5.7)。

表 5.7　建立降水概率预报模型的备选因子

备选因子名称	层次(hPa)	备选因子名称	层次(hPa)
地面温度(TGG)	9999	水汽通量(SQQ)	1000,925,850,700,500
温度露点差(TTD)	1000,925,850	水汽通量散度(SQD)	1000,925,850,700,500
假相当位温(QEW)	1000,925,850,700,500	涡度(VOR)	1000,925,850,700,500
南北风(VVV)	1000,925,850,700,500	散度(DIV)	1000,925,850,700,500
垂直速度(WWW)	1000,925,850,700,500		

根据典型相关分析的约束条件,每个因子场选择 44 个网格点。

计算以上 39 个备选因子与单站降水量之间的平均典型相关系数 eps,选取典型相关系数大于 eps 的典型变量作为初选因子。

用 REEP 建立概率回归方程,其中的回归系数仍用最小二乘法定出,即使用标准方程组

$$X'Xb = X'y \tag{5.8}$$

由(5.8)式所算出的预报值为事件概率估计值。计算值有时可能出现大于 1 或小于 0 的值,这时规定超过 1 的值为 1,小于 0 的值为 0,这种处理称为归一化。归一化保证了概率值变化在 0 至 1 的范围。

由于 REEP 建立的预测模型不是全局最优的,因此需穷尽因子所有组合,用双评分准则确定最优子集回归方程。采用自然式确定子集组合顺序,设有 m 个因子参加建模,则先计算含 1 个因子的所有子集,找出其中 CSC 最大者 CSC_1;再计算含 2 个因子的所有子集,找出其中 CSC 最大者 CSC_2;依此类推,直至找出含全部因子的最佳子集的 CSC_m。比较 $CSC_1, \cdots, CSC_m$,其中的最大者所对应的即为最优子集。考虑到预报时效和方程的稳定性,预报模型选入了 6 个因子。

(4)预报流程

降水概率的预报流程见图 5.6。

5.2.4　应用示例

兰州干旱气象研究所钱莉等(2009)使用差分法、天气诊断、因子组合等方法构造出

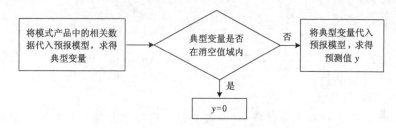

图 5.6　降水概率的预报流程

能反映本地天气动力学特征的预报因子库。根据大气环流产生降水的物理机制不同，将天气形势分为西北气流型、西南气流型和不规则型 3 种，分别对预报因子和预报量进行线性 0、1 标准化处理，采用 *PRESS* 准则初选因子，最优子集回归建立武威市 6 个站点不同天气类型的 0～120 h 降水预报方程，用多因子概率权重回归预测其降水概率，取得较好的应用效果。

（1）资料选取和处理

（a）资料和关键区选取

选取 2003 年 3 月 1 日 20：00 UTC 至 2007 年 7 月 31 日 20：00 UTC 的逐日 ECMWF 数值预报 00：00 时的 500、700、850 hPa 格点场资料，范围 90°～110°E，35°～45°N，网格距为 2.5°×2.5°经纬度；基本要素为位势高度（h）、温度（t）、相对湿度（r_h）以及风速 u、v 分量等。预报对象为 2003 年 3 月 1 日至 2007 年 7 月 31 日武威市 6 个站点的 20：00－20：00 UTC 降水量（R），实况取自武威市各地面观测站点的自动站记录。

（b）插值处理

由于 ECMWF 数值预报产品格距为 2.5°×2.5°经纬度，而武威市各县区的间距为 60～90 km，因此必须对格点资料进行插值处理，提高数值预报产品格点场的分辨率，以此来提高区域内站点预报精度。方法是对 x、y 方向分别进行线性插值，插值后格点资料为 1°×1°经纬度。插值公式为：

$$f(x) = f(x_0) + [f(x_1) - f(x_0)]d_x \tag{5.9}$$

$$f(y) = f(y_0) + [f(y_1) - f(y_0)]d_y \tag{5.10}$$

式中 $f(x)$、$f(y)$ 为格点场要素，d_x、d_y 为格距，先进行东西向（x 方向）线性内插，再进行南北向（y 方向）线性内插。因为，$x_1 - x_0 = 2.5°$、$y_1 - y_0 = 2.5°$，当 d_x、d_y 取 0.4 时，则 $x = x_0 + 1°$、$y = y_0 + 1°$；当 d_x、d_y 取 0.8 时，则 $x = x_0 + 2°$、$y = y_0 + 2°$，这样就将格距为 2.5°×2.5°经纬度插值到了 1°×1°经纬度的格距上。将关键区域 90°～110°E，35°～45°N 之间的格点资料进行 1°×1°经纬度插值处理，共计 11×21 个格点。

（c）预报因子中物理量的诊断计算

从影响降水的要素入手，利用插值后的位势高度、温度、相对湿度以及风速的 u、v

分量等基本格点资料,用差分法计算涡度、散度、露点、温度露点差、水汽压、比湿、24 h 变温、24 h 变高、水汽通量散度、温度平流、涡度平流、垂直螺旋度、湿度平流以及假相当位温等。其中差分中的 Δy 为经向差分,Δx 为纬向差分。对于 $1° \times 1°$ 经纬度的差分格距,$\Delta y \approx 111$ km,由于 Δx 是随纬度的变化而变化的,在赤道附近 $\Delta x \approx 111$ km,随着纬度的增高,Δx 的间距减小,具体计算公式为:

$$\Delta x = \frac{(\pi R \cos\varphi)}{180} \tag{5.11}$$

式中,R 为地球半径(6370 km),φ 为格点所在的纬度。

通过多种组合值构造多个具有经验性的预报组合因子(表 5.8),组合因子可以是不同层次、不同物理量的组合,也可以是多个关键区代数运算的结果。如上升运动项:$d_{iv58} = d_{iv500} - d_{iv850}$(中低层水平散度之差),$\omega_\xi$(垂直螺旋度);中低层水汽项:$r_h = r_{h850} + r_{h700}$(中低层平均相对湿度);水汽输送项:$m_{up} = r_h + d_{iv78} + q_{dfdiv8}$(水汽通量散度垂直输送);综合指数项:$\theta_{se850}$(低层假相当位温,反映对流性不稳定)等。用关键区内的基本格点资料、差分得到的物理量格点资料以及通过多种组合值构造出多个具有经验性的预选组合因子;构造的预报因子不但考虑了单个因子的贡献,还对格点进行组合,产生衍生因子,构造出 6485 个预报因子供预报方程进行初选,建立初选因子库。

表 5.8　预选预报因子

高度层	因子名称							
500 hPa	位势高度 h	涡度 v_{or}	散度 d_{tv}	风速东西分量 u	风速南北分量 v	24 h 变高 Δh	涡度平流 v_{oradv}	
700 hPa	相对湿度 r_h	涡度 v_{or}	散度 d_{tv}	风速东西分量 u	风速南北分量 v	涡度平流 v_{oradv}		
850 hPa	相对湿度 r_h	涡度 v_{or}	散度 d_{tv}	风速东西分量 u	风速南北分量 v	变温 Δt	露点 t_d	温度露点差 $t - t_d$
	水汽压 e	比湿 q	水汽通量散度 q_{fdiv}	温度平流 t_{adv}	涡度平流 v_{oradv}	湿度平流 q_{adv}	假相当位温 θ_{se}	
复合因子	垂直螺旋度 ω_ξ	低层平均相对湿度 r_{h78}	水汽垂直输送 m_{up}	中低层水平散度差 d_{tv58}				

(d)资料处理与方法

将降水资料分晴、雨二级,对预报因子和预报量进行 0、1 标准化处理,$R \geqslant 0.1$ mm 时,$y=1$;当无降水出现或 R 为微量降水时,$y=0$。其中 R 为日总降水量(20:00—20:00)。预报因子划分 0、1 化资料的分割线值用线性判别公式计算:

$$C_{d} = \frac{(x_1\delta_2 + x_2\delta_1)}{(\delta_1 + \delta_2)} \tag{5.12}$$

式中，x_1 和 δ_1 是预报量为 1 时所对应那一组预报因子资料的平均值和标准差；x_2 和 δ_2 是预报量为 0 时所对应那一组预报因子资料的平均值和标准差。

(e)降水分型

不同季节分型：由于本区域深居内陆，为典型的大陆型气候，冬季产生降水的天气形势主要为天气尺度系统；夏季产生降水的天气系统既可以是天气尺度系统，也可以是中小尺度天气系统，往往中小尺度强对流天气可造成较强降水。因此在建立降水预报方程时，考虑到不同季节影响的天气系统差别，将 5—10 月分为暖季(降水性质为雨)，11 月至次年 4 月分为冷季(降水性质为雪)，分别建立暖季降水方程和冷季降水方程。

不同天气类型分型：由于不同的环流形势产生降水的物理机制不同，需要对降水的环流形势进行分型。环流分型根据南北气流配置的方法，用到 2 个量：

$$\Delta H_1 = h_1 + h_2 - 2h_3$$
$$\Delta H_2 = h_4 + h_5 - 2h_6$$

式中，$h_1 = h_{500}(40°\text{N}, 97.5°\text{E})$，$h_2 = h_{500}(40°\text{N}, 100°\text{E})$，$h_3 = h_{500}(40°\text{N}, 102.5°\text{E})$，$h_4 = h_{500}(37.5°\text{N}, 95°\text{E})$，$h_5 = h_{500}(37.5°\text{N}, 97.5°\text{E})$，$h_6 = h_{500}(37.5°\text{N}, 100°\text{E})$ 为 500 hPa 位势高度，括号内为格点经纬度。

若 $\Delta H_1 > 0$，$\Delta H_2 > 0$ 则代表西北气流型，$\Delta H_1 < 0$，$\Delta H_2 < 0$ 则代表西南气流型，其余为不规则型。

将天气类型分为西北气流型、西南气流型、不规则型 3 种天气类型，分别建立预报方程。冷季降水个例较少，产生降水的天气形势单一，未区分天气类型。

(2)预报方程建立

(a)预报因子初选方案

在气象统计预报中，使用的因子往往先是从几千个因子中进行普查，然后以单相关系数较高的作为建立预测模型的候选因子。但由于单相关系数事实上反映了 x 和 y 之间用一个线性函数拟合的好坏，而不能完全反映预测的好坏。使用 $PRESS$ 准则既可以反映因子的拟合好坏，也可以衡量预测能力的好坏，用它可以选取预测能力较好的因子。

在进行降水预报因子的初选时，采用 $PRESS$ 准则，用 r_p 进行因子普查，初选因子的标准为：一是预报因子与预报对象的 $r_p \geqslant 0.2$；二是因子物理意义要清晰；三是同一因子场上至多选取 5 个因子。初选后的因子数控制在 80~100 个。

对因子普查后得到的 80~100 个初选预报因子，用逐步回归方法精选出 8~10 个最优预报因子，作为进行最优子集回归的候选因子。

(b)最优子集回归预报模型

　　挑选回归方程的一个最彻底的办法是将全部自变量按所有不同排列组合与因变量建立全部可能的回归方程,从所有可能的回归方程中确定一个效果最好的子集回归。它与逐步回归的区别在于所建立的模型是全局最优的,逐步回归中置信度很高的回归方程不一定是最优的方程,而最优方程经常是显著性方程。选取最优方程采用 CSC(双评分)准则,旨在使模型拟合精度更好,趋势更准。当 CSC 达最大时相应的回归模型为最优,用 CSC 达到最大为准则选取最优子集回归。

　　最优子集回归穷尽所有因子搭配,若有 p 个因子,会得到 2^p-1 个可能回归,从所有方程中优选出 CSC 评分最大的预报方程,当 CSC 评分接近时,挑选预报因子较少的那一个作为最终预报方程。为提高计算机运算速度,将逐步回归精选的因子确定为 8 ~10 个,代入最优子集回归进行优选,最终分别确定每个站点冷、暖季的 4 个降水分级预报方程,本区域 6 个站点共 24 个方程。以凉州区冷、暖季降水方程为例,表 5.9 列出最优子集回归预报方程。

表 5.9　降水预报方程和方程显著性检验参数

天气类型		入选方程因子	CSC（双评分）	复相关系数	F	复相关系数检验	F 检验
暖季	西北气流型	$y=-0.0143-0.2002x_1+0.1749x_2-0.2852x_3+0.3024x_4$	163	0.71	25.1	0.001	0.01
	西南气流型	$y=0.0335+0.0622x_1-0.1312x_2+0.0562x_3+0.1778x_4$	158	0.66	46.3	0.001	0.01
	不规则型	$y=0.0489+0.1905x_1+0.1907x_2-0.0614x_3$	142	0.62	17.5	0.001	0.01
冷季		$y=0.03513-0.2035x_1+0.1937x_2+0.0505x_3$	137	0.60	22.9	0.001	0.01

　　西北气流型:x_1 为 850 hPa 温度平流第 4~9 个格点值的代数和;x_2 为 850 hPa 水汽通量散度第 1~9 个格点值的代数和;x_3 为 700~850 hPa 平均相对湿度第 5~8 个格点值的代数和;x_4 为 850 hPa 相对湿度第 5~9 个格点值的代数和。

　　西南气流型:x_1 为 700 hPa 相对湿度第 3~6 个格点值的代数和;x_2 为 700~850 hPa平均相对湿度第 4~6 个格点值的代数和;x_3 为 850 hPa 相对湿度第 2~5 个格点值的代数和;x_4 为 500 hPa 散度~850 hPa 散度第 5~6 个格点值的代数和。

　　不规则型:x_1 为 850 hPa 相对湿度第 8~9 个格点值的代数和;x_2 为 700 hPa 相对湿度第 3~5 个格点值的代数和;x_3 为 700 hPa 相对湿度第 3~9 个格点值的代数和。

　　冷季:x_1 为 700 hPa 相对湿度第 6~8 个格点值的代数和;x_2 为 850 hPa 水汽通量散度第 6~9 个格点值的代数和;x_3 为 850 hPa 相对湿度第 1~4 个格点值的代数和。

由于区域内站点相近,造成降水的影响因素基本相同,归纳区域内 6 个站点暖季、冷季主要入选因子见表 5.10。

表 5.10　降水预报方程精选因子

天气类型		入选方程因子				
暖季	西北气流型	850 hPa 温度平流 t_{adv8}	850 hPa 变温 Δt_8	低层平均相对湿度 r_{h78}	850 hPa 水汽通量散度 q_{fdiv8}	500 hPa 变高 Δh_5
	西南气流型	中低层水平散度差 d_{lv58}	700 hPa 涡度平流 v_{oradv7}	850 hPa 相对湿度 r_{h8}	850 hPa 温露差 $t-t_{d8}$	低层平均相对湿度 r_{h78}
	不规则型	850 hPa 散度 d_{lv8}	850 hPa 相对湿度 r_{h8}	850 hPa 比湿 q_8	低层平均相对湿度 r_{h78}	850 hPa 水汽通量散度 q_{fdiv8}
冷季		850 hPa 温度平流 t_{adv8}	850 hPa 温露差 $t-t_{d8}$	低层平均相对湿度 r_{h78}	850 hPa 水汽通量散度 q_{fdiv8}	850 hPa 相对湿度 r_{h8}

以凉州区冷、暖季降水方程为例,表 5.10 列出各项检验参数。从中可以看出,各方程的复相关系数在 0.60 以上,复相关系数的显著性检验通过了 $\alpha=0.001$ 信度检验,方程的显著性检验通过了 $\alpha=0.01$ 信度检验,说明利用最优子集回归确定的预报方程效果是显著的。

对 6 个站点利用最优子集回归预报方程求得不同季节、不同天气类型的各个回归方程 $\hat{y}_i$,采用降水和晴雨拟合率同时最大的原则挑选临界值 $\hat{y}_c$ 作为分割值。若 $\hat{y}_i \geqslant \hat{y}_c$,则未来预报时段有降水,否则无降水。

(c)预报方程中预报因子的物理意义

由表 5.10 中列出的精选后的预报因子可以看出,暖季西北气流型方程中预报因子包含了高空冷锋强弱反映的温度平流、变温、变高项,低空水汽含量多少的 700 hPa、850 hPa 平均相对湿度项和低空水汽辐合辐散的水汽通量散度项;西南气流型方程中预报因子包含了反应垂直运动的高低空散度垂直变化项,反映水汽含量多少的 700 hPa、850 hPa 平均相对湿度和温度露点差项;不规则型方程中预报因子包含了反映低层水汽辐合辐散的散度、水汽通量散度项,反映水汽含量多少的 700 hPa、850 hPa 平均相对湿度和比湿项。冷季方程中预报因子包含了高空冷锋强弱反映的温度平流,反映低层水汽含量多少的 700 hPa、850 hPa 平均相对湿度和温度露点差项以及低空水汽辐合辐散的水汽通量散度项。这些入选的预报因子物理意义明确,在经验预报中它们也是预报降水的首选因子。

(3)降水概率预测

降水概率是指降水的可能性(用百分比表示)。降水概率越大出现降水的可能性越大;反之,降水概率越小出现降水的可能性越小,发布概率预报有利于公众的决策。如概率 0% 为不可能出现降水;概率 10%~20% 之间降水的可能性很小;降水概率预报 30%~50% 有机会出现降水;降水概率 60%~70% 降水的可能性比较大;降水概率大于等于 80% 时,降水可能性很大;降水概率 100% 时则肯定会出现降水。

(a)多因子概率权重叠加预报公式

使用最优子集回归方程作预报的同时也计算方程中每个因子落在 0 或 1 档时,预报量 y 为 0 或 1 的频率,再把各个因子 0、1 两档频率分别叠加。公式如下:

$$P(j)_0 = R_1 p_{10} + R_2 p_{20} + \cdots R_n p_{n0} \tag{5.13}$$

$$P(j)_1 = R_1 p_{11} + R_2 p_{21} + \cdots R_n p_{n1} \tag{5.14}$$

式中 p_{n0} 是第 n 个因子所在预报量 y 为 0 的频率;p_{n1} 是第 n 个因子所在档次预报量 y 为 1 的频率,$j = 1,2,3,\cdots$ 是预报量的级别,分别代表小、中、大雨,$n = 1,2,\cdots,n$ 是预报因子个数,R_n 为因子与预报量的相关系数。通过(5.13)、(5.14)式的计算得出降水量 y 各级别的权重概率值 $P(j)_0$、$P(j)_1$。

(b)计算降水概率

由式(5.13)、(5.14)计算出分级权重概率值 $P(j)_0$、$P(j)_1$,则预测降水概率由下式计算得到:

$$P'(j)_1 = P(j)_1 + P(j)_1 \frac{(\hat{y}(j)_i - \hat{y}(j)_c)}{\hat{y}(j)_c} \tag{5.15}$$

$$P'(j)_0 = 1 - P'(j)_1 \tag{5.16}$$

式中,i 为样本数,$i = 1,2,\cdots,m$。考虑回归方程的拟合率,则最后输出的降水概率(即预报可能有降水的把握性)POP 为:

若 $\hat{y}(j)_i \geqslant \hat{y}(j)_c$,定性预报有降水,预报效果 $(POP) = \dfrac{(P'(j)_1 + 方程拟合率)}{2}$。

若 $\hat{y}(j)_i < \hat{y}(j)_c$,定性预报无降水,预报效果 $(POP) = \dfrac{(P'(j)_1 - 方程拟合率)}{2}$。

(4)预报效果检验

(a)评定原则及结果

预报时效分为 24 h、48 h、72 h、96 h、120 h 5 个时段,降水量为 $R \geqslant 0.1$ mm。预报效果评分按照中国气象局下发的《中短期天气预报质量检验办法》进行评定,其准确率 TS 由下式计算:

$$TS = \frac{N_A}{N_A + N_B + N_C} \tag{5.17}$$

式中 N_A 为预报正确站(次数)、N_B 为空报站(次数),N_C 为漏报站(次数)。

(b)降水预报检验结果

建立的降水客观预报方程于 2007 年 8 月投入业务试用,按照降水预报准确率 TS 的评定标准,对 2007 年 8 月至 2008 年 1 月的应用情况分暖季和冷季进行了预报效果检验。2007 年 8—10 月使用暖季预报方程,2007 年 11 月至 2008 年 1 月使用冷季方程。预报效果检验中预报有降水,指预报回归方程中求出的预报值 $y_i \geqslant y_c$(临界值),反之为无降水,在预报效果评定中未考虑降水概率。分县区降水预报方程平均拟合率见图 5.7。

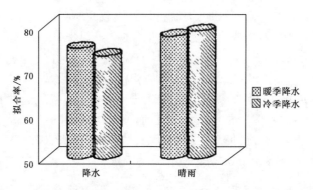

图 5.7　分县、区降水预报方程平均拟合率

从图 5.7 可以看出,使用最优子集回归建立的预报方程,暖季降水拟合率为 0.751,晴雨拟合率为 0.777,冷季降水拟合率为 0.733,晴雨拟合率为 0.788。由此可以看出,冷、暖季方程中降水和晴雨均达到较高的拟合效果。

表 5.11 给出了预报时效为 24～120 h 冷季和暖季降水预报准确率 TS,降水评定时降水量 $R \geqslant 0.1$ mm。当预报降水,实况 $R \geqslant 0.1$ mm 降水,评定正确;实况未出现降水,评定错误。未预报降水,实况 R 为 0.0 mm,降水不评;出现降水实况 $R \geqslant 0.1$ mm,评定错误。冷、暖季预报方程的降水 TS 平均:24 h、48 h、72 h、96 h、120 h 分别达 0.72、0.675、0.638、0.629、0.603;冷、暖季预报方程的晴雨 TS 平均(表略):24 h、48 h、72 h、96 h、120 h 分别达 0.862、0.831、0.819、0.796、0.754;24～120 h 降水 TS 平均为 0.653、晴雨 TS 平均为 0.813。由此看出,使用最优子集回归建立的降水预报方程的降水和晴雨 评分均达到较高的预报水平,预报方程对一般性降水和晴雨均有很好的预报效果。

表 5.11　各站 24～120 h 预报模型效果检验

冷/暖季	预报时段	凉州	民勤	古浪	永昌	乌鞘岭	天祝	平均
暖季	24	10/16	11/19	17/23	15/23	18/25	16/22	0.674
	48	9/15	8/18	16/20	12/22	16/23	15/20	0.639
	72	10/18	8/21	17/23	14/24	16/22	14/20	0.614
	96	10/19	8/19	16/22	13/22	15/21	15/23	0.605
	120	7/18	9/18	15/21	11/22	15/23	15/23	0.568

续表

冷/暖季	预报时段	凉州	民勤	古浪	永昌	乌鞘岭	天祝	平均
冷季	24	16/21	15/17	18/22	14/21	18/26	18/23	0.767
	48	17/24	14/21	17/22	16/22	16/24	16/22	0.711
	72	16/24	12/19	16/23	14/21	16/25	16/24	0.661
	96	15/23	14/21	16/23	15/22	15/26	14/22	0.652
	120	14/22	11/19	16/24	14/24	17/25	15/22	0.637

冷季预报方程的降水和晴雨 24～120 h 平均分别为 0.686、0.892,暖季预报方程的降水和晴雨 24～120 h 平均 TS 分别为 0.62、0.733,冷季预报方程的降水、晴雨 TS 评分均高于暖季。从预报时效上看(图 5.8),24 h 预报 TS 评分最高,随着预报时效增加,预报准确率有所下降,这与预报时效增加数值预报产品的精度下降有关。

通过业务检验,证明该降水预报模型效果较好,具有较大的参考价值,为业务预报提供了有效的地市级客观预报指导产品。

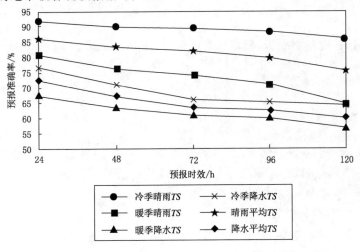

图 5.8　分县区降水预报方程 24～120 h 降水和晴雨预报准确率

5.3　卡尔曼滤波方法

1960 年,美国学者卡尔曼(R. E. Kalman)和布西(R. S. Bucy)突破和发展了经典滤波理论,在时域上提出了状态空间的方法,提出了一套便于在计算机上实现的递推滤波方法,称为 Kalman 滤波。这种方法适用于非平稳的滤波和多变量系统的滤波,它采用状态方程和观测方程组成的线性随机系统的状态空间模型来描述滤波器,并利用状态方程的递推性,按线性无偏最小均方差估计准则,采用递推算法对滤波器的状态变量做最佳估计,从而求得滤掉噪声的有用信号的最佳估计。而且它还考虑了被估计量和观测量的统计特性,克服了维纳(Wiener)滤波理论的局限性,因此,Kalman 滤波方法得到广泛的应用。1987 年开始,该方法应用到天气预报领域,主要用于制作连续预报量,如温度、风、湿度等要素的预报。它是继 MOS,PP 方法之后被认为是较好的数值产品释用方法,用该方法建立的统计模型能适应数值模式的变化。因此得到越来越多的气象工作者的重视及应用。

5.3.1　卡尔曼滤波的基本原理

卡尔曼滤波是一种统计估算方法。通过处理一系列带有误差的实际测量数据而得到所需要的物理参数的最佳估算值。因此,也可以用于处理带有误差的数值预报产品,得到预报值的最佳估算值,提高预报的精度。

将卡尔曼滤波方法用于天气预报时,可将通常的回归方程作为卡尔曼滤波中的量测方程:

$$Y_t = X_t\beta_t + e_t \tag{5.18}$$

式中,Y_t 是 n 维量测变量(预报量),$Y_t = [y_1, y_2, \cdots, y_n]^T$,$X_t$ 是预报因子矩阵:

$$X_t = \begin{bmatrix} x_{11} & x_{12} & \cdots & x_{1m} \\ x_{21} & x_{22} & \cdots & x_{2m} \\ \vdots & \vdots & \vdots & \vdots \\ x_{n1} & x_{n2} & \cdots & x_{nm} \end{bmatrix}_t \tag{5.19}$$

β_t 是回归系数,$\beta_t = [\beta_1, \beta_2, \cdots, \beta_m]_t^T$,$e_t$ 是量测噪声,是 n 维随机向量。将 β_t 作为卡尔曼滤波系统中的状态向量,可用状态方程来描写其变化:

$$\beta_t = \Phi_{t-1} + \varepsilon_{t-1} \tag{5.20}$$

式中,Φ_{t-1} 是转移矩阵,ε_{t-1} 为动态噪声,是 m 维随机误差向量,考虑到由季节等原因所引起的 β 变化是渐进的,且有随机性,作为对实际过程的一种近似,可假定 Φ_{t-1} 为单位矩阵。因此,状态方程简化为:

$$\beta_t = \beta_{t-1} + \varepsilon_{t-1} \tag{5.21}$$

上式表明,从 $t-1$ 时刻到 t 时刻的过程中,因受到动态噪声 ε_{t-1} 的影响,状态向量由 β_{t-1} 变化到 β_t。

动态噪声 ε_{t-1} 与量测噪声 e_t 都是随机向量。假定它们是互不相关的、均值为零、方差分别为 W、V 的白噪声,则应用广义最小二乘法,可以得到下面一组公式,构成了整个卡尔曼滤波系统:

$$\hat{Y}_t = X_t\hat{\beta}_{t-1} \tag{5.22}$$

$$R_t = C_{t-1} + W \tag{5.23}$$

$$\sigma_t = X_t R_t X_t^{\mathrm{T}} + V \tag{5.24}$$

$$A_t = R_t X_t^{\mathrm{T}} \sigma_t^{-1} \tag{5.25}$$

$$\hat{\beta}_t = \hat{\beta}_{t-1} + A_t(Y_t - \hat{Y}_t) \tag{5.26}$$

$$C_t = R_t - A_t \sigma_t A_t^{\mathrm{T}} \tag{5.27}$$

其中,式(5.22)是预报方程,$\hat{Y}_t$ 为预报值,X_t 为预报因子,$\hat{\beta}_{t-1}$ 为回归系数估算值;式(5.23)中的 R_t 为外推值 $\hat{\beta}_t$ 的误差方差阵,C_{t-1} 为滤波值 $\hat{\beta}_{t-1}$ 的误差方差阵,W 是动态噪声的方差阵,R_t、C_{t-1} 和 W 皆是 m 行 m 列的方阵;式(5.24)中的 σ_t 是预报误差方差阵,X_t^{T} 为预报因子 X_t 的转置矩阵,V 是量测噪声的方差阵,σ_t 和 V 皆是 n 行 n 列的方阵;式(5.25)中的 A_t 是增益矩阵(m 行 n 列),σ_t^{-1} 是 σ_t 的逆矩阵;式(5.26)为系数 $\hat{\beta}_t$ 的订正方程,Y_t 是预报量的实测值;式(5.27)为计算 C_t 的方程。

上述卡尔曼滤波系统中的量测方程就是通常的预报方程,状态向量就是预报方程中的系数。与一般回归方程不同的是其系数是随时间变化的,不需太多的历史样本,就可求得回归方程系数的估算值,以后,每增加一次新的量测 X_t、Y_t 时,只需利用已算出的前一次滤波值 $\hat{\beta}_{t-1}$ 和滤波误差方差阵 C_{t-1},就可应用上述递推系统推算出新的方程系数的最佳估值,以此适应数值模式的变更或数值产品误差的变化。

5.3.2　递推系统的参数计算

(1)递推系统参数初值 $\hat{\beta}_0$ 和 C_0 的确定

要实现递推过程,必须首先确定初值 $\hat{\beta}_0$ 和 C_0。有对比试验证明:递推系统无论从什么初值出发,经一定时间迭代后均趋于系统的回归值。也就是说,初值对系数 β_t 真值的确定并不敏感,故可使用人工经验方法确定初值。这里介绍的是一种较为客观易行的方法。

(a)$\hat{\beta}_0$ 的确定

用近期样本资料,按通常计算回归系数的办法求得。为克服用小样本所得回归系数统计特性差的问题,一般应使用最近获得的新资料对系数不断地进行更新。

(b)C_0 的确定

C_0 是 $\hat{\beta}_0$ 的误差方差阵,由于 $\hat{\beta}_0$ 是从样本资料精确计算得到的,可以假定它与理论值相等,即认为回归系数的初值为系统真值,则其误差方差为零。所以 C_0 是 m 阶的零方阵,即:$C_0 = [0]_{m \times m}$

(2)递推系统参数 W 和 V 的计算

(a)W 的计算

W 是动态噪音 ε_t 的方差阵,根据白噪声的假定,W 的非对角线元素均为零:

$$W = \begin{bmatrix} w_1 & \cdots & \cdots & 0 \\ 0 & w_2 & \cdots & 0 \\ \vdots & \vdots & \vdots & \vdots \\ 0 & 0 & \cdots & w_m \end{bmatrix} \tag{5.28}$$

由于 ε 的期望值为零,所以

$$w_j = E\varepsilon_j^2, j = 1, 2, \cdots, m \tag{5.29}$$

因此,有

$$w_j \approx \frac{\sum\limits_{t=1}^{T} (\varepsilon_j)_{t-1}^2}{T}, j = 1, 2, \cdots, m \tag{5.30}$$

由(5.21)式有:

$$\varepsilon_{t-1} = \beta_t - \beta_{t-1}$$

则:

$$\sum_{t=1}^{T} \varepsilon_{t-1} = \sum_{t=1}^{T} (\beta_t - \beta_{t-1}) = \beta_T - \beta_0 \tag{5.31}$$

对 ε 的每个分量 ε_j,均有:

$$\sum_{t=1}^{T} (\varepsilon_j)_{t-1} = (\beta_j)_T - (\beta_j)_0 \tag{5.32}$$

$$[(\beta_j)_T - (\beta_j)_0]^2 = \left[\sum_{t=1}^{T} (\varepsilon_j)_{t-1} \right]^2 = \sum_{t=1}^{T} (\varepsilon_j)_{t-1}^2 + 2 \sum_{1 \leqslant t < \tau \leqslant 1} (\varepsilon_j)_{t-1} (\varepsilon_j)_{\tau-1} \tag{5.33}$$

上式右端第一项是平方和,必为正数,第二项是各交叉项之和,由于 ε 的均值为零,故第二项远小于第一项,因此有:

$$[(\beta_j)_T - (\beta_j)_0]^2 \approx \sum_{t=1}^{T} (\varepsilon_j)_{t-1}^2 \tag{5.34}$$

将式(5.34)代入式(5.30),则得到:

$$w_j \approx \frac{[(\beta_j)_T - (\beta_j)_0]^2}{T}, j = 1, 2, \cdots, m \tag{5.35}$$

从上式可见,W 值可用 β 的变化来估算,故有:

$$W \approx \begin{bmatrix} (\Delta\beta_1)^2/\Delta T & 0 & \cdots & 0 \\ 0 & (\Delta\beta_2)^2/\Delta T & \cdots & 0 \\ \vdots & \vdots & \vdots & \vdots \\ 0 & 0 & \cdots & (\Delta\beta_m)^2/\Delta T \end{bmatrix} \tag{5.36}$$

例如,用某年 4 月份(30 d)的资料为样本,用一般回归方法建立某地某预报对象的回归方程,其回归系数即为 $\hat{\beta}_0$,若:

$$\beta_0 = \begin{bmatrix} 0.6 & 0.3 & -0.4 \end{bmatrix}^{\mathrm{T}}$$

再用同年 5 月份的资料为样本,可得到另一回归方程的系数 β_T,若

$$\beta_T = \begin{bmatrix} 0.5 & 0.5 & -0.3 \end{bmatrix}^T$$

因两月间相差 30 d,即 $\Delta T = 30$,故由(4.46)式可得

$$W \approx \begin{bmatrix} (-0.1)^2/30 & 0 & 0 \\ 0 & (0.2)^2/30 & 0 \\ 0 & 0 & (0.1)^2/30 \end{bmatrix}$$

$$= \begin{bmatrix} 0.0003 & 0 & 0 \\ 0 & 0.0013 & 0 \\ 0 & 0 & 0.0003 \end{bmatrix}$$

(b)V 的计算

V 是 e_t 的方差阵,根据白噪声假定,V 的非对角线元素皆为零:

$$V = \begin{bmatrix} v_1 & 0 & \cdots & 0 \\ 0 & v_2 & \cdots & 0 \\ \vdots & \vdots & \vdots & \vdots \\ 0 & 0 & \cdots & v_n \end{bmatrix} \tag{5.37}$$

对预报对象 Y 的 n 个分量$(y_1,y_2,\cdots,y_n)$建立回归方程后,可以求出 n 个残差$(q_1,q_2,\cdots,q_n)$,而 $q_1/(k-m-1)$、$q_2/(k-m-1)$、$\cdots$、$q_n/(k-m-1)$就分别是 v_1、v_2、$\cdots$、v_n 的无偏估计值,其中 k 是样本容量,m 是因子个数。因此有:

$$V = \begin{bmatrix} \dfrac{q_1}{k-m-1} & 0 & \cdots & 0 \\ 0 & \dfrac{q_2}{k-m-1} & \cdots & 0 \\ \vdots & \vdots & \vdots & \vdots \\ 0 & 0 & \cdots & \dfrac{q_n}{k-m-1} \end{bmatrix} \tag{5.38}$$

(c)递推过程中参数的计算

$\hat{\beta}_0$、C_0、W、V 确定后,就可用(5.22)-(5.27)式进行递推计算,其中由式(5.26)可知,系数 $\hat{\beta}_t$ 的更新是在已知前一时刻$(t-1)$的系数$(\hat{\beta}_{t-1})$的基础上,加上订正项 $A_t(Y_t - \hat{Y}_t)$,因此获取该订正项是递推的主要过程。其中 A_t 项是通过计算式(5.23)得到 R_t 及式(5.24)得到 σ_t,再引入预报因子值 x_t 由式(5.25)算得,而预报误差 $(Y_t - \hat{Y}_t)$ 项的计算很简单,用预报方程(5.22)得出预报值之后,计算与该预报量观测值之差即得。式(5.23)中的 C_{t-1} 在递推过程中也是需更新的参数,可由式(5.27)算出。系数订正项 $A_t(Y_t - \hat{Y}_t)$ 综合反映了 X_t、C_{t-1}、W、V 及预报误差等因素对系数变化的作用。其中,预报误差对方程系数更新的影响更为重要,一般预报方程如 MOS 方程或 PP 方程在制

作预报的过程中,无法将预报误差反馈到预报方程,及时修正预报方程来提高预报精度,卡尔曼递推系统却有这种功能,这正是该方法有广泛应用前景的原因之一。

总之,参数递推的过程是每增加一次新的量测 X_t 和 Y_t 时,利用 W 和 V 前一时刻的系数 $\hat{\beta}_{t-1}$ 及其误差 C_{t-1} 推算下一时刻的 $\hat{\beta}_t$ 及 C_t,同时用(5.22)式作出要素预报,如此反复循环进行。

5.3.3　卡尔曼滤波系统的主要工作流程

卡尔曼滤波系统用于天气预报业务时,因计算量较大,故通常需在计算机上建立自动化业务流程。一般流程主要由以下 3 部分组成:

①建立基本数据文件,包括数值产品格点值和站点天气要素观测值(预报量的实测数据)。其中作为历史样本资料的基本数据,应该是最近期的,资料长度 2 个月左右即可;而实时基本数据可由气象通信系统实时得到。

②建立由递推系统本身生成的数据文件,包括预报量的预报值文件、预报方程系数文件及预报方程系数误差的方差文件。这些文件的内容随着递推过程而不断更新,唯有随机误差的方差(W、V)在递推起始时被确定之后就不再改变。

③递推计算。有了实时基本数据,就可依次计算递推系统中的各个参数,作为下一个时刻 $t+\Delta t$(Δt 为预报时效)运行递推系统的输入信息。即在 t 时制作 $t+\Delta t$ 时刻的预报,要获取数值预报产品、前一时刻即 $t-\Delta t$ 的预报方程系数 $\hat{\beta}_{t-\Delta t}$ 及其误差方差 $C_{t-\Delta t}$ 等最新信息,对 $\hat{\beta}_{t-\Delta t}$ 作出订正而得到 t 时刻的 $\hat{\beta}_t$,而后作出 $t+\Delta t$ 时刻的预报。

5.3.4　应用举例

Kilpinen(1992)对芬兰 Jokioinen 站地面气温的预报用卡尔曼滤波与 MOS 方法作了对比试验。他用一个北大西洋和西欧地区的细网格模式产生的 24 h 预报物理量为预报因子,建立的 MOS 预报方程为:

$$y = b_0 + b_1 x_1 + b_2 x_2 + b_3 x_3$$

式中 x_1 为该地附近网格点 24 h 模式预报的地面温度值;x_2 为 925 与 700 hPa 之间的最大相对湿度;x_3 为 925 hPa 的温度。对 1991 年冬季至 1992 年初的 55 d 进行试验。结果发现,MOS 预报的均方误差为 2.0 ℃,而滤波订正后的误差为 1.3 ℃,改进的效果显然是明显的。

陕西省宝鸡市气象局陈卫东等(2003)基于 1997—2001 年 HALFS 的客观分析格点资料,用卡尔曼滤波方法建立了宝鸡市分县气温预报方程。2003 年汛期使用逐日 T213 数值预报产品,制作宝鸡气温分县预报,下面介绍其具体做法。

(1)建立气温预报候选因子库

HALFS 提供的物理量客观分析资料范围为 25°~45°N,90°~115°E,分辨率为 1°×

1°,包括各个层次的物理量:风速、比湿、相对湿度、垂直速度、相对涡度、散度、水汽通量、水汽通量散度、温度露点差、假相当位温及潜在性对流不稳定指数。依据天气学理论,在预报员经验的基础上,有针对性地选择与气温变化联系紧密的物理量,建立气温预报因子候选库。

(2)挑选本地气温预报因子

通过计算各气温预报候选因子与宝鸡市各县(区)气温相关系数大小来获得预报因子。为更细致地研究预报因子与气温间的关系,分月进行处理。以宝鸡市 24 h 最高气温的预报为例,通过 1997 年到 2005 年 5~10 月(各月共 150 个样本),每个样本中包括 233 个候选因子和最高气温,求得 233 个相关系数,与最高气温相关最大的前几个因子和对应相关系数见表 5.12 和表 5.13。与 5 月日最高气温相关性好的前 4 个因子分别为(33°N,107°E)点 850 hPa 高度上的风速 v、(34°N,105°E)点 700 hPa 高上的 $T-T_d$、(35°N,105°E)点 700 hPa 高上的 $T-T_d$、(35°N,107°E)点 700 hPa 高上的 $T-T_d$、500 hPa 与 700 hPa 高度上的假相当位温之差。6~10 月情况类似,上面 4 个因子与最高气温的相关系数都在 0.68 以上。因(34°N,105°E)点 700 hPa 上的 $T-T_d$、(35°N,105°E)点 700 hPa 上的 $T-T_d$ 类似,只保留一个因子。考虑到 24 h 内气温变化的连续性,将前一天的实时平均气温也作为日最高气温预报的 1 个因子,代替去掉的因子。

表 5.12　气温预报因子(注:$\Delta\theta_{se700}$ 为 700 hPa 不同格点差值)

月份	因子 1	因子 2	因子 3	因子 4
5	v_{850}	$T-T_{d700}$	$T-T_{d700}$	$\theta_{se(500-700)}$
6	$T-T_{d700}$	$T-T_{d700}$	v_{850}	$\Delta\theta_{se700}$
7	v_{850}	$T-T_{d700}$	$T-T_{d700}$	$\theta_{se(500-700)}$
8	v_{850}	$T-T_{d700}$	$T-T_{d700}$	$\theta_{se(500-700)}$
9	$T-T_{d700}$	$T-T_{d700}$	v_{850}	$\theta_{se(500-700)}$
10	v_{850}	$T-T_{d700}$	$T-T_{d700}$	$\theta_{se(500-700)}$

表 5.13　各因子对应的相关系数

月份	因子 1	因子 2	因子 3	因子 4
5	0.752	0.74	0.738	0.715
6	0.746	0.723	0.71	0.702
7	0.751	0.74	0.718	0.682
8	0.738	0.718	0.705	0.689
9	0.756	0.756	0.698	0.689
10	0.752	0.735	0.715	0.705

(3)卡尔曼滤波递推方程组中参数的确定

卡尔曼滤波需要确定出 4 个递推参数。以 2000 年资料为例,在 24 h 最高气温预报时选择 4 个因子(x_1、x_2、x_3、x_4)。含义分别为:前一天平均气温、(33°N,107°E)点 850 hPa 高度上的风速 v、(34°N,105°E)点 700 hPa 高上的 $T-T_d$、500 hPa 与 700 hPa 高度上的假相当位温之差。然后由 5 月这 4 个因子和最高气温资料使用回归方法,得到 24 h 最高气温预报回归方程的系数为:

$$\beta_0=[0.5124,0.154,0.43,-0.095]^\mathrm{T}$$

同理,6 月回归方程系数 $\beta_T=[0.5124,0.154,0.43,-0.095]^\mathrm{T}$。$\beta_0$ 是从样本资料精确计算得到的,可认为精确,假定它与理论值相等。所以 C_0 是四阶零方阵。即 $C_0=[0]_{(4\times4)}$。

W 的估算按公式(4.46)计算。公式中 $\Delta\beta_1$、$\Delta\beta_2$、$\Delta\beta_3$、$\Delta\beta_4$ 分别为上述 β_0、β_T 之差对应的 4 个分量。最后计算得到矩阵 W 对角线上的元素值为(0.004,0.016,2.2E−7,2.2E−4)。

由于预报对象只有一个(24 h 最高气温),所以滤波参数 V 是 1×1 阶矩阵,其数值为:$V=\dfrac{q_1}{k-m-1}=8.6$

(4)预报效果分析

从历史资料回报(图 5.9)和实际业务预报(图 5.10)的情况可以看出。卡尔曼滤波方法能够反映出实况气温的变化趋势;模式本身存在滞后效应,实况气温发生突变时,预报结果的滞后偏差明显。由图 5.10 看出,随着预报时效由 24 h 延长到 48 h 预报误差增大。宝鸡市区 24 h 与 48 h 气温预报结果的平均绝对误差分别为 2.3 ℃和 3.0 ℃。

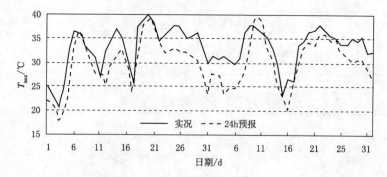

图 5.9　1997 年 7—8 月宝鸡市逐日最高气温实况及预报结果

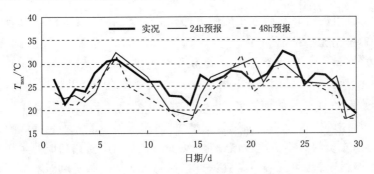

图 5.10　2003 年 8 月宝鸡市逐日最高气温实况及预报结果

5.4　相似预报方法

在数值预报产品的天气学释用方法中,曾介绍过相似形势法的应用。但那种方法是定性的、粗略的,即只根据预报的形势场到历史资料中找相似,把找到的相似个例或模型所对应出现的天气笼统地作为预报的结论。

实际情况并非那么简单。比如我们在历史天气图中找到 2 个个例,都跟数值预报第二天的形势比较相似。其中一例地面形势更相似些,而另一例则 500 hPa 形势更相似。但两例中一例有雾无雨,而另一例则无雾有雨。这样,就很难作出第 2 天有无雾、雨的预报了。下面介绍的几种相似预报方法则可较好地解决这一问题。

5.4.1　动态相似统计

5.4.1.1　基本思路

利用数值预报产品作动态相似统计预报的基本思路是:根据获得的数值预报产品,用形势预报格点值(通常用 500 hPa 高度场,或同时用地面气压场,来反映大尺度形势背景),到数值预报产品历史资料库中找相似个例(用相似离度 C 等相似准则来衡量两样本间的相似程度),并根据历史样本数的多少,按一定比例选出 N 个相对"最"相似的个例。对于离散型(如 0、1 化的)预报对象:若该 N 个历史个例对应的预报对象均一致,或一致率大于给定值(如 90%),则直接作出与相似历史样本一致的预报;否则,用这 N 个历史样本建立回归方程(候选因子从有关数值预报产品中产生),最后代入实时获得的数值产品预报值,就得到了预报结果。对于连续型预报对象(如最高、最低气温,降水量等),当这 N 个个例的 C 值相差不大(说明相似程度相当),则把这 N 个相似样本对应的预报量实测值的平均值作为预报对象的初估值;否则,当这些个例的 C 值差别明显时,则取最相似(C 值最小)个例对应的预报量实测值作为预报对象的初估值。最后,用这 N 个相似个例和有了预报对象初估值的当前样本一起构成回归统计样本,取有关数值产品为候选因子,用逐步回归方法建立动态的回归方程,代入当前获得的数值产品预报值,得出预报结论。

这里所说的"动态",有三个含义:一是相似个例的选取是动态的,它们根据当前资料而定,一般逐日而异;二是用于挑选相似个例和组建预报方程的历史样本资料是动态的,如可取预报起始日对应的前后各 30 d 同期若干年的资料作为历史样本资料;三是建立回归方程所用的因子及建成的方程是动态的,用于预报的方程是随用随建。

如果上述历史资料库不是由数值预报产品构成,而是用模式制作的客观分析资料,那么,动态相似统计方法仍然适用。只不过找到的相似个例是实况而不是预报,用于建立回归方程的因子也是实测值而非预报值。所以,在此情况下,实际上引用了 PP 法的思想,因而其优缺点也部分地与 PP 法类同。

5.4.1.2　相似准则

制作相似预报,除了要有好的方法和因子外,还要有适应的相似度量,即相似准则。衡量两个或两类事物属性的相似程度有许多方法,其中相似系数法、各种距离法(如海明距离、欧氏距离)等都为广大气象工作者所熟知,它们在一定条件下适用,都有局限性。如相似系数可反映环流型之间的位相差异(即槽脊位置的不同),而对同位相波动的强度(振幅)难以区分;各种距离法可很好地反映两样本间在数值上的差异程度(值相似),对描述系统的强度很有效,但却不能很好地反映系统形态的相似与否。以下介绍一种具有所谓形态和强度判断能力的相似度量—相似离度。

C_{ij} 表示两样本 i 与 j 之间的相似离度,其表达式为:

$$C_{ij} = (\alpha R_{ij} + \beta D_{ij})/(\alpha + \beta) \tag{5.39}$$

式中,

$$R_{ij} = \frac{1}{m} \sum_{k=1}^{m} | H_{ij}(k) - E_{ij} |$$

$$D_{ij} = \frac{1}{m} \sum_{k=1}^{m} | H_{ij}(k) |$$

$$H_{ij}(k) = H_i(k) - H_j(k)$$

$$E_{ij} = \frac{1}{m} \sum_{k=1}^{m} H_{ij}(k)$$

式中,R_{ij} 描述的是形态(形)相似,D_{ij} 则主要反映强度(值)相似,α、β 分别为它们对总相似程度的贡献系数,m 为所计算的相似场的格点数(或测站数)。

一般来说,不同的气象要素(物理量)场,其分布形态和数值大小对产生的天气有不同的影响。如对高度场来说,槽脊的地理位置(形态)一般比其强度(数值)有更明显的影响,前者常决定某天气能否出现,后者则主要影响天气的强度;而对湿度场来说,干湿的分布形态固然重要,湿度大小具体数值的作用显然不次于前者。因此,对不同的要素

(物理量)场应取不同的 α、β 值。如对高度场可取 $\alpha=2$、$\beta=1$,对湿度场则可取 $\alpha=\beta$ 等。

5.4.1.3　应用举例

任文斌等(2014)利用 2010 年 1—12 月的 T639 数值预报产品作为预报形势场,以 1980—2009 年共 30 年的 NCEP 资料作为历史样本场。利用动态相似统计方法,对 T639 的预报产品,从 30 年的历史样本场中找相似个例。选取因子,采用多元回归法,对 T639 的预报产品进行订正方案设计。用 2011 年 1—6 月的 T639 预报产品对方案的订正效果进行检验。对比分析发现,方案对东北半球 3 d 以上的高度场和 4 d 以上的温度场订正效果明显,高度场的订正效果优于温度场。

研究中取 T639 产品的 500 hPa 高度场和 850 hPa 温度场为预报形势场,取 T639 产品对应前后各 15 d 同期 30 年的 NCEP 资料作为历史样本场。在进行动态相似挑选过程中,对于高度场形势相似大于要素相似,而对于温度场要素相似和形势相似对总体的相似性贡献一样。具体做法为:

(1)用动态相似法选取相似个例

用 2010 年 1—12 月共 365 d 的 T639 产品,从第 1 天(2010 年 1 月 1 日)开始逐日在同期 30 年的 NCEP 样本场中找前后各 15 d 范围内的最相似个例,直到最后一天(2010 年 12 月 31 日)结束。选取 5 个最相似个例,相似个例选取通过计算相似离度的方法求得。

(2)确定 5 个最相似个例的权重系数

对于已选取的 5 个最相似个例,采用算术平均、距离的倒数作为权重加权平均、相似离度的倒数作为权重加权平均 3 种方式进行组合。根据所设计的 3 种组合形式构造因子 H_i。分别计算 T639 预报值(y_y)与组合因子(H_i)的相关系数(R_{Hy}):

$$R_{Hy} = \frac{\sum_i (H_i - \overline{H}_i)(y_y - \overline{y}_y)}{\sqrt{\sum (H_i - \overline{H}_i)^2}\sqrt{\sum (y_i - \overline{y}_i)^2}}$$

通过统计比较各时次 3 种组合相关系数的平均值和标准差,发现以相似离度倒数为权重的组合相关系数较大且稳定,因此采用相似离度的倒数为权重组合构造回归方程因子。

(3)建立二元回归订正方程

将 T639 的预报值构造为因子 1(x_1),从 NCEP 历史场中找出的最相似个例的组合构造为因子 2(x_2),将 T639 实况分析场构造为预报量(y),建立回归方程组(一般形式的标准方程,略)。每个格点上均有一组回归方程。对于计算出的所有格点上的回归方程是否可用,需进行显著性 F 检验。对于个别通不过显著性检验的格点,使用过程中进行剔除。分析高度场发现,我国西南地区各时次 F 分布始终存在一个小值区,温度场上同样存在,说明计算中可能存在某种系统误差,不过均通过显著性检验。温度场显著性检验 F 值相对高度场来说较小。

（4）用上述方案进行预报订正

用 2011 年 1—6 月的 T639 预报产品再在 30 年的 NCEP 资料中逐日找出对应格点上的最相似历史个例，分别构造因子 x_1（T639 预报输出产品）和 x_2（NCEP 相似个例），代入对应网格点上的回归方程中进行订正计算，各网格上的方程组输出的回归值即为用动态相似法订正后的 T639 数值预报产品的修正值。

（5）订正效果统计检验

对于 T639 中期数值模式的输出产品和该产品经订正后的修正产品，进行统计检验，结果见表 5.14。分析表明：T639 中期数值模式输出产品的平均误差在订正前随预报时效的延长而增加的幅度较大，说明系统误差增加较快。订正后高度场和温度场的平均误差均有明显下降，随着预报时效的延长，误差增加幅度较小且稳定，说明该相似统计法能有效地消除系统误差。从均方根误差的统计来看，高度场 72 h 以内订正后的均方根误差均大于订正前的均方根误差，而 96 h 开始订正后均方根误差逐渐小于订正前，表明动态相似统计法对高度场的订正效果从 96 h 开始显现；温度场 96 h 内订正效果均不明显，从 120 h 起订正后均方根误差开始小于订正前均方根误差。总体来看，该方案对于 T639 数值预报产品 3 d 以上的形势预报（槽脊形势）订正效果较好，而对于要素预报的订正效果要到 4 d 以上才能体现出来。距平相关系数计算过程中，气候平均值用 NCEP 资料计算，总体的趋势与均方差的分布相似。对比订正前后高度场和温度场各时次的距平相关系数发现，中短期数值预报形势场的订正效果优于要素场的订正。

表 5.14　订正方案各时次订正前后统计参数

| | | 时间/h | | | | | | | | | |
		24	48	72	96	120	144	168	192	216	240
温度场	均方根误差（前）	1.08	1.45	1.83	2.15	2.46	3.05	3.2	3.5	3.7	4.1
	均方根误差（后）	1.57	2.05	2.33	2.4	2.45	2.79	3.01	3.21	3.41	3.62
	距平相关系数（前）	0.972	0.928	0.92	0.87	0.82	0.76	0.67	0.61	0.55	0.52
	距平相关系数（后）	0.953	0.92	0.91	0.86	0.84	0.81	0.75	0.69	0.61	0.55
高度场	均方根误差（前）	9.69	16.51	28.95	36.33	47.34	58.66	65.8	78.4	81.6	83.9
	均方根误差（后）	12.12	18.75	29.60	36.15	45.2	53.6	62.1	71.8	79.3	80.2
	距平相关系数（前）	0.997	0.96	0.935	0.82	0.79	0.75	0.63	0.57	0.38	0.26
	距平相关系数（后）	0.993	0.94	0.92	0.825	0.80	0.79	0.721	0.66	0.50	0.41

注：温度单位为℃，高度单位为 gpm

各统计参数表明上述订正方案取得了预期的效果，由于该方案是从历史资料统计角度对 T639 模式输出产品进行误差订正探讨，在设计方案中预期 T639 模式产品应该对回归估计贡献最大,而 NCEP 的历史个例则为补充修正。分析高度场(图 5.11)发现订正后的均方根误差随着预报时效延长逐渐接近订正前的均方根误差,96 h 开始差值转负且差值量相当,到 192 h 差值的绝对值达最大。

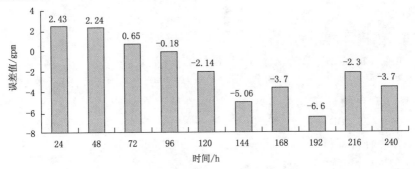

图 5.11　高度场订正后均方根误差与订正前均方根误差差值

5.4.2　逐步过滤相似

5.4.2.1　基本思路

基于相似理论的逐步相似过滤方法,是通过定量计算两个或多个天气过程中各种要素(物理量)场的相似程度,逐步引入要素(物理量)场进行相似过滤,最终得到若干相似个例,以这些相似个例所对应的历史实况作为制作天气预报的依据。该方法能够利用数值预报产品提供的大气环流演变趋势,考虑天气发展过程的三维结构特征,且兼顾大气本身的线性和非线性变化规律,具有思路明确,直观性强的特点。

5.4.2.2　应用示例

以安徽省气象台陈焱等研制的"利用 ECMWF 数值产品作 24~72 h 暴雨预报的动力相似方法"为例,说明逐步过滤相似方法的业务应用。

(1)资料及其预处理

(a)历史样本资料及其预处理

历史样本资料。这里以 1988—1991 年 5—7 月 08,20 时 20°N~45°N,105°E~125°E 范围内 52 个探空站的实况(报文资料),以及相应时间内安徽省 40 个站的逐日雨量,作为历史样本资料。样本长度为 368。

预处理。把各测站的地面和 850、700、500、200 hPa 各层的气压(高度)及 T、$T-T_d$、U、V 插值到 106°E~122°E、24°N~40°N 范围内 17×17(格距为 1°×1°)的网格点上。

插值的方法用距离加权平均法。如某格点一定半径内周围有 n 个测站(一般为 3~5 个,这里以 $n=3$ 为例),到该格点的距离分别为 r_1、r_2 和 r_3,各测站上某要素值分别

为 x_1、x_2 和 x_3,则该格点上该要素的插出值为:

$$X = \frac{\dfrac{x_1}{r_1^2} + \dfrac{x_2}{r_2^2} + \dfrac{x_3}{r_3^2}}{\dfrac{1}{r_1^2} + \dfrac{1}{r_2^2} + \dfrac{1}{r_3^2}}$$

(b)当前样本资料及其预处理

当前样本资料取 ECMWF 24~72 h 预报的格点报。除 200 hPa 风场为 5°×5°网格外,其余资料均为 2.5°×2.5°网格。内容包括地面气压 P,500 hPa 高度场 H,850 hPa 温度场 T 和风的 U、V 分量以及 200 hPa 的 U、V 分量。

对接收到的报文进行检误、"翻译"等预处理后,还要把它们内插到 1°×1°的网格上,以便与历史样本资料一一对应。

(2)逐步相似过滤的主要步骤

(a)选取相似因子场

经分析确定,选用了以下 10 个场因子作为选相似个例的相似因子场:500 hPa 位势高度 H,地面气压 P,200 hPa 散度 Div、涡度 $Vort$,850 hPa 的 Div、$Vort$ 和风的 u、v 分量及其纬向切变 $\dfrac{\partial u}{\partial y}$、$\dfrac{\partial v}{\partial y}$。

其中 Div、$Vort$、$\dfrac{\partial u}{\partial y}$ 和 $\dfrac{\partial v}{\partial y}$ 由原始数据经计算得出。

(b)资料的标准化处理

历史样本资料和当前样本资料在进入相似计算前一般要作标准化处理,以便对不同要素(物理量)场的相似性作统一衡量。

记 x_t 为原值,x_t' 为标准化后的值,则有:

$$x_t' = \frac{(x_t - \bar{x})}{S}$$

式中,$S = \left[\dfrac{1}{n-1}\sum_{t=1}^{n}(x_t - \bar{x})^2\right]^{\frac{1}{2}}$ 为样本标准差,n 为总样本数,$\bar{x}$ 为总样本平均值。

(c)计算相似距离

用预报日各项 ECMWF 的预报产品(包括上述各再加工产品)作为当前样本,与 368 个历史样本的对应资料分别求相似。相似程度以各网格点绝对距离之和 $d = \sum_{i=1}^{n}\sum_{j=1}^{n}|x_{ij}' - x_{ij}|$ 来描述。根据各历史样本与当前样本 d 值的大小进行排序,d 值越小越相似。

(d)相似过滤

首先,由 500 hPa H 计算相似,并从 368 个样本中初选出 30 个相对最相似的个例(反映大尺度形势相似);再从这 30 个个例中用 850 hPa 的 Div、$Vort$ 进行二次过滤,选出 15 个相似个例(反映动力条件相似);最后比较这 15 个个例的地面气压场的相似程度,选得 5 个最佳相似个例。

第二,在初选出上述 30 个形势相似个例后,再由 $Div_{850-200}$ 和 $Vort_{850-200}$ 进行二次过滤,从中选出 15 个个例;最后计算这 15 个个例 850 hPa 的 $\frac{\partial u}{\partial y}$ (反映锋区情况)相似情况,选出 5 个最佳相似个例。

第三,先由 $Div_{850-200}$ 和 $Vort_{850-200}$ 初选出 30 个相似个例;再用 850 hPa 的 u、v 作二次过滤,从中选出 15 个风场比较相似的个例;最后比较这 15 个个例 850 hPa 的 $\frac{\partial u}{\partial y}$、$\frac{\partial v}{\partial y}$,选出 5 个最佳相似个例。

经上述三种相似过滤后,获得 15 个最佳相似个例。

(3)预报结果的输出

对上述获得的 15 个最佳相似个例,读出安徽省 40 个测站对应日期的雨量,并作如下处理:

(a)规定:某预报站及与其距离最近的 3 个站中,只要有一站有雨,就计该预报站有雨。

(b)雨量 R(mm):按 $0 < R < 10$(一级)、$10 \leqslant R < 20$(二级)、$20 \leqslant R < 30$(三级)、$30 \leqslant R < 40$(四级)、$40 \leqslant R < 50$(五级)、$R \geqslant 50$(六级)分为六个量级。按上述 4 个站中任一站出现的最大级别为该预报站的雨量级别。

(c)频数统计:对全省 40 个测站,逐站统计 15 个相似个例中出现各级雨量的频数。

(d)得出预报结果:某站在 15 个相似个例中,出现一级雨量的频数 $\geqslant 10/15$,则预报该站将出现一级雨量(0~10 mm)。依次类推,出现二级雨量的频数 $\geqslant 9/15$、三级雨量的频数 $\geqslant 8/15$、四级雨量的频数 $\geqslant 7/15$、五级雨量的频数 $\geqslant 6/15$、六级雨量的频数 $\geqslant 5/15$,就预报该站将出现相应等级的雨量。

(e)上述预报结果,由屏幕图形显示并打印输出。

5.4.3　动力过程相似

5.4.3.1　基本思路

相似预报的预报效果主要取决于两个方面:一个是要素相似,另一个是方法相似。不同预报对象的形成都对应着不同的天气形势和动力过程,不应只分析一两个层面或一两个气象要素,而应该考虑一定环流形势下的某一范围内的整个空间,特别是要尽可能全面地分析与预报对象有关的且能反映大气动力过程的众多物理量,如散度、垂直上升运动、水汽等。此外,相似也不能只局限于看初始场的状态特征,还要看未来的动力过程演变特征,这种着眼于预报对象发生的动力过程相似性的预报方法,称之为动力过程相似法。

5.4.3.2　应用举例

这里以海南省气象台杨仁勇等(2012)在《用 T213 产品动力过程相似释用法制作暴雨预报》一文介绍的方法为例,说明其主要思路和做法。

(1)暴雨动力过程相似预报方法

(a)模型建立的理论基础

由于暴雨的复杂性,每次暴雨过程的天气形势也各不相同。发生暴雨的天气过程是否具有共同特点呢?如果存在,那么这个共同的特征就会在多次暴雨过程的平均状况下体现出来,而个别过程的特殊性则会被平滑掉。相关研究表明:有暴雨和无暴雨两类天气过程各有其特征,而且二者的差异是十分明显的,尤其表现在垂直速度场、散度场、涡度场和水汽通量散度场上。说明两类动力过程是不相同的,这些物理量的差异在初始时刻不一定大,而在预报时段会明显增大,因此若选用过程相似要比只选用初始场相似更合理些。

(b)场平均距离的定义和相似确定

对于在预报中选用的格点场,其场平均距离 D 的定义如下:

$$D_{i1} = \left[\sum_{j=1}^{121} (y_{ij} - Y_{1ij})^2 \right]^{1/2} \tag{4.40a}$$

$$D_{i2} = \left[\sum_{j=1}^{121} (y_{ij} - Y_{2ij})^2 \right]^{1/2} \tag{4.40b}$$

预报模型平均场分为有暴雨和晴好天气两类。上述两式中的 y 表示预报时使用的要素场,Y_1 表示暴雨过程建模后的要素平均场,Y_2 表示晴好天气建模后的要素平均场,D_{i1} 表示各预报场与有暴雨模型的平均距离,D_{i2} 表示各预报场与晴好天气模型的平均距离。y_{ij} 中的 i 表示第 $i(i=1,2,3,\cdots,36)$ 个要素场,y_{ij} 中的 j 表示第 $j(j=1,2,3,\cdots,121)$ 个格点的值。前述下标变量 i 和 j 的取值范围是根据预报方案来确定的,预报因子 i 共使用 36 个要素场,格点数 j 共使用了 121 个($15°\sim25°$N,$105°\sim115°$E)。

场距离 D 是表示两个场之间远近程度的一个标量数值。它综合考虑了两个场中所有格点的综合距离。用它来判别场之间的相似,当 i 值给定后(即对某一要素场),若 $D_{i1} > D_{i2}$ 则认为相似于晴好天气模型,反之若 $D_{i1} < D_{i2}$ 则认为更相似于有暴雨模型。

(c)建模思路及具体做法

运用相似原理预报各类天气过程是目前气象台站的常用方法之一。预报员最习惯的思路是从大尺度环流形势、天气系统配置来分析,看其与历史天气哪一类相似然后作出预报。暴雨天气过程往往比较复杂,应当研究一定时空范围内的天气过程发生发展的特征。即不仅要看初始状态的大气运动是否相似,而且还要看中间和结束过程的大气运动状态是否相似。

以 T213 分辨率为 $1° \times 1°$ 的资料,取 4 个要素、3 个层次和 3 个时效的预报场(每天 36 个场)来刻画有无暴雨的动力过程。将历史个例分为两类,即有暴雨和晴好天气。按这两类个例分别求取 36 个场的平均场。作预报时首先将当日 36 个场按公式 (5.40a)逐个求取与有暴雨模型场的平均距离 $D_{i1}(i=1,2,3,\cdots,36)$,其次又将这 36 个场按公式(5.40b)逐个求取与晴好天气模型场的平均距离 $D_{i2}(i=1,2,3,\cdots,36)$,然后再逐个对应比较 D_{i1} 与 D_{i2} 的大小,若 $D_{i1} > D_{i2}$ 则认为该要素场相似于晴好天气模型,反之若 $D_{i1} < D_{i2}$ 则认为该要素场相似于有暴雨模型。如此可获得 36 个相似结果,最后进行综合判别。如果作出有暴雨的场达到一定的数量,例如 18 个(程序运行时这一指标可以根据实际检验中的空、漏报率来进行调整,最后确定一个最佳值)即综合判别预报结果将有暴雨,否则为无暴雨。

(2)资料的选取

(a)T213 资料的选取

当前 T213 资料用 Micaps 系统中的处理方法,从解码后的相应目录下读取区域内格点资料。分辨率为 $1° \times 1°$,选取区域为海南岛及周边范围:东西向 $105°E \sim 115°E$ 共 11 个格点;南北向 $15°N \sim 25°N$ 共 11 个格点。区域格点总数为 11×11 共 121 个。使用每天 20:00 的资料。历史 T213 资料选取,把每天业务中收到的 T213 原始资料(GRIB 编码)打包压缩成一个压缩包保存。T213 历史资料从 2002 年以后都有保存,当需要使用时先解压还原,其余同当前资料处理方式,只需要注意将日期对应好即可。

(b)观测资料的选取

用海南岛上 18 个站日降水量资料,每天 08:00 的 R24 资料在 Micaps 里可查到,选取 2004—2010 年共计 7 年。每年的 5~10 月是海南的主汛期,也是暴雨发生相对集中的时期,因此,只针对这段时期进行。用 2004—2008 年资料建模,2009 和 2010 年作为试报检验年。

暴雨过程入选标准为:海南岛 18 站中有 3 站次以上的降水量超过 50 mm(或 1 站次超过 100 mm)即为一次区域性暴雨天气过程。2004—2008 年的 5 年中共统计出历史暴雨过程 79 d 用于建立有暴雨场平均模型。晴好天气过程入选标准为:海南岛 18 个台站每天合计降水小于 22 mm,单站降水不超过 10 mm 且降水站点总数不超过 5 个为一次区域性无暴雨天气过程。2004—2008 年的 5 年中共统计出 247 d 用于建立无暴雨场平均模型。

(c)预报因子的选取

预报因子选取:根据国家"八五"期间国内有关暴雨业务预报和技术研究成果经验,得出有暴雨和无暴雨两类过程所具有的特征和差异,尤其表现在散度、涡度、垂直速度和水汽通量辐合等物理量场,选用上述 4 个因子。空间层次选用 500、700、850 hPa 3 层。时间过程描述选用 12、24、36 h 预报共 3 个时次。每天作预报时共有 36 个场。

（3）模型调试和预报检验

（a）模型调试

提高预报效果关键在于建立模型时的调试。用最初入选的 79 d 建立有暴雨模型的各要素场平均值，同时用最初入选的 247 d 建立无暴雨模型的各要素场平均值。首先回报检查有暴雨的 79 d，调整参数后，其回报的最高拟合率只能达到 53/79＝67％，经检查分析发现非台暴雨回报相对较差。于是，将这 79 d 中的 6 d（台风及以上级别的暴雨过程）剔除，用余下的 73 d 暴雨个例（包含了热带低压至强热带风暴级别的暴雨过程 25 d）来重新建模，再回报这 79 d，发现拟合率提高了 3 个百分点为 55/79＝70％。从有利于预报的原则出发，再加上预报目标是暴雨这类重要天气，尽管有多次暴雨在回报中失败，所以也不能轻易剔除。

接下来对无暴雨模型的 247 d 进行回报拟合，把回报错的日期剔除掉，再重新建无暴雨模型，这样重复几次后，将回报中预报无暴雨场数目低于 26 个的日期都剔除掉，最后剩下 204 d 来建模。当用这 204 d 的无暴雨模型与 73 d 的暴雨模型再重做 79 d 的回报，拟合率又提高了 5 个百分点达到 59/79＝75％。此时模型效果为最佳，之后无论再调整有或无暴雨的建模个例，暴雨的拟合率都不再提高，甚至反而会降低。

（b）回报检验

表 5.15 为 2004—2008 年 5—10 月回报检验的暴雨预报评分结果。表中暴雨的 TS 评分、漏报率和空报率同一般评分规定。"基本正确"是指预报了暴雨，而实况未出现 2 站以上暴雨，严格意义上被评为空报，但实况往往会出现 2 站暴雨或者多站大雨或者大到暴雨情况等，它与"绝对空报"（无站点有大雨）是有区别的。"基本正确"时暴雨预报虽然评定为空报，但还是有一定的参考价值，所以特别把它们也统计出来。

表 5.15　2004—2010 年 5—10 月的暴雨预报评分结果（%）

年份	TS 评分	漏报率	空报率	基本正确	绝对空报率	总天数/d
2004	11/41＝27	4/41＝10	26/41＝63	16/41＝39	10/41＝24	151
2005	17/58＝29	4/58＝7	37/58＝64	16/58＝28	21/58＝36	175
2006	13/36＝36	5/36＝14	18/36＝50	10/36＝28	8/36＝22	179
2007	13/45＝29	9/45＝20	23/45＝51	12/45＝27	10/45＝22	184
2008	15/36＝42	7/36＝19	14/36＝39	8/36＝22	5/36＝14	157
2009	19/51＝37	8/51＝16	24/51＝47	9/51＝18	14/51＝27	180
2010	15/47＝32	11/47＝23	21/47＝45	5/47＝11	16/47＝34	160

选用 2004—2008 年的 5—10 月共 5 年中的暴雨个例进行建模，回报检验则包含了所有暴雨过程 5 年暴雨评分平均 TS 为 33％，平均漏报率为 14％，平均空报率 53％，空报时平均基本正确率为 29％，平均绝对空报率 24％。取得了令人满意的预报效果。

(c)试报检验

由于 2009 年和 2010 年暴雨个例未参加建模,可以视为预报检验年。从表 5.15 中看到,2009 年汛期预报有暴雨 43 次,漏报 8 次,暴雨报对次数 19 次,预报准确率 TS 为 37%,漏报率为 16%,空报率为 47%,基本正确率为 18%,绝对空报率为 27%。2010 年汛期预报有暴雨 36 次,漏报 11 次,暴雨报对次数 15 次,预报准确率(TS)为 32%,漏报率为 23%,空报率为 45%,基本正确率为 11%,绝对空报率为 34%。总体来看,两年的暴雨评分 TS 均超过 32%,也取得了令人满意的效果,与 5 年回报平均 TS 的 33% 差不多,由此可以看出此方法预报效果比较稳定。2009 年预报效果比 2010 年更好:主要表现在 TS 高出 5 个百分点达到 37%,并且绝对空报率降低了 7 个百分点仅为 27%。

5.5　费歇判别方法

费歇(Fisher)判别法是 20 世纪 30 年代由英国统计学家 Fisher 提出的。Fisher 判别准则是特征提取较为有效的方法之一,其基本思想是将原来高维的模式样本投影到最佳鉴别向量空间,以达到抽取分类信息和压缩特征空间维数的效果,投影后保证样本在新的子空间有最大的类间距离和最小的类内距离。目前,Fisher 判别准则已被广泛应用到气象分析与预报领域。尤亚磊等(2005)在遵循 Fisher 判别准则的基础上,提出了一种判别系数和判别临界值随时间变化的新方法,并获得了较好的历史回报率、外推预报率和较好的预报稳定性。吴有训、方四清等(2008 年)根据 1959—2004 年(12 月到次年 3 月)逐月大气环流特征量资料,运用基于 Fisher 准则的两组判别分析方法,预报安徽宣城夏季降水量,结果表明,历史拟合率高,在预报业务中具有实用价值。

5.5.1　Fisher 判别准则的概念

假设要预报晴、雨两类天气,选择两个前期因子 x_1 及 x_2。例如 x_1 是 24 h 本站气压差,x_2 是温度露点差。根据经验,当 x_1 与 x_2 是大值时,第二天常为晴天;反之,当 x_1 与 x_2 的值较小时,第二天常为雨天。为了综合 x_1 与 x_2 预报晴雨的作用,采用一种最简单的线性组合形式把 x_1 与 x_2 组合起来,构成一个新的变量 y,表示为:

$$y = c_1 x_1 + c_2 x_2 \tag{5.41}$$

式中,y 是 x_1 与 x_2 的函数,称为(线性)判别函数,c_1 和 c_2 称为判别系数。该式称为判别方程。因为确有上面所述的规律,自然有 y 大时,第二天可报晴,y 小时,第二天可报雨。这里需要找到一个判别值 y_c,在日常预报中,当前期因子值发生后,代入判别方程,求得判别函数值(例如 y_0)若 $y_0 > y_c$ 就报未来晴,$y_0 < y_c$ 就报未来雨。

对上面所述的例子,可以用几何图形来说明。对于式(5.41)的判别方程可看成三维空间中的一个平面方程,平面上的点满足式(5.41)。在图 5.12 中,空间平面上的

"○"点表示未来是晴天类的 y 值点；"●"点表示未来是雨天类的 y 值点。总可以找到一个平行于 x_1Ox_2 的平面 $y=y_c$，截（5.41）式的平面为两部分，使上半部的 y 值大于 y_c，下半部的 y 值小于 y_c。如果把空间平面上的点以及 $y=y_c$ 与 $y=c_1x_1+c_2x_2$ 平面的交线分别投影到 x_1Ox_2 平面上，就构成常见的点聚图形式。交线投影线就称为分辨线，或称为判别线。

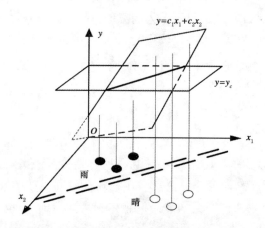

图 5.12　判别函数图

　　判别预报的关键问题是如何找到合适的判别函数，也就是如何确定（5.41）式中的判别系数 c_1 和 c_2 的问题。在回归分析中，确定回归系数是用最小二乘原则，那么在判别分析中是根据什么原则来确定判别系数呢？

　　设选取晴类的样本容量为 n_1，雨类样本容量为 n_2，总样本的容量为 $n=n_1+n_2$。根据（5.41）式，用不同因子值可算出不同类别的判别函数值 $y_{1i}(i=1,2,\cdots,n)$ 及 $y_{2i}(i=1,2,\cdots,n)$。希望构成形如图 5.12 中的空间平面，使得平面上晴天的判别函数值对应的点比较集中，雨天类的点亦比较集中，但是两类点之间的距离较远，从而使得 $y=y_c$ 平面容易地将两类点区分开来。衡量点集中程度的量就是方差。因此，类间的方差与类内的方差比值为最大可作为判别方程建立的原则，这就是 Fisher 判别准则。即要求下面函数

$$\lambda = \frac{(\overline{y_1}-\overline{y_2})^2}{\displaystyle\sum_{i=1}^{n_1}(y_{1i}-\overline{y_1})^2 + \sum_{i=1}^{n_2}(y_{2i}-\overline{y_2})^2} \rightarrow 最大 \tag{5.42}$$

　　式中，y_1 和 y_2 分别为两类建模样本的判别函数平均值。式中判别函数的平方和具有方差的意义。

5.5.2 Fisher 判别系数的确定

当样本确定后,不同类别的因子值也已知,如果把式(5.42)代入(5.41)式则 λ 就是判别系数 c_1 和 c_2 的函数。根据微积分学中求极值原则,有:

$$\begin{cases} \dfrac{\partial \lambda}{\partial c_1} = 0 \\[3mm] \dfrac{\partial \lambda}{\partial c_2} = 0 \end{cases} \tag{5.43}$$

为了进一步推导方便,令

$$E = (\overline{y_1} - \overline{y_2})^2$$

$$F = \sum_{i=1}^{n_1} (y_{1i} - \overline{y_1})^2 + \sum_{i=1}^{n_2} (y_{2i} - \overline{y_2})^2$$

λ 可表示为 $\lambda = \dfrac{E}{F}$。于是

$$\frac{\partial \lambda}{\partial c_1} = \frac{F \dfrac{\partial E}{\partial c_1} - E \dfrac{\partial F}{\partial c_1}}{F^2} = \frac{1}{F} \frac{\partial E}{\partial c_1} - \frac{E}{F^2} \frac{\partial F}{\partial c_1} = 0$$

则(5.43)式中第一式可写为

$$\frac{\partial E}{\partial c_1} - \frac{E}{F} \frac{\partial F}{\partial c_1} = 0$$

即

$$\frac{1}{\lambda} \frac{\partial E}{\partial c_1} = \frac{\partial F}{\partial c_1}$$

对于(5.43)式中第二式亦类似地有

$$\frac{1}{\lambda} \frac{\partial E}{\partial c_2} = \frac{\partial F}{\partial c_2}$$

进而把(5.41)式代入 E 及 F 的表达式,于是有:

$$E = (\overline{y_1} - \overline{y_2})^2 = \left[(c_1 \overline{x_{11}} + c_2 \overline{x_{21}}) - (c_1 \overline{x_{12}} + c_2 \overline{x_{22}}) \right]^2$$

其中 $\overline{x_{11}}, \overline{x_{12}}, \overline{x_{21}}, \overline{x_{22}}$ 分别为因子 x_1 及 x_2 在晴、雨两类样本中的平均值,即

$$\overline{x_{k1}} = \frac{1}{n_1} \sum_{i=1}^{n_1} x_{k1i} \qquad (k = 1,2)$$

$$\overline{x_{k2}} = \frac{1}{n_2} \sum_{i=1}^{n_2} x_{k2i} \qquad (k = 1,2)$$

记不同类别平均值之差为

$$d_k = \overline{x_{k1}} - \overline{x_{k2}} \qquad (k = 1,2)$$

可把 E 表示为 $E = (c_1 d_1 + c_2 d_2)^2$,类似地,

F 亦可以表示为

$$F = \sum_{i=1}^{n_1} \left[(c_1 x_{11i} + c_2 x_{21i}) - (c_1 \overline{x_{11}} + c_2 \overline{x_{21}}) \right]^2 +$$

$$\sum_{i=1}^{n_2} \left[(c_1 x_{12i} + c_2 x_{22i}) - (c_1 \overline{x_{12}} + c_2 \overline{x_{22}}) \right]^2$$

$$= \sum_{i=1}^{n_1} \sum_{k=1}^{2} \left[c_k (x_{k1i} - \overline{x_{k1}}) \right]^2 + \sum_{i=1}^{n_2} \sum_{k=1}^{2} \left[c_k (x_{k2i} - \overline{x_{k2}}) \right]^2$$

把 E 及 F 表达式代入它们对判别系数微商表达式有

$$\frac{\partial E}{\partial c_k} = 2 \left(\sum_{k=1}^{2} c_k d_k \right) d_k \qquad \frac{\partial F}{\partial c_K} = 2 \sum_{i=1}^{n_1} \left[\sum_{k=1}^{2} \left[c_k (x_{k1i} - \overline{x_{k1}}) \right] (x_{k1i} - \overline{x_{k1}}) \right]$$

$$+ 2 \sum_{i=1}^{n_2} \left[\sum_{k=1}^{2} \left[c_k (x_{k2i} - \overline{x_{k2}}) \right] (x_{k2i} - \overline{x_{k2}}) \right]$$

$$= 2 \left[\sum_{i=1}^{n_1} c_1 (x_{11i} - \overline{x_{11}})(x_{k1i} - \overline{x_{k1}}) + \sum_{i=1}^{n_1} c_2 (x_{21i} - \overline{x_{21}})(x_{k1i} - \overline{x_{k1}}) \right]$$

$$+ 2 \left[\sum_{i=1}^{n_2} c_1 (x_{12i} - \overline{x_{12}})(x_{k2i} - \overline{x_{k2}}) + \sum_{i=1}^{n_2} c_2 (x_{22i} - \overline{x_{22}})(x_{k2i} - \overline{x_{k2}}) \right]$$

若令

$$w_{kl} = \sum_{i=1}^{n_1} (x_{k1i} - \overline{x_{k1}})(x_{l1i} - \overline{x_{l1}}) + \sum_{i=1}^{n_2} (x_{k2i} - \overline{x_{k2}})(x_{l2i} - \overline{x_{l2}})$$

$$\frac{\partial F}{\partial c_k} = 2(c_1 w_{kl} + c_2 w_{k2})$$

于是(5.32)式变成：

$$\begin{cases} \dfrac{1}{\lambda} \left(\sum_{k=1}^{2} c_k d_k \right) d_1 = c_1 w_{11} + c_2 w_{12} \\ \dfrac{1}{\lambda} \left(\sum_{k=1}^{2} c_k d_k \right) d_2 = c_1 w_{21} + c_2 w_{22} \end{cases}$$

令 $\beta = \dfrac{1}{\lambda} \sum_{k=1}^{2} c_k d_k$，则上面方程组化为

$$\begin{cases} c_1 w_{11} + c_2 w_{12} = \beta d_1 \\ c_1 w_{21} + c_2 w_{22} = \beta d_2 \end{cases}$$

在上面线性方程组中 β 是一个比例因子,对线性方程组的解起着共同扩大倍数的作用,不妨令 $\beta=1$,于是上面线性方程组可写为：

$$\begin{cases} c_1 w_{11} + c_2 w_{12} = d_1 \\ c_1 w_{21} + c_2 w_{22} = d_2 \end{cases} \tag{5.44}$$

上式称为求判别系数 c_1, c_2 的标准方程组。

判别时,可建立 $y = y_c$ 平面,y_c 取两类 y 值的重心,即

$$y_c = \frac{1}{n_1 + n_2}(n_1 \overline{y_1} + n_2 \overline{y_2}) \tag{5.45}$$

由(5.41)式代入因子不同类的平均值,算出

$$y_c = \frac{1}{n_1 + n_2}\sum_{k=1}^{2}(n_1 c_k \overline{x_{k1}} + n_2 c_k \overline{x_{k2}})$$

若 $y > y_c$ 报晴;反之,$y < y_c$ 报雨。

5.5.3　多因子二级判别

对于预报量分为二级(类)别时,类似地可建立 p 个因子的二级判别函数,$y = c_1 x_1 + c_2 x_2 + \cdots + c_p x_p$,其中 $x_1, x_2, \cdots, x_p$ 为 p 个因子,$c_1, c_2, \cdots, c_p$ 为判别系数。求判别系数的标准方程组可类似(5.44)式写为:

$$\begin{cases} w_{11}c_1 + w_{12}c_2 + \cdots + w_{1p}c_p = d_1 \\ w_{21}c_1 + w_{22}c_2 + \cdots + w_{2p}c_p = d_2 \\ \cdots\cdots\cdots\cdots\cdots\cdots\cdots\cdots \\ w_{p1}c_1 + w_{p2}c_2 + \cdots + w_{pp}c_p = d_p \end{cases} \tag{5.46}$$

式中,$w_{kl}(k, l = 1, 2, \cdots, p)$ 及 $d_k = \overline{x_{k1}} - \overline{x_{k2}}(k = 1, 2, \cdots, p)$ 与上文的定义相同。在解出 $c_1 c_2, \cdots, c_p$ 后,计算判据仍用(5.45)式,若 $y > y_c$,报 1 级,否则报 2 级。

5.5.4　应用举例

采用 Fisher 判别准则方法,利用 2003—2006 年 08 月强对流天气指数场和单站历史观测资料,分别建立福州、漳平、梅县、广州和湛江五个单站 24~48 h 雷暴预报模型,并利用 2007 年 08 月资料对预报模型进行了试报和结果检验。

(1)实现步骤

Fisher 判别准则雷暴预报模型的步骤可概括为以下五步:

第 1 步:计算 2003—2006 年 08 月 26 个强对流天气指数场,利用指数最小值对建模样本进行"消空",形成单站各预报时次建模样本子集。这 26 个强对流天气指数包括地面温度(T)、$Adedokun1$ 指数、$Adedokun2$ 指数、$Rackliff$ 指数、$Boyden$ 指数、$Bradbury$ 指数、CT 指数、VT 指数、TT 指数、LI_{sfc} 指数、PII 指数、S 指数、$SWEAT$ 指数、$SWISS_{00}$ 指数、$SWISS_{12}$ 指数、$Thompson$ 指数、TEI_{925} 指数、TEI_{850} 指数、YON 指数、YON_{mod} 指数、高空温度(T_a)和高空露点温度(T_d)。

第 2 步:根据 Fisher 准则和相关系数法,从 26 个强对流天气指数场中选出与雷暴发生相关性较好,彼此间独立性较强的 6 个预报因子。

第 3 步：建立 Fisher 判别准则雷暴预报方程：

$$y = c_1 x_1 + c_2 x_2 + \cdots + c_i x_i \quad (i = 6) \tag{5.47}$$

并计算方程临界值 y_c。

第 4 步：计算实时强对流天气指数场,利用雷暴发生指数最小值和临界值初步判断预报时次其有无可能发生雷暴。

第 5 步：对于有雷暴发生可能的预报样本,代入预报方程 y,得到预报结果 $\hat{y}$,若 $\hat{y} > y_c$,则报有雷暴发生,否则报无雷暴发生。

Fisher 判别准则雷暴预报模型的技术流程图参见图 5.13。

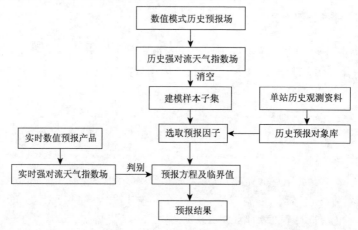

图 5.13　Fisher 判别准则雷暴预报模型技术流程图

(2)预报方程及系数

将建模样本子集中的样本标准化,根据雷暴有无将其分成两类 $g = 1$ 和 $g = 2$,1 代表有雷暴发生,2 代表无雷暴发生,对于建立的雷暴预报方程：

$$y = c_1 x_1 + c_2 x_2 + \cdots + c_k x_k \quad (k = 6) \tag{5.48}$$

通过以下方程组确定方程系数 $c_k (k = 1, 2, \cdots, 6)$。

$$\begin{cases} w_{11} c_1 + w_{12} c_2 + \cdots + w_{16} c_6 = d_1 \\ w_{21} c_1 + w_{22} c_2 + \cdots + w_{26} c_6 = d_2 \\ \cdots\cdots\cdots\cdots\cdots\cdots\cdots\cdots\cdots\cdots\cdots\cdots\cdots \\ w_{61} c_1 + w_{62} c_2 + \cdots + w_{66} c_6 = d_6 \end{cases} \tag{5.49}$$

其中,

$$w_{kl} = \sum_{i=1}^{n_1} (x_{k1i} - \overline{x_{k1}})(x_{l1i} - \overline{x_{l1}}) + \sum_{i=1}^{n_2} (x_{k2i} - \overline{x_{k2}})(x_{l2i} - \overline{x_{l2}}) \quad (k, l = 1, 2, \cdots, 6)$$

$$\tag{5.50}$$

式中,n_1 和 n_2 分别为建模样本子集中有雷暴和无雷暴发生样本的个数,$\overline{x_{k1}}$ 和 $\overline{x_{l1}}$ 分别为有雷暴发生建模样本中第 k 个因子和第 l 个因子的平均值,$\overline{x_{k2}}$ 和 $\overline{x_{l2}}$ 分别为无雷暴发生建模样本中第 k 个因子和第 l 个因子的平均值,x_{k1i} 和 x_{l1i} 分别为有雷暴发生建模样本中第 i 个样本第 k 个因子和第 l 个因子的值,x_{k2i} 和 x_{l2i} 分别为无雷暴发生建模样本中第 i 个样本第 k 个因子和第 l 个因子的值,w_{kl} 表示建模样本中不同因子 k 和 l 在两类内交叉积和。d_k 为第 k 个因子在两类建模样本中的平均值之差。

$$d_k = \overline{x_{k1}} - \overline{x_{k2}} \quad (k = 1, 2, \cdots, 6) \tag{5.51}$$

(3)预报方程临界值

预报时,可建立平面,取两类值的重心,即

$$y_c = \frac{1}{n_1 + n_2}(n_1 \ \overline{y_1} + n_2 \ \overline{y_2}) \tag{5.52}$$

由(5.51)式代入因子不同类的平均值,算出

$$y_c = \frac{1}{n_1 + n_2} \sum_{k=1}^{6} (n_1 c_k \overline{x_{k1}} + n_2 c_k \overline{x_{k2}}) \tag{5.53}$$

y_c 即预报方程的临界值,将实时强对流天气指数场进行标准化,代入预报方程求得 $\hat{y}$ 的值,若 $\hat{y} > y_c$ 报雷暴;反之,$\hat{y} < y_c$ 报无雷暴。

表 5.16 给出了 Fisher 判别准则在福州站、广州站和湛江站 24~48 h 雷暴预报方程系数以及临界值。

表 5.16　单站 08 月 24~48 h 预报方程系数及临界值(Fisher)

单站	预报时次	$c_1(\times10^{-3})$	$c_2(\times10^{-3})$	$c_3(\times10^{-3})$	$c_4(\times10^{-3})$	$c_5(\times10^{-3})$	$c_6(\times10^{-3})$	$y_c(\times10^{-7})$
福州	24 h	12.5	−3.85	−15.6	26.6	6.67	−2.78	1.10
	30 h	112.3	35.5	15.9	11.7	−130.7	−38.6	36.9
	36 h	10.3	14.1	41.2	−22.4	12.3	−29.7	0.58
	42 h	−127.8	37.5	21.9	15.7	−120.4	−6.56	−19.5
	48 h	19.6	36.4	−11.2	5.63	3.49	4.42	−5.92
广州	24 h	7.85	7.34	2.47	2.75	−3.44	6.35	8.31
	30 h	−5.8	15.9	1.30	−1.49	10.6	15.1	1.87
	36 h	−18.8	−1.75	15.3	31.1	−1.11	−0.45	8.55
	42 h	5.77	1.52	−38.2	5.76	5.63	59.5	−5.20
	48 h	15.1	7.61	11.2	−21.5	−6.85	8.11	−12.5
湛江	24 h	14.2	4.15	1.49	−19.6	1.14	19.0	−0.67
	30 h	6.13	−25.8	12.6	47.9	−25.4	−18.9	13.7
	36 h	5.12	−6.38	−2.95	18.8	3.16	5.19	−5.0
	42 h	13.3	21.3	−5.47	9.27	−21.8	0.55	−3.62
	48 h	−9.99	−23.1	21.6	7.63	23.2	−0.45	−7.49

(4)预报样本判别

预报前,先对预报样本进行判别:将预报样本指数场距离单站最近格点上的指数值

分别与表 5.16 中的最小值和临界值进行比较,如果有 3 个以上指数值低于最小值或 12 个以上指数值低于临界值,则直接报该时次无雷暴发生。

(5)预报结果检验

将 2007 年 08 月强对流天气指数场代入建立的 Fisher 判别准则雷暴预报模型进行试报,预报对象为福州、漳平、梅县、广州和湛江站 24~48 h 雷暴有无,预报天数为 31 天,每天预报时次为 24 h、30 h、36 h、42 h、48 h,共预报 155 次。对于预报时次 T,$T \in \{24\ h, 30\ h, 36\ h, 42\ h, 48\ h\}$,如果该时次实况有雷暴发生,而模型在 $T-6$、T、$T+6$ 三个时次中任一个时次预报有雷暴发生,认为 T 时次雷暴出现且报对;例如,在 36 h 预报中,如果 36 h 实况有雷暴发生,模型在 30 h、36 h、42 h 任一时次预报有雷暴发生,认为 36 h 雷暴出现且报对。表 5.17 给出了 Fisher 模型在五个单站 24~48 h 雷暴有无的预报结果。从表 5.17 中的数据可以看出,五个单站的 CSI 评分均在 0.15 以上,预报准确率均高于 69%,而空报率均低于 30%。其中 CSI 评分最高的是广州站,漳平站次之,湛江站次之,福州站次之,梅县站最低;预报准确率最高的是漳平站,广州站次之,福州站次之,湛江站次之,梅县站最低;由此可见,Fisher 模型在广州站和漳平站取得了最好的预报效果,而在梅县站的预报效果最差。从各单站平均预报结果来看,平均预报 155 次,出现雷暴 15.6 次,报对 11.6 次,漏报 4 次,空报 36 次,空报率为 23.2%,预报结果 CSI 评分为 0.225,预报准确率为 74.2%。总体来看,Fisher 模型已达到了预期的预报效果,具有一定的应用价值。

表 5.17 2007 年 08 月 24~48 h 雷暴预报结果(Fisher)

站点	预报次数	出现且对次数	漏报次数	空报次数	FAR(%)	CSI	R(%)
福州	155	9	2	38	24.5	0.184	74.2
漳平	155	13	3	29	18.7	0.289	79.4
梅县	155	9	4	44	28.4	0.158	69.0
广州	155	16	3	32	20.6	0.314	77.4
湛江	155	11	8	37	23.9	0.196	71.0
总计	775	58	20	180	23.2	0.225	74.2
平均	155	11.6	4	36	23.2	0.225	74.2

表 5.18 给出了 Fisher 预报模型在广州站 24~48 h 雷暴有无的预报结果。从表 5.18 中可以看出,各时次的预报结果 CSI 评分均超过了 0.16,而预报准确率均在 61% 以上。以平均预报效果为例,预报 31 次,出现雷暴 3.8 次,报对 3.2 次,漏报 0.6 次,空报 6.4 次,空报率为 20.6%,预报结果 CSI 评分为 0.314,准确率为 77.4%。

表 5.18　广州站 08 月 24～48 h 雷暴预报结果(Fisher)

时次	预报次数	出现且对次数	漏报次数	空报次数	*FAR*(%)	*CSI*	*R*(%)
24 h	31	6	0	12	38.7	0.333	61.3
30 h	31	1	1	3	9.7	0.250	90.3
36 h	31	1	1	4	12.9	0.167	83.9
42 h	31	3	1	5	16.1	0.333	80.6
48 h	31	5	1	8	25.8	0.357	71.0
总计	155	16	3	32	20.6	0.314	77.4
平均	31	3.2	0.6	6.4	20.6	0.314	77.4

5.6　统计释用中的几个重要问题

(1)对预报方法要有充分的了解

就方法学而论,经典统计方法与数值模式无关,而依赖于滞后的统计关系。PP 和 MOS 等动力统计方法都依赖于数值模式,并把滞后的统计关系推进到同时或近于同时的统计关系,从而使统计关系的精确性得到提高。因此,一般说来,动力统计方法都比经典统计预报法优越。

对预报方法的充分了解是用好预报方法的关键,很多方法在推导过程中本身包含有假设,比如多元回归方法假设预报量遵从正态分布,因而多元回归方法在温度预报上有较好的效果,而降水则预报效果并不好,原因是降水并不是正态分布的变量,如果对降水进行一些预处理,使得处理后的变量能够接近正态分布也是提高预报效果的一种方式。对于一些强天气和极端天气的预报,应当结合动力诊断、天气分析和统计预报方法来提高预报效果。

(2)注意天气气候规律的应用

为了改进数值预报产品的统计释用效果,像经验预报那样,注意天气气候规律的应用非常重要,也十分必要。

①不同的天气阶段,例如多雨时段和少雨时段,有不同的天气活动特点,需要使用不同的预报因子和指标。因此,在应用上述方法制作数值产品的统计解释时,通常需要按不同的时间分别建立统计预报方程。

常用而简便的方法是按月或季节分别建立预报方程,这可以部分地考虑天气气候背景的因素。但实际的天气阶段并不一定和月界、季界相一致,所以如果能按各地实际的天气时段分段制作统计预报方程,可望得到较好的效果。

②不同的天气形势,反映了不同的影响系统,通常有不同的天气特点。因而,在数

值产品的统计解释应用中,分型统计的方法也常被采用,而且在通常情况下比不分型的效果要好。

③分型、分月(季)统计带来的不良后果是减少了统计样本,这对小概率天气预报影响更明显。解决的办法之一是采用同一气候相似区域内样本共享的方法,建立一个区域预报方程。美国国家天气局技术发展实验室在制作大降水 MOS 预报时,就采用这一方法。但该方法也有弊病:用同一区域方程来对该区域内各站点作预报时,方程的因子种类、系数对各站均相同,只是因子值不同。而区域内相邻两站的距离可能不足一个格距,经插值后得到的因子值及其预报结果很难区分两站的差别。所以还要有下述样本过滤的方法加以弥补。

(3)关于小概率天气预报中的样本过滤(消空)问题

统计预报的基本特点之一是对小概率事件的预报能力差。为了提高统计样本的气候概率,在进行统计前首先对样本资料进行过滤(也叫消空)是十分必要也非常有效的。过滤(消空)的做法是:

①建立资料档案。设有 L 个候选因子,样本个数 M 个,预报对象出现的有 N 例。

②确定因子类型。预报因子一般有以下三种类型:

a 型(正相关型):因子值越大,预报对象出现越有利;

b 型(反相关型):因子值越小,预报对象出现越有利;

c 型:因子值在某区间,预报对象出现有利(如风向)。

③根据因子的不同类型,在 M 个历史样本中找出预报对象出现($y=1$)时各因子的最小值 α、最大值 β(a 型 $\beta=+\infty$,b 型 $\alpha=-\infty$)。并称〔α,$+\infty$)、($-\infty$,β〕、〔α,β〕为 a、b、c 三类因子的"$\alpha-\beta$"区间。显然,在"$\alpha-\beta$"区间以外的样本,都未出现过预报对象,都是可消空样本。

④分别计算每个候选因子的可消空样本数 M_i(即"$\alpha-\beta$"区间外的样本数)。可见,可消空数越大,该因子消空能力越强,应优先取用。即先用该因子对样本进行消空。

⑤用剩余的因子和样本继续上述工作,直到所有因子不能再对剩余样本消空为止。则所有选取的因子及其确定的 α、β 值($<\alpha$ 或 $>\beta$ 即为消空条件)构成该预报对象的消空指标库。

(4)预报因子的选取与处理

不管什么预报方法,预报因子的选取是关键,没有好的预报因子,任何方法都难得到好的结果。预报因子的选取要注意以下几个方面:

①要选物理意义明确、代表性好的因子。

②选取数值预报精度相对较高的因子。

③因子的选取要涵盖预报对象发生、发展的动力、热力、水汽及其他条件。

④一般情况下所用因子都是单站上的值,可以考虑引入反映因子场的结构和空间

结构的因子,以及不同空间配置的因子。此外,还可以把一些预报经验变为有效的数据形式代入预报方程。

⑤根据预报经验和需要,推导出非模式直接输出的因子,即数值产品的再加工(再诊断)问题,如:

(a)简单算术运算后的加工因子

比如在作中期 MOS 预报时,如果使用欧洲中心的预报产品,那么可供选择的预报因子就只有地面气压场、500 hPa 高度场和 850 hPa 的 U、V 分量与温度场以及 200 hPa 的 U、V 分量等为数不多的产品,此时可通过再加工来获得许多有意义的新因子。这里仅以高度场的格点值为例,看是如何通过再加工来增加预报信息的。设格点分布如图 5.14 所示:

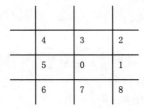

图 5.14 格点分布示意图

则有

$$T_1 = H_1 + H_3 + H_5 + H_7 - 4H_0 \approx (\nabla_2 H)$$

根据地转风原理可知,它表示了在 0 点的地转相对涡度。

$$T_2 = (H_6 + H_7 + H_8) - (H_4 + H_3 + H_2)$$

近似表示了南北方向的气压梯度。同理,

$$T_3 = (H_2 + H_1 + H_8) - (H_4 + H_5 + H_6)$$

近似表示了东西方向的气压梯度。

$$T_4 = H_4 + H_8 - 2H_0$$

可近似反映东北—西南走向的高空槽的强度。同理,

$$T_5 = (H_4 + H_6 - 2H_5) + (H_3 + H_7 - 2H_0) + (H_2 + H_8 - 2H_1)$$

$$T_6 = (H_2 + H_4 - 2H_3) + (H_1 + H_5 - 2H_0) + (H_8 + H_6 - 2H_7)$$

可分别近似表示横槽和竖槽的强弱。

此外,还可对高度场作自然正交函数 EOF 展开,取其特征向量函数的时间系数为预报因子;作切比雪夫正交多项式展开,取其系数为预报因子;用谐谱分析方法作富里埃级数展开,取其振幅、位相、动能、角动量输送等参量为预报因子。

为了提高因子的统计稳定性和代表性,还可采用多格点(例如 5 点或 9 点)平滑的办法。采用类似的方法,还可以加工出许多新的再生产品,这些产品都可以作为预报方

程的因子使用。

(b)变量因子

夏建国(1987)在"全国 248 站中—大雨以上降水概率 MOS 预报"中设计了 10 种不同时效之间预报值的变量(或差值)因子,如 $\omega_{48}-\omega_{24}$。他们发现,在不少地方 ω 的变量比 ω 值与降水的关系要好。比如在青藏高原东部边缘地区,B 模式预报的 ω 常是正值(下沉运动)。如四川康定,在 1983—1986 年的 4 年汛期中有 56 次中—大雨以上降水发生在夜间,其中 16 次 0.7σ 面的 ω 为正值,而 ω 的变量($\omega_{48}-\omega_{24}$)却是负值(上升加强或下沉减弱),这表明 ω 的变量比 ω 本身更能反映该地区低空气流是否有利于产生降水。反映大气稳定度变化的垂直温差之变量和反映冷空气活动的低空变温等因子,也有类似功能。他们发现,在用多元回归模型求取 MOS 预报方程时,入选的变量因子平均占 25% 以上,并且程度不等地提高了 MOS 方程的质量。

(c)物理量组合因子

即将数值预报产品按一定的物理意义进行重新组合后形成的新因子。

例如,若记 700 hPa 上的垂直速度为 ω,850—500 hPa 的水汽通量散度和相对湿度平均值分别为 DV、RH,则组合因子 $MUP=RH\times\omega\times DV$ 综合反映了中低层大气水汽的垂直输送情况。

(5)不同预报时效的数值产品的应用问题

通常情况下,不同预报时效的数值产品一般应用于相应时效的统计预报方程中。但实践表明,不同预报时效的数值产品也可以应用于同一预报时效的预报方程中,而且有时还能有效地提高预报效果。这是因为数值预报可能存在着系统性偏快或偏慢现象,而且在不同地区可能有不同的表现。为了改善这种状况,可采用前后预报时效的数值产品同时使用的方法。比如在建立 36 h 预报方程时,可同时采用预报时效为 24 h、36 h、48 h 的数值预报产品作因子。

(6)关于综合统计方法

上述 MED 方法反映了综合统计的基本思想,根据这一思想,还可以构造出其他新的综合统计方法(Synthetic Statistical Method,简称 SSM)。

例如,一种 SSM 建立方程的形式表述为:

$$\hat{Y}_t = f_5(X_0, f(X_t), \hat{X}_t)$$

相应地,应用该方程作预报时的形式为:

$$\hat{Y}_t = f_5(X_0, f(\hat{X}_t), \hat{X}_t)$$

它不但包括了 MED 的内容,而且把 PP 法的预报结果也作为方程的一个因子,因此其综合能力更强。

(7)关于统计释用中的显著性检验

　　无论在数值模拟中,还是模式产品的统计释用中,经常要比较模拟场与观测场是否一致,或者在敏感性试验中比较正常状态下的试验与异常状态下的敏感性试验是否有差别。如果它们不一致或有差别的话,在场中哪些地区有差别,而且要回答这些问题,还不能只根据一次试验就能作出定论,需要作多次试验。这就均需要对多次试验结果作统计检验然后作出客观的判断。在统计动力释用中要建立预测方程,需要寻找预报因子,经常要计算因变量和因子场的相关,对相关场的检验问题也属于场的显著性检验问题。

　　对这种关于两个变量关系的判断过程,或差异性检验,在这些检验中,通常使用统计学中的显著性检验。有的文献中把这种过程称为"信度检验"(confidence test),把两个变量在某种水平上是存在的相关性判断称为"信度水平"(confidence level),认为达到"95％信度"水平就表示两个变量相关是明显的。当然,判断两个变量是否有关联,如果计算的相关系数越大,表示两个变量相关的程度越高,其可信的水平也应该越高,认为使用 95％ 表示可信水平是合理的,可以称为 95％ 信度,把这种检验过程称为信度检验。

　　(8)关于预报模型的评价

　　数值预报产品的释用最终是要建立预报模型。首先,预报模型的可预报性问题应该是模式释用的重要问题,在预报模型应用到实际中之前必须要对模型有一个检验度量;其次,预报模型的稳定性问题,其中又包含预报对象的稳定性和预报方程的稳定性。

　　正态性是预报对象稳定性的重要前提,因为建立的统计预报模型中,变量常常被假定为正态分布。预报对象的期望值自然是出现概率较大的值,与均值是一致的,所以只有预报对象为正态分布模型的期望值才有代表性,但是在精细预报中,预报对象常常没有满足这种要求;至于方程的稳定性是指除保证在依赖样本中保持稳定外,还应在独立样本中保持稳定。为了寻找在独立样本中有较好的预报效果,可用刀切法寻找进入回归方程的好因子;还可以使用预报残差最小的逐步回归方法来选择有稳定预报价值的因子。

思考题

1. 简述 PP 和 MOS 方法的基本原理,并指出各方法的优缺点。

2. 简述 MOS、PP、MED 方法和经典统计(CS)方法之间的区别与联系。

3. 什么是最优子集回归方法?简述其基本思想。

4. 建立最优回归子集预测模型的因子选择准则有哪些?

5. 卡尔曼滤波方法主要适用于哪类气象要素预报?并简述其基本原理。

6. 什么是相似离度?写出其数学表达式并说明其物理含义,其中权重系数 α、β 如何取值?

7. 简述动态相似统计方法中"动态"的含义。

8. 简述逐步过滤相似释用的基本思路。

9. 什么是 Fisher 判别准则？并简述其基本思想。

参考文献

曹杰,陶云,天永丽.2001.基于 Fisher 判别准则的逐步判别方法及其应用.气象科学,21(2):186-192.

陈卫东,梁新兰,张雅斌,等.2003.T213 数值预报产品的温度预报释用技术[J].陕西气象,6:7-9.

陈勇,匡方毅,肖波.2008.基于 Web GIS 的长沙市雷暴天气短期预报模型的研究与应用[J].暴雨灾害,27(3):258-263.

陈豫英,陈晓光,马筛艳,等.2006.精细化 MOS 相对湿度预报方法研究[J].气象科技,34(2):143-146.

黄嘉佑.2004.数值预报产品释用的几个问题[J]∥全国数值天气预报新理论新方法及应用学术研讨会论文集.乌鲁木齐,251-253.

刘火胜,李明,柳戊弼.2011.武汉市气温精细化预报产品检验分析[J][第 28 届中国气象学会年会论文集].厦门.

罗阳,聂新旺,王广山.2011.几种统计相似方法的适用性比较[J].气象,37(11):1443-1446.

马玉坤,赵中军,王玉国,等.2011.环渤海地区云量的动力过程相似预报方法[J].兰州大学学报(自然科学版),47(4):38-43.

任文斌,杨新,孙潇棵,等.2014.T639 数值预报产品订正方案[J].气象科技,42(1):145-150.

吴有训,方四清,陈健武.2007.基于 Fisher 准则的两组判别分析方法在夏季降水预报中的应用[J].数学的实践与认识,37(23):14-17.

夏建国.1987.全国 248 站中一大雨以上降水概率 MOS 预报及其因子设计[J].气象,9.

杨仁勇,陈有龙,符式红.2012.用 T213 产品动力过程相似释用法制作暴雨预报[J].气象科技,40(3):401-405.

尤亚磊,钟爱华,张利娜.2005.一种改进的判别方法及其在纵向岭谷夏季降水预测中应用[J].云南大学学报(自然科学版),27(4):343-347.

Kilpinen. Juha. 1992. The application of Kalman filter in statistical interpretation of numerical weather forecasts, Preprints 12th conf. Probability and Statistics, *Amer. Meteor. Soc*,11-16.

第6章　基于人工智能和非线性
模型的释用方法

天气预报的统计学方法是广大预报员很熟悉也很常用的方法。目前对于数值预报产品的解释应用工作大都基于统计的相关分析和线性回归分析,如 MOS、PP 方法中的多元线性判别与回归方程、卡尔曼滤波等等。这些方法都是建立在线性相关的基础上,在处理较复杂的非线性问题时有一定的局限性。经过长期的预报实践,人们发现了传统统计学方法的若干不足,于是借鉴现代控制论等新理论中的有关观点和方法加以改进与完善,发展建立非线性回归预测技术方法,以解决处理高度非线性分类和回归问题,使其预报能力更强。

6.1　人工神经网络方法

6.1.1　引言

人工神经网络(Artificial Neural Networks,简称 ANN)是近年来迅速发展的一门非线性科学。人工神经网络研究的背景可以追溯到 19 世纪末、20 世纪初人们对物理学、心理学和神经生理学的跨学科研究。它以抽象的人脑构造基本单元(神经元)组成,模拟人脑的部分思维过程,获得与生物大脑相似的联想和推理能力,适合于处理不确定性、非线性的复杂问题。人工神经网络方法在处理实际应用问题时主要包括两个过程,即学习训练过程和记忆联想过程。到目前为止,虽然人工神经网络方法的研究只是对人类大脑结构的低级近似模仿,但是它已经在对外来信息的自适应学习,数据的并行处理以及信息的分布存贮等方面与人脑有相似之处。并且人工神经网络技术已在信号处理、图像、语音识别和记忆、预测及优化等众多学科领域的应用研究中显示了很好的应用前景和良好性能,为人们研究和处理大量的各类科学问题提供了新的有效手段和方法。同时,人工神经网络的理论方法也在大气科学的很多领域得到了广泛的应用。

人工神经网络是模仿人类脑神经活动的一种人工智能技术,由简单信息处理单元(人工神经元,简称神经元)互联组成的网络,能接受并处理信息,是人脑的某种抽象、简化和模拟。人工神经网络是具有高度非线性的系统,具有一般非线性系统的特性,虽然单个神经元的组成和功能极其有限,但大量神经元构成的网络系统所能实现的功能是丰富多彩的。网络的信息处理由处理单元之间的相互作用来实现,它是通过把问题表达成处理单元之间的连接权来处理的。决定神经网络整体性能的三大要素为:一是神经元的特性;二是神经元之间相互连接的形式——拓扑结构;三是为适应环境而改善性能的学习规则。

人工神经网络数学模型很多,其代表性的有:感知机模型(PTR)(Perception)、反向传播模型(BP)(Back-Propagation)、自适应共振理论模型(ART)(Adaptive Resonance Theory)、双向联想存储器(BAM)(Bidirectional Associative Memory)、Boltzmann/Cauchy 机(BCM)(Boltzmann Machine/Cauchy Machine)、Hopfield 网络模型等。一般而言,人工神经网络与经典计算方法相比并非优越,只有当常规方法解决不了或效果不佳时人工神经网络方法才能显示出其优越性,尤其对问题的机理不甚了解或不能用数学模型表示的系统,如故障诊断、特征提取和天气预测等问题,人工神经网络往往是最有利的工具,其基本特征,也即它与传统方法的重要差别在于:

(1)大规模并行处理。若硬件实施,速度极快,且便于信息的综合。

(2)良好的容错性。对处理大量原始数据而不能用规则或公式描述的问题,表现出极大的灵活性和自适应性。这也正是传统方法中的“瓶颈”问题。

(3)有学习功能。网络的大量参数均由学习(即训练)获得,而不是由人设定。这一点十分重要,这是从原始数据中“提取”信息,逼近规律。而不是由人赋予规律。正如杂技演员的高难动作难以用“编程”控制,但可以通过训练而获得。应该说,没有学习功能的系统很难说是“智能”的,它只是人的智能的快速体现而已。若系统能从学习中“获得”某种技能,且有“举一反三”的能力(即具有推广性),则可认为它具有某种程度的智能。

虽然人工神经网络有以上诸多优点,但现阶段人工神经网络的研究尚未成熟,仍然存在局限性,主要包括以下几点:①人工神经网络研究受到脑科学研究成果的限制。②人工神经网络缺少一个完整、成熟的理论体系。③人工神经网络研究带有浓厚的策略和经验色彩。④人工神经网络与传统技术的接口不成熟。

6.1.2 BP 神经网络

BP 算法是目前应用最广泛的神经网络模型之一。1986 年心理学家 L. L. Mcclelland 和 D. E. Rumelhart 提出了多层前馈网络(Multilayer Feedforward Neural Networks,简称 MFNN)的反向传播学习算法,简称 BP(Back Propagation)算法。BP 算法系统地解决了多层神经网络中隐层单元连接权的学习问题,并在数学上给出了完整的论述。由于 BP 算法克服了简单感知机不能解决的异或和其他一些问题,并实现了多层网络学习的设想,其广泛的适应性和有效性使得人工神经网络的应用范围得到了较大的扩展。

　　BP 算法的主要设计思想是,将输入信号通过隐层和输出层节点的处理计算得到的网络实际输出进一步与期望输出相比较,并计算实际输出与期望输出的误差,将误差作为修改权值的依据反向传播至输入层,再修正各层的权系数,并且反复这一过程,直到实际输出与期望输出的误差达到预先设定的误差收敛标准,从而获得最终的网络权值。

　　BP 网络的学习训练过程由两部分组成,即正向传播和反向传播,按有导师学习方式进行训练。当正向传播时,输入信息提供给网络后,神经元的激活函数从输入层经各中间层传播,在输出层的各神经元输出对应输入模型的网络响应;如果输出层得不到希望输出,则转入反向传播。按减小希望输出与实际输出误差的原则,从输出层经各中间层,最后回到输入层逐层修正各连接权值。随着这种误差逆传播训练不断进行,网络对输入模式响应的正确率也不断提高,如此循环直到误差信号达到允许的范围之内或训练次数达到预先设计的次数为止。

　　BP 网络结构简单、状态稳定、计算条件易于满足,可用于非线性函数逼近和一些不规则的数据结构的复杂系统仿真。从结构上讲,BP 网络是典型的多层网络,分为输入层、隐层和输出层,层与层之间采用全连接方式,其中隐层可有多层,图 6.1 是一个输入层为 N 个节点、隐层为 M 个节点、输出层为 L 个节点的 3 层 BP 网络拓扑结构示意图。

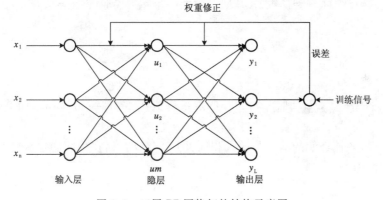

图 6.1　三层 BP 网络拓扑结构示意图

　　利用 BP 网络建模的特点和优点:

　　(1)神经网络能以任意精度逼近任何非线性连续函数。在建模过程中的许多问题正是具有高度的非线性。

　　(2)并行分布处理能力。在神经网络中信息是分布储存和并行处理的,这使它具有很强的容错性和很快的处理速度。

　　(3)自学习和自适应能力。神经网络在训练时,能从输入、输出的数据中提取出规律性的知识,记忆于网络权值中,并具有泛化能力,即将这组权值应用于一般情形的能力。

(4)数据融合能力。神经网络可以同时处理定量信息和定性信息。

(5)多变量系统。神经网络的输入和输出变量的数目是任意的,对单变量系统与多变量系统提供了一种通用的描述方式,不必考虑各子系统间的解耦问题。

6.1.3 BP 的数学原理

BP 把一组样本的输入/输出问题作为非线性优化问题来处理,使用优化中最普通的梯度下降法,用迭代运算求解权重值,并通过引入隐节点的方法增加优化问题的可调参数,从而使得到更精确的解成为可能。

下面以图 6.2 所示的简单网络为例说明之。

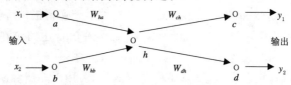

图 6.2　一个简单的 BP 网络

网络训练的响应函数(每个神经元上的作用函数)采用有一定阈值特性的连续可微的 Sigmoid 函数(简称 S 型函数)。S 型函数的一个重要特性是其导数可用函数本身来表示:

$$f(x) = \frac{1}{1 + e^{-x}} \tag{6.1}$$

$$f'(x) = f(x)[1 - f(x)] \tag{6.2}$$

记 W_{ji} 为从神经元 U_i 到神经元 U_j 的连接权值,O_i 为神经元 U_j 的当前输入,O_j 为其输出。

在输入层,各神经元的输出与输入相同,即 $O_j = O_i$。而在中间隐层和输出层,神经元的操作特性为:

$$net_i = \sum_i W_{ji} O_i \tag{6.3}$$

$$O_j = f(net_j) \tag{6.4}$$

如按图 6.2 所示网络,有:

$$net_h = W_{ha} x_1 + W_{hb} x_2 \quad O_h = f(net_h)$$

$$net_c = net_{y1} = W_{ch} O_h \quad O_c = O_{y1} = \hat{y}_1 = f(net_c)$$

$$net_d = net_{y2} = W_{dh} O_h \quad O_d = O_{y2} = \hat{y}_2 = f(net_d)$$

若记 t_j 为神经元 j 的理想输出,则网络在一次训练中的总输出误差为:

$$E = \frac{1}{2} \sum_j (t_j - O_j)^2 \tag{6.5}$$

在输入层,由于输入(实况值)与输出相同,故可认为其输出为理想输出,即 $t_j = O_j$。在隐层,理想输出难以衡量,故可直接在输出层以实况值 y 作为理想输出值,来衡量网络输出的误差。

在本例中: $E = \dfrac{1}{2}[(y_1 - \hat{y}_1)^2 + (y_2 - \hat{y}_2)^2]$

对网络进行训练时,若提供的训练样本为 N 个,并有 L 个输出 $\hat{y}_p(p = 1, 2, \cdots, L)$,则第 p 个输出的误差为:

$$E_p = \frac{1}{2}\sum_{k=1}^{N}(y_{kp} - \hat{y}_{kp})^2 \tag{6.6}$$

网络输出的总误差为 $E = \displaystyle\sum_{p=1}^{N} E_p$。

当网络的所有实际输出与其理想输出(实况值)一致时,训练结束。否则,通过修正权值,使网络的实际输出与理想输出逐步一致,即使 $E \to 0$。权值的调整按梯度下法降进行:

$$\Delta W_{ji} = -\eta\frac{\partial E}{\partial W_{ji}} \tag{6.7}$$

这里假定了 ΔW_{ji} 与 $\dfrac{\partial E}{\partial W_{ji}}$ 成正比,而

$$\frac{\partial E}{\partial W_{ji}} = \frac{\partial E}{\partial net_j}\frac{\partial net_j}{\partial W_{ji}}$$

由(6.4)式有:

$$\frac{\partial net_j}{\partial W_{ji}} = \frac{\partial}{\partial W_{ji}}\sum_i W_{ji}O_i = O_i$$

定义: $\qquad \delta_j = -\dfrac{\partial E}{\partial net_j}$

故有:

$$\Delta W_{ji} = \eta\delta_j O_i \tag{6.8}$$

为了计算 δ_j,并把输出层表现的误差反向传播到输入层,由(6.5)式,有

$$\delta_j = -\frac{\partial E}{\partial net_j} = -\frac{\partial E}{\partial O_j}\frac{\partial O_j}{\partial net_j}$$

$$= -\frac{\partial E}{\partial O_j}f'(net_j)$$

当 j 为输出节点时,由(6.6)式可得:

$$\frac{\partial E}{\partial O_j} = -(t_j - O_j)$$

故有

$$\delta_j = -(t_j - O_j) f'(net_j)$$
$$= (y_j - \hat{y}_j) f'(net_j) \qquad (6.9)$$

当 j 为非输出节点时,可求得:

$$\delta_j = f'(net_j) \sum_m \delta_m W_{jm} \qquad (6.10)$$

即将所有与隐含神经元 u_j 相连的输出神经元 u_m 输出端的误差 δ_m,乘上对应的权值 W_{jm} 并求和,作为 u_j 的输出误差,所以这个过程也称之为误差的反向传播。

式(6.8)中的 η 表示学习速率。η 较大时,权值的修正量就较大,学习速率就比较快,但有时可能产生振荡,即误差 δ_j 总不能小于某个特定的小值。而当 η 取得较小时,学习的速率虽慢,但一般比较平稳。因此,在实际应用时,可在学习开始阶段取较大的 η 值,然后逐渐减少 η 值,使能平稳地完成学习过程,又具有较快的学习速率。

6.1.4　BP 网络的算法流程

由上述 BP 工作原理和算法模型可知,BP 的计算过程分为两个阶段:第一个阶段为学习训练阶段,根据提供的样本资料,通过调整各层之间的权值,使之达到预定的拟合精度要求;第二阶段是应用阶段,通过输入层的输入,依据学习训练阶段得到的权值,给出的输出量即为预报值。可见,学习训练阶段是关键。其具体步骤及注意事项有:

(1)资料的准备

①选取预报对象

根据预报工作需要,按一般统计预报处理预报对象的方法进行。

②选取预报因子(系统的输入)

与一般统计预报选择预报因子的基本思想相同,要求作为系统输入的预报因子应与预报对象有较好的相关性,并具有明确的物理意义。因子数的多少直接关系到学习的速率,而与效果无直接影响,如杨望月等在广西前汛期暴雨预报中用了 34 个因子,王繁强等在青海降雨分区分级预报中用了 9 个因子,效果反而后者优于前者。可见,关键的是要注意因子的质量。

③选取训练样本

一般要求参加学习训练的样本不少于 100 个。选取的样本要注意代表性:如对降水预报,既要有有降水的样本,又要有无降水的样本;要尽可能有各种不同形势的样本;要尽可能采用近期的样本,以减少气候变迁带来的可能影响。

(2)学习训练

①构造神经网络结构

隐层数的确定,一般认为增加隐层数可以降低网络误差,提高精度,但也使网络复杂化,从而增加了网络的训练时间和出现"过拟合"的倾向。用于天气预报的神经网络多为 3 层,即除输入层和输出层外,常只取一个隐层。对隐层节点数的选择非常重要,它不仅对建立的神经网络模型的性能影响很大,而且是训练时出现"过拟合"现象的直接原因,但是目前理论上还没有一种科学和普遍适用的确定方法选取隐层节点数。在 BP 网络中,隐层节点数 n(隐单元个数)的选取,一般可通过以下经验公式来确定:

$$n = \log_2 M$$

式中 M 为输入节点数(预报因子数)。如杨望月等在采用 34 个预报因子时,经试验取 6 个隐单元效果较好,训练 200 次左右即可找出最高成功指数的最佳点,而用 8 个隐单元作试验发现,不但训练时间很长,而且不易收敛,效果不及 6 个隐单元好。

②设置网络的初始权值 W_{ij}

BP 算法决定了误差函数一般存在(很)多个局部极小点,不同的网络初始权值直接决定了 BP 算法收敛于哪个局部极小点或是全局极小点。由于 Sigmoid 转换函数的特性,一般要求初始权值分布在 $-0.5 \sim 0.5$ 之间比较有效。

③确定学习精度(如历史概括率 $> 90\%$),以决定学习训练结束的时机。

④逐个对输入的 N 个样本(每个样本均有 M 个输入:$x_1, x_2, \cdots, x_m$),计 L 个输出(预报对象 $\hat{y_1}, \hat{y_2}, \cdots, \hat{y_L}$):

$$O_j = 1/[1 + \exp(-\sum_{k=1}^{m} x_k W_{jk})]$$

$$\hat{y_i} = 1/[1 + \exp(-\sum_{j=1}^{n} O_j W_{ji})]$$

式中 O_j 为第 j 个隐节点的输出。

⑤从输出层到输入层的后一层(隐层),计算误差,反向传输修正权值。

在输出层:$\delta_j = (y_j - \hat{y}) f'(net_j)$

在隐层:$\delta_j = f'(net_j) \sum_{m=1}^{L} \delta_m W_{jm}$

为了加速学习过程,当前 t 的权值修正值,可在(6.8)式的基础上修改为:

$$\Delta W_{ji}(t) = \eta \delta_j O_i + \alpha \Delta W_{ji}(t-1)$$

式中 $\Delta W_{ij}(t-1)$ 为上一学习周期的权值修正值,α 为相应的学习速率。一般应取 $\eta < \alpha$,如王繁强等取 $\eta = 0.6, \alpha = 0.75$。由此得到新的权值为:

$$W_{ji}(t) = W_{ji}(t-1) + \Delta W_{ji}(t)$$

⑥当输出与期望不一致($\hat{y_i} \neq y_i$)时,重复④、⑤的学习过程,直至达到精度要求或产生振荡(不能收敛)。

学习结束后,权值保持不变。应用过程仅相当于上述学习过程的第④步,每输入一组"实时"资料,输出层的输出值即为预报值,当 y_1、y_2、$\cdots$、y_L 为某种天气(如降水量)的分类预报对象时,最大输出值所在的节点就是最可能出现的该类预报对象。

6.1.5 应用举例

以下通过武汉暴雨研究所胡江林(1999)用神经网络模型制作湖北省月降水量预报的实例介绍,进一步说明 BP 人工神经网络在日常天气预报业务中的应用方法和效果。

选取 1954—1997 年湖北省 7 个代表站 1—6 月的逐月降水量,共 42(7×6)个因子,作为该网络模型的输入(每个代表站有 44 个样本)。输出是各代表站 7 月份的降水量。网络的隐层节点取 10,学习速率取 $\eta=\alpha=0.618$,初始权值取 $-0.1\sim0.1$ 之间的随机数。训练结果(见表 6.1)是令人满意的,7 个代表站的平均相对误差都不超过 1%,误差范围都在 $-0.3\%\sim2.7\%$ 之间。表 6.2 为 1998 年的实际预报情况。由表可见,7 个站预报距平与实况符号相同的有 4 个站,占 57.1%。其中汉口和黄石的特大洪涝预报得更为成功,在降水实况距平达 3.5 倍以上的情况下,汉口的预报距平为 263%,黄石为 373%,都与实况十分接近,这是一般线性预报模型很难达到的。在该模型中,仅使用了各站的降水量前期值作为输入因子,如果引入一些能反映大气运动物理特性的大气环流因子和外强迫因子,也许效果会更好。

表 6.1　各代表站 44 个训练样本的误差

代表站	相对误差范围(%)	平均相对误差(%)
郧 县	$-0.2\sim0.8$	0.0
老河口	$0.0\sim1.6$	0.0
恩 施	$0.0\sim1.1$	0.0
宜 昌	$-0.2\sim1.2$	0.0
江 陵	$0.0\sim1.4$	0.0
汉 口	$-1.8\sim2.4$	0.5
黄 石	$-3.0\sim2.7$	0.8

表 6.2　各代表站 1998 年 7 月月降水量的预报值和实况值

代表站	实况值(mm)	预报值(mm)	实况距平(%)	预报距平(%)
郧县	131	95	-9	-3
老河口	122	46	3	-60
恩施	417	317	74	33
宜昌	177	266	-15	29
江陵	280	70	90	-52
汉口	759	614	349	263
黄石	847	813	392	373

6.2　多层递阶预报方法

6.2.1　引言

天气预报的多层递阶(Multi-level Recursive Model,简称 MLR)预报方法,是运用现代控制论中的系统辨识方法提出的一种新的动态系统预报技术。根据控制论中的系统辨识观点,大气系统可看成是一个既含有已知信息又含有未知信息的灰色系统。天气系统问题相应地就是"灰箱"问题,即各种气象要素都是由许多已知和未知的因素共同作用的结果。这说明,在对某一气象要素的预报中,尽管可以找到若干个预报因子,但肯定不是全部影响因子都能找到,甚至由于认识水平或技术条件的限制,还不能保证找出的因子就是最重要的影响因子。多层递阶预报就是从系统的外部特征着手,将单一的气象要素或某些相关联的气象要素组合成随时间变化的数据,且看成一个一维或多维的时间序列,用时间序列分析的方法进行多层分析和多层递阶预报,建立输入—输出模型。此外,由于大气系统是一个非常复杂的随机时变动态系统,因此用传统的固定参数的统计预报方法就有许多局限性。如用多元回归方法时,预报方程一旦建立,因子的系数就成为定值,而资料年代越长(样本越大)越好的观点显然是平均的概念,即根据大量的历史资料进行"回归"后只能预报出气象要素可能出现的平均状态,它们不能有效地反映大气系统的时变特性,因此其预报准确率和精度都是有限的。

多层递阶的方法就是针对上述问题而提出来的,其基本思想是:把动态时变系统的状态(预报对象)的预报分解成两部分,即首先对系统的时变参数(随时间变化的输入变量的系数)进行预报,然后在此基础上再对系统的状态进行预报,形成参数—状态预报的反馈回路。这种方法的主要特点是能充分考虑系统的时变特性,从而使预报准确率和预报精度的提高有了可能。

6.2.2　多层递阶预报的基本原理

(1)基本数学模型

这里仅以最常用的线性单输出模型作为预报系统的基本数学模型:

$$Y(t) = \alpha_1(t)Y(t-1) + \alpha_2(t)Y(t-2) + \cdots + \alpha_n(t)Y(t-n) + \beta_1(t)u_1(t)$$
$$+ \beta_2(t)u_2(t) + \cdots + \beta_m(t)u_m(t) + e(t) \tag{6.11}$$

式中,$Y(t)$ 为一维的输出(预报量);$\alpha_1(t)$、$\cdots$、$\alpha_n(t)$、$\beta_1(t)$、$\cdots$、$\beta_m(t)$ 为 $n+m$ 个时变参数;$e(t)$ 为均值为零的一维白噪声;$u_1(t)$、$\cdots$、$u_m(t)$ 为 m 个一维的输入变量(预报因子);t 为流动时间;n 为 $Y(t)$ 的自回归阶数,它反映了 $Y(t)$ 的自身规律,当 $n=0$ 时,说明 $Y(t)$ 与其前期值无相关关系,完全依赖于各输入变量的作用。若记

$$\Phi^{\mathrm{T}}(t) = \left[Y(t), \cdots Y(t-n), u_1(t), \cdots u_m(t)\right]$$

$$\theta^{\mathrm{T}}(t) = \left[\alpha_1(t), \cdots \alpha_n(t), \beta_1(t), \cdots \beta_m(t)\right]$$

则模型(6.11)可写成：

$$Y(t) = \Phi^{\mathrm{T}}(t)\theta(t) + e(t) \tag{6.12}$$

在此情况下，模型(6.12)中的时变参数 $\theta(t)$ 一般可按如下跟踪公式算出：

$$\hat{\theta}(t) = \hat{\theta}(t-1) + \frac{1}{\|\Phi(t)\|^2}\Phi(t)\{Y(t) - \Phi^{\mathrm{T}}(t)\hat{\theta}(t-1)\} \tag{6.13}$$

$\hat{\theta}(t)$ 在给定初始值 $\hat{\theta}(0)$ 后(关于初值 $\hat{\theta}(0)$ 的选择问题，可以证明：不管如何选取初值，(6.13)式都能很快使 $\hat{\theta}(t)$ 收敛到参数真值 $\theta(t)$，故一般取初值为零即可)，由实际观测数据，用(6.13)式即可得到一系列参数估值 $\hat{\theta}(1)$, $\hat{\theta}(2)$, $\cdots \hat{\theta}(N)$，其中 N 为观测数据组数。然后对参数估值序列 $\{\hat{\theta}(t)\}$ 进行分析，寻其演变规律，并通过适当的数学手段建立相应的预报模型，对时变参数进行预报，即可得到参数预报值 $\hat{\theta}^*(N+1)$，从而有：

$$\hat{Y}(N+1) = \Phi^{\mathrm{T}}(N+1)\hat{\theta}^*(N+1) \tag{6.14}$$

(6.14)式就是最后需要的预报模型。

(2)时变参数的预报方法

预报时变参数是多层递阶方法有别于其他预报方法的最核心部分，一般是在时间序列分析的基础上作出的。目前常用的方法有均值近似法、多层 AR 模型(Auto-regressive Model)递阶法、周期变量法、定常增量法、定常因子法、多项式最小二乘拟合法和样条函数拟合法等，这里仅介绍前三种方法。

①均值近似法

若第 i 个 $(i=1,2,\cdots,n+m)$ 参数估值时间序列 $\{\hat{\theta}_i(t)\}$ 为平稳时间序列，且随着 t 的增大，$\hat{\theta}_i(t)$ 的值只有微小变化时，令 $\mu_i = \frac{1}{N}\sum_{t=1}^{N}\hat{\theta}_i(t)$，对事先给定的一个方差允许值 σ_i^2，只要有 95% 以上的 $\hat{\theta}_i(t) \in \left[\mu_i - 2\sigma_i, \mu_i + 2\sigma_i\right]$，就认为 $\hat{\theta}_i(t)$ 是准非时变的。在此情况下，可取其平均值作为预报值，因此有预报公式：

$$\hat{\theta}_i^*(N+h) = \mu_i = \frac{1}{N}\sum_{t=1}^{N}\hat{\theta}_i(t) \tag{6.15}$$

此处 h 为预报步长。

②多层 AR 模型递阶法

当 $\{\hat{\theta}_i(t)\}$ 为时变序列时，可考虑它具有如下自回归形式：

$$\hat{\theta}_i(t) = \alpha_1(t)\hat{\theta}_i(t-1) + \alpha_2(t)\hat{\theta}_i(t-2) + \cdots + \alpha_p(t)\hat{\theta}_i(t-p) + e_i(t) \tag{6.16}$$

式中 $e_i(t)$ 为随机噪声，$\alpha_1(t)$、$\alpha_2(t)$、$\cdots$、$\alpha_p(t)$ 皆为时变参数，p 为 $\hat{\theta}_i(t)$ 的自回归阶数。若令

$$A_i^{\mathrm{T}}(t) = \left[\alpha_{i1}(t), \alpha_{i2}(t), \cdots, \alpha_{ip}(t)\right]$$

$$B_i^{\mathrm{T}}(t) = [\hat{\theta}_i(t-1), \hat{\theta}_i(t-2), \cdots, \hat{\theta}_i(t-p)]$$

则(6.16)式可写成

$$\hat{\theta}_i(t) = B^{\mathrm{T}}(t)A_i(t) + e_i(t)$$

不难看出,上式与(6.12)式具有类似的形式,因此可用跟踪公式(6.13)即

$$\hat{A}_i(t) = \hat{A}_i(t-1) + \frac{1}{|B_i(t)|^2}B_i(t)\{\hat{\theta}_i(t) - B_i^{\mathrm{T}}(t)\hat{A}_i(t-1)\}$$

来算出时变参数 $A_i^T(t)$ 的估值序列 $\{\hat{\alpha}_i(t)\}$。对新序列 $\{\hat{\alpha}_i(t)\}$ 进行分析:

(a) 如果 $\{\hat{\alpha}_i(t)\}$ 为准非时变的,那么就按前述的均值近似法处理,得出 $\hat{\alpha}_i^*(N+h)$;

(b) 如果 $\{\hat{\alpha}_i(t)\}$ 仍为时变序列,则可对其重复进行类似上述对 $\{\hat{\theta}_i(t)\}$ 所进行的工作。如此一层一层进行下去,直至一层参数的估值序列全部成为准非时变时为止。然后以"均值近似法"确定最后一层参数的预报值,并以此出发再逐层地预报出各层参数值。

③周期变量法

若 $\{\hat{\theta}_i(t)\}$ 满足 $\hat{\theta}_i(t+nT) \approx \hat{\theta}_i(t)$,即时变参数本身有着周期为 T 的变化规律,则其预报值可取为:

$$\hat{\theta}_i^*(N+1) = \frac{1}{H}\sum_{j=1}^{H}\hat{\theta}_i(N+1-jT)$$

$$\hat{\theta}_i^*(N+2) = \frac{1}{H}\sum_{j=1}^{H}\hat{\theta}_i(N+2-jT)$$

$$\cdots\cdots$$

$$\hat{\theta}_i^*(N+T) = \frac{1}{H}\sum_{j=1}^{H}\hat{\theta}_i(N+T-jT)$$

$$\hat{\theta}_i^*(N+LT+m) = \hat{\theta}(N+m)$$

式中 $L=1,2,\cdots$;$m=1,2,\cdots,T$;H 为不大于 N/T 的最大整数。

在实际应用中,一般先计算样本方差 E,若 $E<0.0001$ 时,则用"均值近似法"做参数预报;当 $0.0001 \leqslant E < 0.001$ 时,则用多层 AR 模型递阶法;否则,当 $E \geqslant 0.001$ 时,则用功率谱分析得出周期 T,然后按周期变量法来做参数预报。

6.2.3　应用举例

(1)输入变量因子的选取和处理

从大气系统的外部特征入手,选取有一定物理意义的天气、气候学因子作为预报系统的输入变量,是多层递阶预报的基础。下面以邱凯等(2013)用多层递阶法预测洛阳秋季降水为例,来说明该方法的应用过程。

考虑影响洛阳秋季(9—11月)阴雨天气的主要环流特征和地区地方性因素,先对所有预报因子进行初步统计筛选,选取相关系数 0.45 以上因子进入因子库(表 6.3),再将入选因子与洛阳秋季降水量的相关系数从大到小排序,然后选取如下 8 个因子作为预报系统的输入变量 $u_i(t)(i=1,2,\cdots 8)$ 进行试验。它们包括:上年 9 月副高西伸脊点;当年 6 月副高强度指数;洛阳当年 2、3 月份平均最低气温;$30°N\sim40°N,105°E\sim115°E$ 范围内的当年 6 月份 500 hPa 平均高度距平;$20°N\sim50°N,40°E\sim140°E$ 范围内的当年 6 月份 500 hPa 平均高度距平;$20°N$ 与 $40°N$ 的当年 6 月份 500 hPa 平均高度差,$30°N\sim70°N$ 上当年 6 月份 500 hPa 纬向扰动动能之和(单位:m^2/s^2);$30°N\sim70°N$ 上当年 6 月份 500 hPa 经向扰动动能之和(单位:m^2/s^2)。

表 6.3　预报因子与洛阳秋季降水量的相关系数

预报因子	u_1	u_2	u_3	u_4	u_5	u_6	u_7	u_8
相关系数	0.64	0.62	0.53	0.51	0.50	0.48	0.47	0.45

为消除各输入变量的单位差别,用下式分别对它们进行标准化处理:

$$u'_i(t) = (u_i(t) - \bar{u}_i) \Big/ \Big(\frac{1}{N}\sum_{t=1}^{N}(u_i(t)-\bar{u}_i)^2\Big)^{\frac{1}{2}}$$

$$\bar{u}_i = \frac{1}{N}\sum_{t=1}^{N}u_i(t) \quad (i=1,2,\cdots,8)$$

经分析发现,预报量 $Y(t)$(洛阳秋季降水量)与其前期值无明显的相关关系,即与 $Y(t-1)$、$Y(t-2)$、$\cdots$ 无明显的相关性,故取其自回归阶数 $n=0$。再根据上述选取的输入变量,就可确定预报模型中 $\Phi^T(t)$ 和 $\theta^T(t)$:

$$\Phi^T(t) = [u_1(t),u_2(t)\cdots u_8(t)]$$

$$\theta^T(t) = [\beta_1(t),\beta_2(t),\cdots\beta_8(t)]$$

(2)预报结果对比分析

选取洛阳 1971—2000 年共 30 年历史数据为基本运算资料,对洛阳 2001—2010 年秋季降水量进行预测,并与传统的多元线性回归分析法进行对比分析。按控制论中系统辨识的相应观点,多层递阶技术认为:对于时变系统而言,新获得的观测数据对系统未来变化有着更重要的预示信息。为了不因旧的数据过多而使新数据的信息被"淹没",一般可采用遗忘因子法(也叫渐消记忆法或实时最小二乘法),即对旧的数据加上适当的遗忘因子,以达到降低旧数据的影响,强调新数据作用的目的。因此,在具体计算时对多层递阶模型采用"遗忘因子法"。

各种预报方案的预报结果见表 6.4。其中:$Y(t)$ 为实际降水量,$Y_1^*(t)$ 为多层递阶分析法(8 个因子)预测降水量,$Y_2^*(t)$ 为多元线性回归分析法预测降水量,$Y_3^*(t)$ 为多层递阶分析法(5 个因子)预测降水量,$Y_4^*(t)$ 为多层递阶分析法(4 个因子)预测降水量;$Y(t)$分为三个等级,$Y(t) \leqslant 100$ mm 时为偏旱年,100 mm$< Y(t) \leqslant 300$ mm 时为正常年,$Y(t) > 300$ mm 时为偏涝年,分别用$-1,0,1$表示。评定$Y_1^*(t)$的趋势,o 代表正确,·代表错误。

表 6.4　各种预报方案的预报结果比较　　　　　　　单位:mm

年份	$Y(t)$	$Y_1^*(t)$	$Y_2^*(t)$	$Y_3^*(t)$	$Y_4^*(t)$	$Y(t)$ 级别	$Y_1^*(t)$ 级别	评定
2001	159.2	108.7	105.9	207.3	66.8	0	0	o
2002	105.6	140.1	292.6	230.4	182.2	0	-1	·
2004	255.7	178.8	199.5	202.1	195.5	0	0	o
2005	103.8	123.2	282.7	41.2	42.9	0	0	o
2006	179.3	124.0	152.1	107.3	103.9	0	0	o
2007	86.5	120.2	360.9	267.8	335.3	-1	0	·
2008	123.7	83.3	556.2	130.1	288.6	0	-1	·
2009	268.6	113.9	90.2	164.6	81.7	0	0	o
2010	188.6	115.7	433.3	74.2	177.2	0	0	o
平均误差		64.3	170.2	83.2	111.7	/	/	/
最大误差		155.3	432.2	181.3	248.8	/	/	/
正确次数		7	4	5	3	/	/	/

①多层递阶分析法与多元线性回归分析法比较

用与多层递阶分析法完全相同的资料和因子,采取多元线性回归分析法做对比试验。为满足多元线性回归的基本要求,使样本尽可能大,这里用逐次增加一年资料的方法分别建立线性回归方程。由表 6.4 可见,多层递阶预测值 $Y_1^*(t)$ 平均误差为 64.3 mm,明显小于多元线性回归预测值 $Y_2^*(t)$ 的 170.2 mm,前者的最大误差 155.3 mm (出现在 2009 年)也比后者 432.2 mm(出现在 2008 年)小得多。分级趋势预报中多层递阶预测值 $Y_1^*(t)$ 在 10 次预报中正确 7 次,而多元线性回归预测值 $Y_2^*(t)$ 在此期间正确 4 次。旱涝级别预测中多层递阶预测值 $Y_1^*(t)$ 在 10 次预报中正确 7 次,而多元线性回归预测值 $Y_2^*(t)$ 在此期间正确 5 次。可见,无论是看洛阳秋季旱涝趋势还是降水量实际误差,多层递阶预测方法明显优于多元线性回归预测方法。

在图 6.3 中,横坐标代表 2001—2010 年,纵坐标代表洛阳秋季的降水量。可见,多层递阶预测值 $Y_1^*(t)$ 与实际观测值 $Y(t)$ 拟合度更高,距平值较小,即波动范围较小,多元线性回归方法在 2007 年、2008 年和 2010 年的预测值 $Y_2^*(t)$ 偏大,尤其在 2008 年达到了近 600 mm,远远偏离了正常值的 123 mm,出现了明显的预测错误,而多元线性回归方法在预测前期(2001—2006 年)的预测值与实际数值拟合较好。

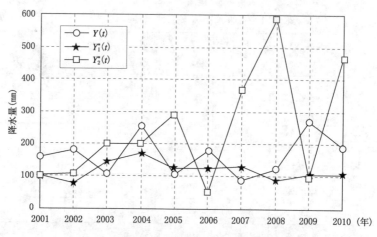

图 6.3　多层递阶法与多元线性回归法效果对比

②不同输入变量个数的多层递阶分析法比较

在上述 8 个输入变量中,用逐步回归方法进一步筛选出 5 个最优变量,再用获得 $Y_1^*(t)$ 的方法进行试验,本例中选取 $u_1(t)$、$u_2(t)$、$u_3(t)$、$u_5(t)$、$u_7(t)$ 共 5 个因子,得出 $Y_3^*(t)$。在此情况下,发现同期 10 年预测中平均误差为 83.2 mm,分级趋势预报正确 5 次。其结果优于多元线性回归预测值 $Y_2^*(t)$,但显然不及多层递阶预测值 $Y_1^*(t)$。同理,选取 $u_1(t)$、$u_2(t)$、$u_3(t)$、$u_5(t)$ 共 4 个最优预测因子进行试验,得出 $Y_4^*(t)$,在此情况下,发现同期 10 年预测中平均误差为 111.7 mm,分级趋势预报正确次数 3 次,不如 $Y_1^*(t)$ 和 $Y_2^*(t)$,但趋势预报优于 $Y_2^*(t)$。可以看出,其预测结果 $Y_4^*(t)$ 不及 $Y_3^*(t)$,采用多层递阶分析法时,输入变量个数适当多些效果更佳。

在图 6.4 中,波动最大值出现在 2007 年的 $Y_4^*(t)$,为 335.5 mm,小于图 6.2 中的 $Y_2^*(t)$ 预测值 556.3 mm,大于 $Y_1^*(t)$ 的 120.2 mm,即多层递阶预测值最大波动小于多元线性回归预测值最大波动。分别选取 8 个因子、5 个因子、4 个因子得出的多层递阶预测值平均波动小于多元线性回归预测值波动,其中,选取 8 个因子的预测值与实际观测值拟合度最高,达到 62.9%,基本满足趋势预报的要求。

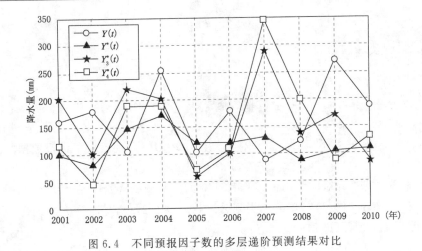

图 6.4 不同预报因子数的多层递阶预测结果对比

6.3 支持向量机方法

6.3.1 引言

支持向量机(Support Vector Machine,简称 SVM)方法是基于历史数据训练学习的一种建模方法,但又不同于传统的 Kalaman、ANN 等方法。SVM 方法的基本思想是:基于 Mercer 核展开定理,通过非线性映射,把样本空间映射到一个高维乃至于无穷维的特征空间(Hilbert 空间),使在特征空间中可以应用线性学习机的方法解决样本空间中的高度非线性分类和回归等问题。

SVM 方法通过合适的内积函数定义非线性变换,把样本空间的非线性关系转化为高维空间中的线性关系,在变换后的高维空间中求出最优分类超平面,从而实现样本分类。而超平面只是由关键样本点(少数支持向量)决定,其余样本均不起作用。它是 Vipnik 等根据统计学习理论(Statistical Learning Theory,简称 SLT)提出的一种新的机器学习方法,在解决小样本、非线性及高维模式识别问题中表现出许多特有的优势。支持向量机根据结构风险最小化准则,在使训练样本分类误差极小化的前提下,尽量提高分类器的泛化推广能力。从实施的角度,训练支持向量机的核心思想等价于求解一个线性约束的二次规划问题,从而构造一个超平面作为决策平面,使得特征空间中两类模式之间的距离最大,而且它能保证得到的解为全局最优解。2004 年陈永义对 SVM 方法的原理做了介绍,并首次提出将支持向量机方法应用到气象预报试验中;冯汉中(2004)等人对 SVM 方法在气象预报领域进行了一些试探性的试验,结果表明 SVM 方法能用于具有显著非线性特征的气象预报中,所得出的 SVM 推理模型具有良好的预报能力。

6.3.2　分类和回归问题的提出

给定训练样本集:

$$(x_1,y_1),(x_2,y_2),\cdots,(x_i,y_i) \tag{6.17}$$

其中 $x_i \in R^N$,为 N 维向量,$y_i \in \{-1,1\}$ 或 $y_i \in \{1,2,\cdots,k\}$ 或 $y_i \in R$;通过训练学习寻求模式 $M(x)$,使其不但对于训练样本满足 $y_i = M(x)$,而且对于预报数据集:

$$x_{i+1},x_{i+2},\cdots,x_m \tag{6.18}$$

同样能得到期望的对应输出值 y_i。称建立的分类模式 $M(x)$ 为学习机或分类机。

当 $y_i \in \{-1,1\}$ 时为最简单的二类划分,当 $y_i \in \{1,2,\cdots,k\}$ 时为 k 类划分,当 $y_i \in R$ 时为函数估计,即回归分析。

多类划分可看成是做多个二类划分(判断是否属于某一类)。当分类机 $M(x)$ 为线性函数(直线或线性超平面)时对应线性划分;否则为非线性分类。

线性划分的理想情况是训练样本集可以完全线性分离。当训练样本集不能线性分离(训练样本有重叠现象)时,可以通过引入松弛变量而转化为可线性分离的情况。

下面首先讨论线性可分离的二类划分的 SVM 分类机,进而解决线性不可分离的二类划分和多类线性分类问题,最后通过引入非线性映射和核函数,将非线性分类问题转化为线性 SVM 分类问题加以解决。图 6.5 给出 SVM 分类问题及解决思路的框图。

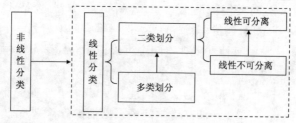

图 6.5　SVM 分类问题及解决思路

6.3.3　最优划分线性超平面和支持向量

对于式(6.17)给出的训练样本集的线性二类划分问题,就是寻求函数:

$$y = f(x) = \text{Sgn}((w \cdot x) + b)) \tag{6.19}$$

使对于 $i=1,2,\cdots,l$ 满足条件:

$$y_i = f(x_i) = \text{Sgn}((w \cdot x_i) + b)) \tag{6.20}$$

其中 $w,x,x_i \in R^N$,$b \in R$,w,b 为待确定的参数,Sgn 为符号函数。显然 $(w \cdot x) + b = 0$ 为划分超平面,w 为其法方向向量。条件(6.20)式又可以写成等价形式:

$$y_i((w \cdot x) + b) > 0 \tag{6.21}$$

对于线性可分离的问题,满足上述条件形如(6.19)式的线性决策函数是不唯一的。图 6.6 给出二维情况下满足条件的划分直线的分布区域图。落在阴影区域内的任一直线都可作为决策函数。于是人们要问:众多决策函数中有否最优? 若有,是否唯一? 如何寻求?

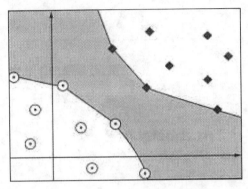

图 6.6　划分直线的分布区域图

判断优劣要有原则,通常采用误差最小化原则,即寻求决策函数使对训练样本集的分类误差"总和"(有多种汇总方法)最小。按此原则,落在阴影区域内的任一直线都是最优,因为都使总分类误差为零。

Vapnik 提出一个最大边际化(maximal margin)原则,边际又称间隔,是指训练样本集到划分超平面的距离,它是所有训练样本点到划分超平面的(垂直)距离中的最小者:

$$\mathrm{Min}(\|x - x_i\| : x \in \mathrm{R}^N, (w \cdot x) + b = 0, i = 1, 2, \cdots, l)$$

所谓最大边际化原则是指寻求使间隔达到最大的划分为最优,即是对 w, b 寻优,求得最大间隔:

$$\mathop{\mathrm{Max}}_{w,b}(\mathrm{Min}\|x - x_i\| : x \in \mathrm{R}^N, (w \cdot x) + b = 0, i = 1, 2, \cdots, l)$$

对应最大间隔的划分超平面称为最优划分超平面,简称为最优超平面(如图 6.7 中的 L)。图中的两条平行虚线 l_1、l_2(称为边界)距离之半就是最大间隔。可以证明最大间隔是唯一的,但达到最大间隔的最优超平面可能不唯一。

最大间隔和最优超平面只有落在边界上的样本点完全确定,这样的样本点称之为支持向量(如图 6.7 中 x_1、x_2、x_3 样本点)。

只由少数训练样本点(支持向量)就把最大间隔和最优超平面完全确定,其余非支持向量的样本点均不起作用,这具有重要的意义。它说明间隔最大化原则下的最优划分不是依赖于所有点,而只是由支持向量决定。求最优超平面和最大间隔等同于确定

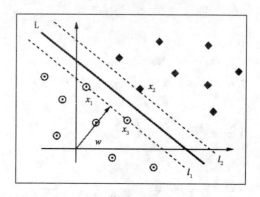

图 6.7　最优划分超平面示意图

各个样本点是否支持向量。这预示着该方法具有鲁棒性和算法复杂性。由支持向量确定的线性分类机称为线性支持向量机。

6.3.4　线性支持向量机

(1)线性可分离的情况

对于(6.17)式给定的训练样本集,如果样本是线性可分离的,设图 6.7 中的划分超平面 L 的方程为:

$$(w \cdot x) + b = 0$$

两条边界 l_1、l_2 的方程(经过恒等变形后)为:

$$(w \cdot x) + b = \pm 1$$

设 x_1 在 l_1 上,x_2 在 l_2 上,即:

$$(w \cdot x_1) + b = -1, (w \cdot x_2) + b = +1$$

两式相减有:

$$(w \cdot (x_2 - x_1)) = 2$$

进而有:

$$\left(\frac{w}{\|w\|} \cdot (x_2 - x_1) \right) = \frac{2}{\|w\|} \tag{6.22}$$

(6.22)式左边恰好就是连接 x_1 的向量在划分超平面法方向上的投影,它是最大间隔的二倍。求最大间隔等价于求 $\|w\|$ 或 $\|w\|^2$ 或 $\frac{1}{2}\|w\|^2$ 的最小值。考虑到要使所有训练样本点分类正确,应成立:

$$(w \cdot x_i) + b \geqslant 1, 若 y_i = 1$$
$$(w \cdot x_i) + b \leqslant -1, 若 y_i = -1$$

两式可以合并为:

$$y_i((w \cdot x_i) + b) \geqslant 1$$

这样,建立线性支持向量机的问题转化为求解如下一个二次凸规划问题:

$$\begin{cases} \min \dfrac{1}{2} \|w\|^2 \\ \text{约束条件}: y_i((w \cdot x_i) + b) \geqslant 1 \end{cases} \tag{6.23}$$

由于目标函数和约束条件都是凸的,根据最优化理论,这一问题存在唯一全局最小解。应用 Lagrange 乘子法并考虑满足 KKT 条件(Karush-Kuhn-Tucker):

$$\alpha_1(y_i((x \cdot x_i) + b) - 1) = 0 \tag{6.24}$$

可求得最优超平面决策函数为:

$$M(x) = \text{Sgn}((w^* \cdot x) + b^*) = \text{Sgn}(\sum_{S.V.} \alpha_i^* y_i (x \cdot x_i) + b^*) \tag{6.25}$$

式中 α_i^*,b^* 为确定最优划分超平面的参数,$(x \cdot x_i)$ 为两个向量的点积。由(6.22)式知:非支持向量对应的 α_i 都为零,求和只对少数支持向量进行。

(2)线性不可分的情况

对于线性不可分的情况,通过引入松弛变量 $\xi_i \geqslant 0$,修改目标函数和约束条件,应用完全类似的方法可以求解。与(6.23)式类似的新的凸规划问题为:

$$\begin{cases} \min \dfrac{1}{2} \|w\|^2 + C \sum_i \xi_i \\ \text{约束条件}: y_i((w \cdot x_i) + b) \geqslant 1 - \xi_i \end{cases} \tag{6.26}$$

若 ξ_i 都为零,(6.26)式就变成了线性可分问题(6.23)式。(6.26)式中大于零的 ξ_i 对应错分的样本,参数 C 为惩罚系数。

(3)线性多类分类问题

k 类分类问题可以转化为 k 个二类划分问题。这时对应的每一个二类划分的决策函数为:

$$f_i(x) = \text{Sgn}((w_i \cdot x) + b_i, \quad i = 1, 2, \cdots, k$$

其中 $f_i(x)$ 的定义为:

$$f_i(x) = \begin{cases} 1 & x \text{ 属于第 } i \text{ 类} \\ -1 & x \text{ 属于其他类} \end{cases}$$

k 类分类问题的总决策函数为:

$$M(x) = \arg(\max_i((w_i \cdot x) + b_i)) \tag{6.27}$$

上式的 arg 为选取指标函数,其含义为:选取使样本点 x 对于 k 个决策函数值最大的 $f_i(x)$ 的指标 i 作为 $M(x)$ 的值。i 所对应的类,作为样本点应该归属的类。

6.3.5　非线性支持向量机

SVM 方法真正有价值的应用是用来解决非线性问题,图 6.8 对此给出二维样本数据的直观示意图。

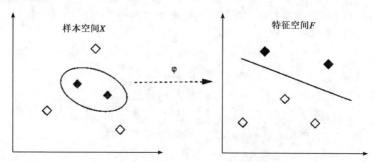

图 6.8　样本空间到特征空间的非线性映射示意

(1)Mercer 核和 Mercer 定理

一个二元函数 $K(x,y)$ 通常称为是一个核函数（简称核）。给定核 $K(x,y)$，若有实数 λ 和非零函数 $\varphi(x)$ 使：

$$\int_a^b K(x,y)\phi(x)\mathrm{d}x = \lambda\phi(y)$$

成立，则称 λ 为核的一个特征值，称 $\phi(x)$ 为核的关于特征值 λ 的一个特征函数。

对称正定的连续核称为 Mercer 核。关于 Mercer 核有如下定理：

Mercer 定理：Mercer 核 $K(x,y)$ 可以展开成一致收敛的函数项级数：

$$K(x,y) = \sum \lambda_i\phi_i(x)\phi_i(y)$$

式中，λ_i、$\phi_i(x)$ 分别为核 $K(x,y)$ 的特征值和特征向量，它们的个数可能有限或无穷。

Mercer 核很多，如径向基函数核、双曲正切函数核等。由已知的 Mercer 核经过某些运算可以生成新的 Mercer 核。特别是由点积定义的核必是 Mercer 核：

$$K(x,y) = (\varphi(x) \cdot \varphi(y)) \tag{6.28}$$

(2)特征映射和特征空间

称由 Mercer 核的特征函数张成的函数集为特征空间，记为 F。原样本空间记为 X。

如果作如下样本空间 X 到特征空间 F 的非线性映射 ϕ：

$$\varphi(x) = (\sqrt{\lambda_i}\phi_i(x), \sqrt{\lambda_2}\phi_2(x), \cdots, \sqrt{\lambda_k}\phi_k(x), \cdots)$$

则显然有：

$$K(x,y) = \sum_i \lambda_i\phi_i(x)\phi_i(y) = (\varphi(x) \cdot \varphi(y)) \tag{6.29}$$

从此可以看出：当把样本空间通过非线性映射映入特征空间时，如果只用到映象的点积,则可以用相对应的核函数来代替,而不需要知道映射的显式表达式。这是从线性支持向量机到非线性支持向量机的关键一步。

（3）非线性支持向量机

在特征空间 F 中应用线性支持向量机的方法,分类决策函数（6.25）式变为：

$$M(x) = \mathrm{Sgn}((w^* \cdot \varphi(x)) + b^{*>}) = \mathrm{Sgn}(\sum_{S.V.} \alpha_i^* y_i(\varphi(x) \cdot \varphi(x_i)) + b^*)$$

$$(6.30)$$

与（6.25）式相比,这里只是用 $\varphi(x)$ 和 $\varphi(x_i)$ 代替 x 和 x_i,因此计算过程相同。

考虑到 Merxer 定理和（6.29）式,（6.30）式可以化简为：

$$M(x) = \mathrm{Sgn}(\sum_{S.V.} \alpha_i^* y_i K(x, x_i) + b^*)$$

$$(6.31)$$

这就是非线性支持向量学习机的最终分类决策函数。虽然用到了特征空间及非线性映射,但实际计算中并不需要知道它们的显式表达。只需要求出支持向量及其支持的"强度"和阈值,通过核函数的计算,即可得到原来样本空间的非线性划分输出值。

这样就通过核函数和线性 SVM 方法解决了非线性 SVM 问题。而线性 SVM 的算法归结为一个凸约束条件下的二次凸规划问题。

6.3.6　SVM 回归方法

回归分析又称函数估计,它要解决的问题是：根据给定的样本数据集 $\{(x_i, y_i) | i = 1, 2, \cdots, k\}$,其中 x_i 为预报因子值,y_i 为预报对象值,寻求一个反映样本数据的最优函数关系 $y = f(x)$。

这里的最优是指按某一规定的误差函数计算,所得函数关系对样本数据集拟合得"最好"（累计误差最小）。图 6.9 中的 a,b,c 为多元统计分析中常用的误差函数,d 为 SVM 回归中常用的 ε—不灵敏误差函数（$\varepsilon \geqslant 0$）。当 $\varepsilon = 0$ 时,d 等同于 b。

如果所得函数关系 $y = f(x)$ 是线性函数,则称线性回归,否则为非线性回归。图 6.10 给出二维数据的线性与非线性回归的图示。

与 SVM 分类问题不同的是 SVM 回归的样本点只有一类,所寻求的最优超平面不是使两类样本点分得"最开",而是使所有样本点离超平面的"总偏差"最小。这时样本点都在两条边界线之间,求最优回归超平面同样等价于求最大间隔,推导过程与 SVM 分类情况相同。

如果采用图 6.9(d)的 ε—不灵敏函数作为误差函数,当所有样本点到所求超平面的距离都可以不大于 ε 时（这相当于 SVM 分类时的线性可分的情况）,寻求最优回归超平面的问题转化为求解如下一个二次凸规划问题：

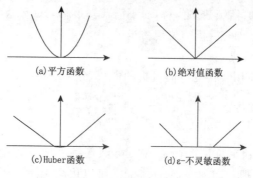

图 6.9 误差函数图

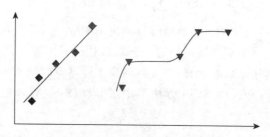

图 6.10 线性与非线性回归图示

$$\begin{cases} \min \dfrac{1}{2}\|w\|^2 \\ \text{约束条件：} \begin{cases} y_i - (w \cdot x_i) - b \leqslant \varepsilon \\ (w \cdot x_i) + b - y_i \leqslant \varepsilon \end{cases} \end{cases} \tag{6.32}$$

当个别样本点到所求超平面的距离大于 ε 时(这相当于 SVM 分类时的线性不可分的情况),ε－不灵敏函数使超出的偏差相当于 SVM 分类中引入的松弛变量 ξ_i,引入容错惩罚系数 C,寻求最优回归超平面的二次凸规划问题变成:

$$\begin{cases} \min \dfrac{1}{2}w^2 + C\sum_i (\xi_i + \xi_i^*) \\ \text{约束条件：} \begin{cases} y_i - (w \cdot x_i) - b \leqslant \varepsilon + \xi_i \\ (w \cdot x_i) + b - y_i \leqslant \varepsilon + \xi_i^* \end{cases} \end{cases} \tag{6.33}$$

对于最优化问题(6.32)和(6.33)式,类似于 SVM 分类方法,可求得最优超平面线性回归函数为:

$$f(x) = (w \cdot x) + b = \sum_{S.V.} (\alpha_i - \alpha_i^*)(x \cdot x_i) + b \tag{6.34}$$

式中,α_i、α_i^* 和 b 通过约束条件求得,作为确定最优超平面的参数。上述求解过程有多种高效算法和成熟的计算机程序可以利用。最后的结果表明:最优回归超平面只由作为支持向量的样本点完全确定。

(6.34)式中出现的点积提示我们可以同样引入核函数从而实现非线性回归。将样本空间中的点 x 和 x_i 用映射的像和 $\phi(x_i)$ 代替，再应用 $K(x,x_i)=(\phi(x)\cdot\phi(x_i))$，即可得到：

$$f(x)=(w\cdot\phi(x))+b=\sum_{i}^{L}(\alpha_i-\alpha_i^*)K(x,x_i)+b \tag{6.35}$$

这就是 SVM 方法最终确定的非线性回归函数。

6.3.7　支持向量机算法的实现

从上面分析可以看出，在支持向量机算法实现的过程中，核函数较为重要，核函数具体实现了空间变换，使数据空间的维数得到改变，解决了非线性问题。可以这样说，核函数为线性时，相应的支持向量机也为线性的，反之，为非线性的。常见的核函数主要有四种：线性核函数 $K(x,x')=(x\cdot x')$；多项式核函数：$K(x,x')=(x\cdot x')^d$；径向基核函数：$K(x,x')=\exp(-\gamma\|x-x'\|^2)$；Sigmoid 核函数 $K(x,x')=\tanh(s(x\cdot x')+c)$。

以上核函数中的 d、γ、s、c 均为参数，在算法的具体实现中需要逐个循环进行核函数的确定和最优核参数的选择。

支持向量机经过国内外学者的不断发展，目前已发展成了多种形式。下面主要介绍三种，第一种是通常使用的标准支持向量机（C-SVM），第二种是线性规划支持向量机（LP-SVM），第三种是最小二乘支持向量机（LS-SVM），相应的核心问题为凸二次规划、线性规划和线性方程组的求解。首先介绍停机准则和核函数与核参数的选择。

（1）停机准则和核函数与参数的选择

选择支持向量机算法实现过程中迭代计算的停机准则、核函数和核参数，最终涉及计算精度的控制。因此，首先介绍一种最基本的停机准则，假设对偶问题的可行解是 $\alpha^*=(\alpha_1^*,\alpha_2^*,\cdots,\alpha_l^*)^{\mathrm{T}}$ 和 b^*，则有：

$$\begin{cases}0\leqslant\alpha_i^*\leqslant C,i=1,2,\cdots,l\\\sum_{i=1}^{l}y_i\alpha_i^*=0\end{cases} \tag{6.36}$$

$$\sum_{i=1}^{l}\alpha_i^*h_{ij}+b^*y_i\begin{cases}\geqslant 1,&j\in\{j\,|\,\alpha_j=0\}\\=1,&j\in\{j\,|\,0<\alpha_j<1\}\\\leqslant 1,&j\in\{j\,|\,\alpha_j=C\}\end{cases} \tag{6.37}$$

该停机准则是建立在支持向量和 KKT(Karush-Kuhn-Tucker)条件的基础上。训练点是否属于支持向量具有相应不同的特征；凸规划问题的极值若存在，则需满足

KKT 条件，在这里就是存在 $\sum\limits_{i=1}^{l} y_i\alpha_i^{*} = 0$。$\alpha^{*}$ 和 b^{*} 都是在一定精度内满足以上的准则，具体的精度要求与支持向量机的训练效果有关。

至于核函数以及核参数通常用 K－折交叉确认（k-fold cross-validation）思想进行选择。K－折交叉确认：首先把 L 个训练点随机分成 K 个互不相交的子集，即 K 折：s_1,s_2、$\cdots,s_k$，其中 K 折的大小基本相等，K 可以等于 L。然后对这 K 个集合进行 K 次训练与测试，即对 $i=1,\cdots,k$ 进行 K 次迭代。第 i 次迭代的做法是：选择 s_i 为测试集，其余 $K-1$ 折的集合作为训练集，根据训练集得出的决策函数对测试集 s_i 进行测试，得到错误分类的训练点个数或者所占的比例。完成 K 次迭代后，便得到总的错分训练点个数或者所占的比例，总个数或者比例作为该算法错误率的一个估计，即 K－折交叉确认误差。这种思想对多种核函数形式和核参数的选择均能起到较好的选择作用。

（2）C 支持向量机（C-SVM）

C 支持向量机（Classical-Support Vector Machine）属于标准的支持向量机形式。

原始问题：

$$
\begin{aligned}
&\min_{w,b,\xi} \frac{1}{2}\|w\|^2 + C\sum_{i=1}^{l}\xi_i \\
st\quad & y_i(w\cdot\Phi(x_i)+b) \geqslant 1-\xi_i,\quad i=1,2,\cdots,l \\
& \xi_i \geqslant 0,\qquad\qquad\qquad i=1,2,\cdots,l
\end{aligned}
\tag{6.38}
$$

相应的对偶问题：

$$
\begin{aligned}
&\max_{\alpha} \sum_{i=1}^{l}\alpha_i - \frac{1}{2}\sum_{i=1}^{l}\sum_{j=1}^{l}y_iy_j\alpha_i\alpha_j K(x_i,x_j) \\
st\quad & \sum_{i=1}^{l}y_i\alpha_i = 0 \\
& 0 \leqslant \alpha_i \leqslant C,\quad i=1,2,\cdots,l
\end{aligned}
\tag{6.39}
$$

写成相应的矩阵形式为：

$$
\begin{aligned}
&\min\quad d(\alpha) = \frac{1}{2}\alpha^{\mathrm{T}}H\alpha - e^{\mathrm{T}}\alpha \\
st\quad & y^{\mathrm{T}}\alpha = 0 \\
& 0 \leqslant \alpha \leqslant Ce
\end{aligned}
\tag{6.40}
$$

对于凸二次规划问题，有较多方法，但是都比较耗费时间。支持向量机问题具有凸性以及解的稀疏性，因此可以把原问题分解成为一系列子问题，然后按照一定的迭代策略，不断求解这些子问题。解决支持向量机常见的方法主要有选块算法（chunking）、分解算法（decomposing）以及特殊的分解算法—序列最小最优化算法（sequential minimal optimization，简称 SMO 算法）等。这里主要介绍较为成熟的 SMO 算法，其实现步骤为：

①选取精度要求 ε，对 Lagrange 乘子进行初始化，$\alpha^0 = (\alpha_1^0, \alpha_2^0, \cdots, \alpha_l^0)^T = 0$，令 $K = 0$；

②根据当前可行的近似解 α^K，在集合 $\{i = 1, 2, \cdots, l\}$ 中选取一个只含有两个元素的子集 $\{i, j\}$ 作为工作集 B，该子集的选取基于 KKT 条件衍生出来的一组最大"违反对"；

③调整更新工作集 B 中的两个 Lagrange 乘子，得到新的可行近似解 α^{K+1}，这一步可以直接求解析解；

④若 α^{K+1} 在精度允许的范围内满足停机准则，则得到近似解 $\alpha^* = \alpha^{K+1}$，停止计算，否则回到步骤②。

（3）线性规划形式支持向量机（LP−SVM）

线性规划形式支持向量机（Linear Programming Support Vector Machine）来源于 C 支持向量机，因为支持向量机中的原始问题与初始问题值相等，所以两者目标函数的值相等。即：

$$\frac{1}{2}\|w\|^2 + C\sum_{i=1}^{l}\xi_i = \sum_{i=1}^{l}\alpha_i - \frac{1}{2}\sum_{i=1}^{l}\sum_{j=1}^{l}y_iy_j\alpha_i\alpha_jK(x_i, x_j) \tag{6.41}$$

因为 $w = \sum_{i=1}^{l}\alpha_iy_i\Phi(x_i)$

所以由上可得到：

$$\sum_{i=1}^{l}\alpha_i = \|w\|^2 + C\sum_{i=1}^{l}\xi_i$$

$$\sum_{i=1}^{l}\alpha_i + C\sum_{i=1}^{l}\xi_i = 2\left(\frac{1}{2}\|w\|^2 + C\sum_{i=1}^{l}\xi_i\right) \tag{6.42}$$

因此，凸二次规划问题可以转化为线性规划问题，下面是支持向量机的线性规划形式：

$$\min_{w,b,\xi}\sum_{i=1}^{l}\alpha_i + C\sum_{i=1}^{l}\xi_i$$

$$st \quad y_i\left(\sum_{j=1}^{l}\alpha_jy_jK(x_j, x_i) + b\right) \geqslant 1 - \xi_i, \quad i = 1, 2, \cdots, l \tag{6.43}$$

$$\alpha_i, \xi_i \geqslant 0, \qquad\qquad i = 1, 2, \cdots, l$$

注意到上式目标函数是计算最小值，变量的限制条件是非负，在线性规划中极易形成无解情况。因此这里引入松弛变量 β，将极小转化为极大，得到新的线性规划形式：

$$\max_{\alpha,b,\beta} \quad -lC - \sum_{i=1}^{l}\alpha_i + C\sum_{i=1}^{l}y_i\left(\sum_{j=1}^{l}\alpha_jy_iK(x_j, x_i)\right) + Cb\sum_{i=1}^{l}y_i - C\sum_{i=1}^{l}\beta_i$$

$$st \quad \xi_i = 1 - y_i \left(\sum_{j=1}^l \alpha_j y_j K(x_j, x_i) + b \right) + \beta_i, \quad i = 1, 2, \cdots, l \tag{6.44}$$

$$\alpha_i, \beta_i, \xi_i \geqslant 0, \qquad\qquad\qquad\quad i = 1, 2, \cdots, l$$

对于线性规划问题这里采用基于 Bland 规则的单纯型算法（Simplex Method）解决，因为这种方法可以有效地避免基本可行解求解过程中的退化和无限循环。单纯型方法步骤（假设目标函数为最小值）：

①将线性规划问题转化为标准型，其中对于不等式约束引进松弛变量；

②建立初始单纯型表；

③计算基本可行解和检验数，选择检验数为负值且绝对值最大的那列矢量作为进基矢量。如果检验数都为正，则停止计算，该基本可行解即为最优解；

④计算离基矢量，确定主元素；

⑤Gauss 消元，重新构建单纯形表，转入③。

（4）最小二乘支持向量机（LS-SVM）

Suykens 在 1999 年提出了最小二乘支持向量机（Least Squares Support Vector Machine），其主要思想是把最小二乘的思想引入了支持向量机，但它与传统的支持向量机一样，都要构造一个间隔最大的超平面。

原始问题

$$\min_{w, \eta, b} \frac{1}{2} \| w \|^2 + \frac{C}{2} \sum_{i=1}^l \eta_i^2$$

$$st \quad y_i(w \cdot \Phi(x_i) + b) = 1 - \eta_i \quad i = 1, 2, \cdots, l \tag{6.45}$$

这里最小化 $\frac{1}{2} \| w \|^2$ 的目的依然是使两支持超平面（直线）之间的间隔最大，而最小化 $\sum_{i=1}^l \eta_i^2$ 的目的则是使得两条支持直线尽可能位于两类点输入的"中间"。这样带来的不足是支持向量失去了原有的稀疏性，而好处却是可以覆盖错分点的影响以及计算难度得到降低。

其相应的 Lagrange 函数为

$$L(w, b, \mu, \alpha) = \frac{1}{2} \| w \|^2 + \frac{C}{2} \sum_{i=1}^l \eta_i^2 - \sum_{i=1}^l \alpha_i \{ y_i(w\Phi(x_i) + b) - 1 + \eta_i \} \tag{6.46}$$

根据 KKT 条件可以得到

$$\frac{\partial}{\partial w} = 0 \Rightarrow w = \sum_i \alpha_i y_i \Phi(x_i)$$

$$\frac{\partial}{\partial b} = 0 \Rightarrow \sum_i \alpha_i y_i = 0$$

$$\frac{\partial}{\partial \eta_i} = 0 \Rightarrow \alpha_i = C\eta_i \qquad (6.47)$$

引入 $\delta_{ij} = \begin{cases} 1 & i=j \\ 0 & i \neq j \end{cases}$，将满足 KKT 条件的三个公式与等式约束相结合，可以将凸规划问题转化为解线性方程组问题。

$$\begin{pmatrix} \Omega & Y \\ Y^{\mathrm{T}} & 0 \end{pmatrix} \begin{pmatrix} \alpha \\ b \end{pmatrix} = \begin{pmatrix} I \\ 0 \end{pmatrix} \quad \text{其中 } \Omega_{ij} = y_i y_j K(x_i, x_j) + \frac{\delta_{ij}}{C} \qquad (6.48)$$

由于 Ω 是对称的半正定矩阵，这里可以利用该矩阵的性质，采用追赶法或平方根方法进行解决。

最小二乘支持向量机将不等式约束转化为等式约束问题，划分直线由所有训练点共同决定，失去了支持向量的稀疏性，因此需要对支持向量集合进行剪枝处理。而最小二乘支持向量机的难点也在于支持向量的稀疏性处理。Suyken 等人提出了一种简单易行的剪枝方法进行支持向量的稀疏性处理，即按照一定的步长逐步去掉绝对值较小的 Lagrange 乘子对应的支持向量。具体的剪枝阈值根据最小二乘支持向量机的分类效果而定。

6.3.8　应用举例

内蒙古气象局韩经纬(2005)应用支持向量机方法(SVM)和 2002—2004 年 T213 数值预报物理量场资料，分析构造了内蒙古冬春季各区域大雪、暴雪的动力场因子，建立了内蒙古不同区域冬春季大到暴雪的 SVM 判别模型，并进行了业务化试验和运行。

(1)构造预报因子

(a)天气气候特点及分区

位于中高纬度带上的内蒙古自治区地域狭长，大到暴雪发生的地域特点十分明显，在冬春季一日之内可受 2~3 个天气尺度系统影响，同一日的降雪天气可能为不同系统影响所致。在对全内蒙古 111 个观测站 1961—1999 年逐日降水普查，以国家气象局 1990 年制定的降水量级标准，确定 70 例大到暴雪的天气过程。对 70 例大到暴雪的分析表明，主要影响系统为：一是西来低槽(涡)类、二是蒙古低槽(涡)类、三是贝加尔湖低槽(涡)类。影响区域主要为内蒙古中西部、中东部和东北部地区。根据历史资料分析，将全区划分为三个天气背景区域，力求客观地反映大到暴雪的地域分布特征。其中：一区为(115°~126°E,46°~54°N)，包括锡林郭勒盟东北部、呼伦贝尔市、兴安盟。二区为(115°~124°E,41°~45°N)，包括乌兰察布市东部、锡林郭勒盟、赤峰市、通辽市。三区为(105°~114°E,37°~45°N)，包括内蒙古的阿拉善盟东部、巴彦淖尔市、鄂尔多斯市、乌兰察布市、锡林郭勒盟西南部。对上述三个区域分别进行物理量场分析和因子构造。

(b)资料来源和主要物理量分析

　　数值预报产品资料应用 2002—2004 年 T213 格点场资料。垂直方向上选取 850
hPa、700 hPa、500 hPa、200 hPa 四个层次,包括高度、温度、湿度、涡度、散度、垂直速
度、水汽通量及其通量散度等 16 个基本物理量场,以及依据动力、热力原理构造的 10
个组合因子场和描述动态变化的 36 个变差因子场。时段上选取描述起始时刻(00 时
客观分析场)、发展阶段(12 h 预报场)、强盛阶段(24 h 预报场)三个时刻。对历史上 11
个大到暴雪的主要物理量场的分析表明:水汽通量及其散度、涡度、垂直速度等量场与
大到暴雪均具有很好的对应关系,低层物理量场的对应关系特征尤为突出。在 850
hPa,700 hPa 上水汽通量散度辐合中心数值一般在 $-5\times10^{-6}\sim-25\times10^{-6}$g·cm^{-2}·
hPa·s^{-1}与大到暴雪区域基本重合或处于雪区上游。700 hPa,500 hPa 涡度中心数值
一般在 $40\times10^{-5}\sim120\times10^{-5}$·s^{-1},处于雪区上游或正涡度平流最大输送中心,垂直
速度中心一般为 $-20\times10^{-3}\sim-65\times10^{-3}$ hPa·s^{-1},上升区基本与降雪区域吻合。在
不同的分区中,物理量场的量值有较大差异,后两类系统的量值(绝对值)明显高于第
一类。

　　(c)动力因子场的构造

　　单个物理量场特征虽能表征系统的强度,但大气运动较为复杂,针对大型降水影响
系统的辐合抬升、水汽条件和高低层配置结构等特征,构造出经验性的表征大气动力结
构特征的组合因子,用于描述天气系统的动力结构和发展机制。如水汽的垂直输送项
($WP850\times RH(700+850)$)反映了 700 hPa 以下的水汽垂直输送;高层辐散、低层辐
合、中层正涡度($VO\ 700+DI\ 200-DI\ 850$)反映整层抬升;中低层水汽通量之和
($RA700+RA850$)反映中低层水汽辐合状态等等。这些组合因子项,可以反映天气系
统的位置、强度和发展过程,是降雪的"高效因子"。除要求上述因子在高低层上有一定
的配置和在各层次上达到一定强度外,还应考虑这些因子的发展变化过程,各因子的强
度变化特征对降水影响甚大。因而组合因子也用起始时刻(00 时客观分析场)、发展阶
段(12 h 预报场)、强盛阶段(24 h 预报场)三个时刻资料及其变差描述系统的不同
阶段。

　　(2)建模方式

　　(a)确定核函数

　　以径向基函数(满足 Mercer 定理条件,又称高斯核,简记为 RBF))作为 SVM 方法
中的核函数建立推理试验模型。径向基函数形为:

$$K(x,x_i)=\exp(-r\|x-x_i\|^2)$$

　　在分类预报中,基于 RBF 核求得的最终决策函数为:

$$M(x)=\mathrm{Sgn}(\sum_{S.V.}a_iy_iK(x,x_i)+b)=\mathrm{Sgn}(\sum_{S.V.}a_iy_i\exp(-rx-x_i^2+b)$$

　　式中 x_i 是作为支持向量的样本因子向量;x 为预报因子向量;a_i,a_i^*,b 为建立模型

待定的系数;r 为核函数,求和只对支持向量进行。

(b)归一化处理

最后确立 40 个因子为样本维数。归一化处理有利于避免各因子之间的量级差异,对全部样本的每一个因子分别做归一化处理,使每一个因子的数据落入区间[0,1]。具体算法为:

$$\overline{x}_i = \frac{x_i - \min(x_k)}{\max(x_k) - \min(x_k)}$$

式中:$\max(x_k)$,$\min(x_k)$分别为第 k 个因子数据的最大和最小值。

(c)建立样本的训练集、实验集和检验集

对上述三个分区的样本分别建立样本的训练集、实验集和检验集。子集的建立按一定比例(一般为总样本数的 70%,25% 和 5%)由随机函数抽取。其目的是为了选取最优的 SVM 模型。由训练集样本建立不同的 SVM 预报模型,对实验集进行试报,依据 SVM 模型对实验集预报的 TS 评分最高所对应的预报模型,确定最后的 SVM 模型。分类预报中应用的是评分准则,建立的检验集不参加训练学习及参数筛选等建模过程,其目的在于检验最终预报模型的预报能力(推广能力)。

(3)应用软件和建模参数的确定

应用软件采用由中国气象局培训中心开发的 CMSVM(Chinese Modeling for Support Vector Machines)1.0 软件平台。它是集训练学习、参数寻优、结果分析和预报等功能为一体的全中文应用软件平台,采用的是 Thorstn Joachims 的快速 SVM 算法,在保留 SVMlight 内核的基础上,减少了人工参与,实现了计算机自动选取最优模型的功能。参数采用逐步筛选的方法确定。首先设置较大的参数取值范围,对参数进行大间隔步长的循环,通过训练测试,依据评分原则确定最优模型所对应的参数值,再以参数为中心制设较小的参数范围,重复循环,找到最理想的参数值,确定模型。其中参数 a_i、a_i^*、b 均依据约束条件自动生成。

(4)SVM 模型的实验效果分析

SVM 模型的实验效果分析结果见表 6.5。

表 6.5　SVM 模型的实验效果分析结果

区域	样本总数	训练样本	实验样本	检验样本	最优参数 C	最优参数 g	正样本	负样本	支持样本	分类正确率	正样本比例	预报成功率	预报概括率	TS 评分
一区	1728	1234	323	171	500	0.001	379	855	226	97.66%	33.92%	96.55%	96.55%	93.33%
二区	800	585	145	70	500	0.001	249	336	278	94.29%	44.29%	96.55%	90.32%	87.50%
三区	1440	1031	273	136	700	0.001	429	602	279	94.85%	37.50%	94.00%	92.16%	87.04%

从表 6.5 可以看出:一区的样本总数为 1728,随机抽取的训练样本为 1234,实验样本为 323,检验样本为 171 个,最优模型中的参数 $C=500$。最优模型中的参数 $g=0.001$;建模样本数据(训练数据文件)中有 379 个正样本,855 个负样本和 0 个没标注样本;支持向量 SV 有 226 个(包括 206 个在边界上);使用核函数进行计算的次数是 346429;用最优模型对检验文件进行分类的正确率为 97.66%(167 个正确分类检验样本,4 个非正确分类检验样本,总共 171 个检验样本);正样本在全部检验样本中的比例为 33.92%;预报成功率为 96.55%;预报概括率为 96.55%;TS 评分为 93.33%。

二区的样本总数为 800,随机抽取的训练样本为 585,实验样本为 145,检验样本为 70 个。最优模型中的参数 $C=500$;最优模型中的参数 $g=0.001$;建模样本数据(训练数据文件)中有 249 个正样本,336 个负样本和 0 个没标注样本;支持向量 SV 有 278 个(包括 256 个在边界上);使用核函数进行计算的次数是 163303;用最优模型对检验文件进行分类的正确率为 94.29%(66 个正确分类检验样本,4 个非正确分类检验样本,总共 70 个检验样本);正样本在全部检验样本中的比例为 44.29%;预报成功率为 96.55%;预报概括率为 90.32%;TS 评分为 87.50%。

三区的样本总数为 1440,随机抽取的训练样本为 1031,实验样本为 273,检验样本为 136 个。最优模型中的参数 $C=700$;最优模型中的参数 $g=0.001$;建模样本数据(训练数据文件)中有 429 个正样本,602 个负样本和 0 个没标注样本;支持向量 SV 有 279 个(包括 252 个在边界上);使用核函数进行计算的次数是 339064;用最优模型对检验文件进行分类的正确率为 94.85%(129 个正确分类检验样本,7 个非正确分类检验样本,总共 136 个检验样本);正样本在全部检验样本中的比例为 37.50%;预报成功率为 94.00%;预报概括率为 92.16%;TS 评分为 87.04%。

上述各分区中,一区的支持向量占其样本数的 14%,二区的支持向量占其样本数的 34%,三区的支持向量占其样本数的 19%,总支持向量数目没有超过总样本数的 20%,较好地浓缩了样本,抓住了降雪样本的强特征。从检验集分类结果和最后的 TS 评分看均具有较高的水平。

6.4　非参数统计模型局部线性估计

6.4.1　引言

在统计学中,传统的参数统计方法前提条件要求模型(函数)具有某种特定的数学形式,并假定其服从某种概率密度分布。在气象要素预报领域,数值顶报产品解释应用一般采用参数统计方法建立预报模型,这意味着已经对气象要素数据的分布作出了诸如正态分布的假设,但从复杂多变的大气系统中获取的数据可能不完全满足这些假设,因此用这种方法制作的预报有时准确性不够,预报结果也不够稳定。

所谓非参数统计方法就是不假定总体分布的具体形式,尽量从数据(或样本)本身获得所需要的信息,通过推断方法而获得结构关系,并逐步建立对事物的数学描述和统计模型的方法。非参数估计是相对于参数估计而言的,它并不假定函数的形式已知,也不设置参数,函数在每一点的值都由数据决定。在实际建立的模型中,它不是去假定模型的分布形式,而是去研究数据的本身,使用此种方法可以避免建模误差。

非参数统计方法是 20 世纪 30 年代中后期开始形成并逐步发展起来的。在过去的几十年里,非参数回归理论得到了进一步的发展,并且在经济学、医学、生物学等诸多领域得到一定的应用。局部线性拟合方法的研究在 20 世纪 90 年代取得了重要进展,它克服了核估计在边界点处的收敛速度低于内点处收敛速度的缺陷,且在适当条件下它的线性极大极小效率可达 100%。使用局部线性拟合方法对非参数回归模型进行估计,被认为是研究非参数回归模型的有效方法。然而,在客观气象要素预报领域,非参数局部线性估计技术的应用研究尚未开展。

6.4.2　非参数统计原理

6.4.2.1　一元非参数回归模型及其估计方法

(1)问题的提出

假定一维的随机变量 X 和 Y,$\{(x_i, y_i), i = 1, 2, \cdots, n\}$ 是它们的样本。为了研究随机变量 X 和 Y 的关系、它们之间的相互影响以及它们的概率分布,最初由于受计算能力的限制,使用的是线性回归模型:

$$Y = \beta_0 + \beta_1 X + \varepsilon \tag{6.49}$$

式中 ε 期望值为 0。但是在很多情况下随机变量 X 和 Y 之间不具有线性关系,如果用上述的模型解释随机变量 X 和 Y 的关系,将带来很大的模型误差,不能很好地认识客观世界。为了克服这一缺点,人们提出了增加参数的方法,用多项式拟合它们之间的关系,即考虑如下模型:

$$Y = \beta_0 + \beta_1 X + \beta_2 X^2 + \cdots + \beta_p X^p + \varepsilon \tag{6.50}$$

但是这一模型有几个缺点:一是多项式具有任意阶导数,如果要拟合的曲线不具有这一性质,显然这一模型是不合理的;二是对异常点的敏感性,一个异常点会对多项式的形式有很大的影响,会导致模型的不稳定性;三是多项式阶数 p 的取值问题,大的 p 带来的是参数的增加和模型的不稳定性,小的 p 带来的是模型误差的增加。于是人们提出了关于随机变量 X 和 Y 的关系最自然的假设,给出了如下模型:

$$Y = m(X) + \varepsilon_i \tag{6.51}$$

式中,$m(\cdot)$ 是一未知函数,假定它具有一定的光滑性;$E(\varepsilon) = 0$,这一模型称为一元非参数回归模型。

回归实际上是把原始数据点光滑化,线性回归是最光滑的。此外还可以用多项式或其他函数来拟合。太光滑拟合不一定好,而过分拟合有可能不光滑。

(2)估计方法

为了估计 $m(\cdot)$,人们提出了很多估计方法,这些方法大致可分为三类:第一类称正交级数方法(Orthogonal Series Approach),它主要包含 Fourier 方法,小波方法;第二类称样条方法(Spline Approach),它主要包含多项式样条方法,光滑样条方法;第三类称局部光滑方法(Local Modeling Approach),在非参数回归(Non-Parametric Regression,简称 NPR)的领域中,主要考虑的是局部加权回归方法,它主要包含那达拉亚—沃特森(Nadaraya-Watson)核估计方法、高斯—米勒(Gasser-Muller)核估计方法和局部多项式估计方法等。下面只介绍第三类估计方法。

(a)那达拉亚—沃特森(Nadaraya-Watson)估计

估计 $m(X)$ 在 x_0 点处的值 $m(x_0)$,一个直观的想法是:距离 x_0 近的观测点对估计 $m(x_0)$ 的影响大一点,距离 x_0 远的观测点对估计 $m(x_0)$ 的影响小一点。为此取一个权函数,给每一个观测值一个权,使得距离 x_0 近的观测点取得的权大一点,距离 x_0 远的观测点取得的权小一点。记这个权函数为 $K(\cdot)$,它是一个实值函数,通常为对称的密度函数,称其为核函数。那么 $m(x_0)$ 的一个自然的估计是加权平均,即

$$\hat{m}_h(x_0) = \frac{\sum_{i=1}^{n} K_h(X_i - x_0) Y_i}{\sum_{i=1}^{n} K_h(X_i - x_0)} \tag{6.52}$$

式中,$K_h(\cdot) = K(\cdot/h)/h$,$h$ 为窗宽(bandwidth)或光滑参数(smoothing parameter),它控制着局部邻域的大小,它的大小对估计的影响很敏感,关于它的选取将在局部线性估计方法里介绍。这一估计是由 Nadaraya 和 Watson 提出的,故称为 Nadaraya—Watson 估计。$K(\cdot)$ 为核函数。

(b)高斯—米勒(Gasser—Muller)估计

Nadaraya—Watson 估计有随机分母,这一点在讨论其渐近性质时特别不方便。为了克服这一缺点,Gasser 和 Muller(1979)提出如下方法:令 $X_0 = -\infty$,$X_{n+1} = +\infty$,并假设 $x_0 < x_1 \leqslant x_2 \leqslant \cdots \leqslant x_n < x_{n+1}$,记 $s_i = (X_i + X_{i+1})/2$,在第 i 个观测值 x_i 处取权重 $\int_{s_{i-1}}^{s_i} K(u - u_0) du$。可以看到 $\sum_{i=1}^{n} \int_{s_{i-1}}^{s_i} K(u - u_0) du = 1$。这样的 Nadaraya-Watson 估计变为:

$$\hat{m}_h(x_0) = \sum_{i=1}^{n} \int_{s_{i-1}}^{s_i} K(u - x_0) du Y_i \tag{6.53}$$

称这一估计为 Gasser-Muller 估计。

(c)局部多项式估计

假设 $m(x)$ 在 x_0 的附近存在 $p+1$ 阶导数,则在 x_0 的一个邻域内有

$$m(x) \approx m(x_0) + m'(x_0)(x-x_0) + \cdots + \frac{m^{(p)}(x_0)}{p!}(x-x_0)^p \qquad (6.54)$$

极小化

$$\sum_{i=1}^{n} \Big[Y_i - \sum_{j=0}^{p} \beta_j(X_i-x_0)^j \Big]^2 K_h(X_i-x_0) \qquad (6.55)$$

记上式的解为 $\hat{\beta}_j(j=0,1,\cdots,p)$。定义 $m^{(j)}(x_0)=j!\ \hat{\beta}_j(j=0,1,\cdots,p)$。令

$$\hat{X} = ((X_j-x_0)^j)_{i \leqslant i \leqslant n, 0 \leqslant j \leqslant p} \quad y=(Y_i)_{i=1}^n \quad \hat{\beta}=(\hat{\beta}_j)_{j=0}^p \quad \beta=(\beta_j)_{j=0}^p$$

$$W = diag\{K_h(X_i-x_0)\} \qquad (6.56)$$

则有:

$$\hat{\beta} = (\hat{X}^{\mathrm{T}} W \hat{X})^{-1} \hat{X}^{\mathrm{T}} W y \qquad (6.57)$$

使用局部多项式估计方法必将涉及如下两个问题:

第一,窗宽 h 的选取。局部多项式估计对窗宽的敏感性很强。窗宽太大,会引起大的估计偏差;窗宽太小,会引起大的估计方差。所以取一个合适的窗宽是相当重要的。在某些准则下,合理的窗宽是容易得到的。

第二,核函数 $K(\cdot)$ 的选取。尽管取什么样的 $K(\cdot)$ 对估计的影响比较小,但人们通常在极小化 MSE 的准则下,取最优核函数为 Epanechikov 核函数。

(3)局部线性估计原理

作为局部多项式估计方法的特殊情况,局部线性估计是人们常用的方法。下面介绍一元局部线性估计方法。

假设 $m(x)$ 在 x_0 附近有二阶导数,则在 x_0 的某一邻域有

$$m(x) \approx m(x_0) + m'(x_0)(x-x_0) \qquad (6.58)$$

极小化

$$\sum_{i=1}^{n} [Y_i - \beta_1(X_i-x_0)]^2 K_h(X_i-x_0) \qquad (6.59)$$

式中,$K_h(\cdot)=h^{-1}K(\cdot/h)$,$K(\cdot)$ 为核函数;h 称为窗宽或光滑参数,它控制局部邻域的大小。记上式的解为 $\hat{\beta}_0$、$\hat{\beta}_1$,则定义 $m(x_0)$ 及其导数 $m'(x_0)$ 的估计分别为 $\hat{m}(x_0)=\hat{\beta}_0$,$\hat{m}'(x_0)=\hat{\beta}_1$。可知

$$\hat{m}(x_0) = \frac{\sum_{i=1}^{n} W_i Y_i}{\sum_{i=1}^{n} W_i} \qquad (6.60)$$

式中,$W_i = K_h(X_i-x_0)\{S_{n,2}-(X_i-x_0)S_{n,1}\}$,$S_{n,j}=\sum_{i=1}^{n} K_h(X_i-x_0)(X_i-x_0)^j$。

$\hat{m}(x_0)$ 称为 $m(x_0)$ 的局部线性估计（Local Linear Estimator）。

定义 $\hat{m}(x_0)$ 的条件偏差（bias）为 $E[\hat{m}(x_0)\,|\,X]-m(x_0)$，条件方差为 $Var[\hat{m}(x_0)\,|\,X]$。记 $b_n=\dfrac{h^2}{2}\displaystyle\int u^2 K(u)\mathrm{d}u,V_n=\dfrac{\sigma^2(x_0)}{f(x_0)nh}\displaystyle\int K^2(u)\mathrm{d}u$。现将 $m(x_0)$ 的 Nadaraya-Watson 估计，Gasser-Muller 估计和局部线性估计的条件偏差和条件方差总结见表 6.6。

表 6.6　偏差和方差

Method	Bias	Variance
Nadaraya-Watson	$(m''(x_0)+\dfrac{2m'(x_0)f'(x_0)}{f(x_0)})b_n$	V_n
Gasser-Muller	$m''(x_0)b_n$	$1.5V_n$
Local linear	$m''(x_0)b_n$	V_n

由表 6.6 可以看出，Gasser-Muller 估计比 Nadaraya-Watson 估计的偏差小，但是其方差比 Nadaraya-Watson 估计的方差大，它们两个很难比较哪一个好哪一个不好。局部线性估计的方差与 Nadaraya-Watson 估计一样，但其偏差比 Nadaraya-Watson 估计小。局部线性估计的偏差与 Gasser-Muller 估计一样，但其方差比 Gasser-Muller 估计小。由此可见，局部线性估计优于 Nadaraya-Watson 估计和 Gasser-Muller 估计。

（4）局部线性估计方法的优点

第一，局部线性估计有相对小的偏差和方差。正如前面所述，局部线性估计的方差与 Nadaraya-Watson 估计一样，而其偏差比 Nadaraya-Watson 估计小，局部线性估计的偏差与 Gasser-Muller 估计一样，而其方差比 Gasser-Muller 估计小；可见，局部线性估计优于 Nadaraya-Watson 估计和 Gasser-Muller 估计。

第二，局部线性估计方法适用于各种设计。它适用于随机设计（random designs）、固定设计（fixed designs）、均匀设计（uniform designs）和分组设计（clustered designs）等等。

第三，局部线性估计没有边界效应，它克服了核估计在边界点处的收敛速度低于内点处收敛速度的缺陷，且在适当条件下它的线性极大极小效率可达到 100%，其收敛速度达到 Stone(1982) 的非参数函数估计的最优收敛速度。前面讲到的各种估计方法，在边界点的估计偏差比内点的估计偏差阶数高；而局部线性估计在边界点的估计偏差与内点的估计偏差阶数一样，不需要在边界点处用特殊的权函数来减少边界效应。局部线性估计拟合被认为是研究非参数回归模型的有效方法。

6.4.2.2　多元非参数回归统计方法

（1）基本原理

对给定 d 维样本 $(Y_1,X_1),(Y_2,X_2),\cdots\cdots,(Y_n,X_n)$，假定 $\{Y_i\}$ 独立同分布，可建立

非参数回归模型：

$$Y_i = m(X_i) + \varepsilon_i \quad i = 1, 2, \cdots, n \tag{6.61}$$

式中，Y 为被解释变量，是随机变量，X 为解释变量，$X_i = (X_{1i}, X_{2i}, \cdots, X_{di})^T$，$i = 1, 2, \cdots, n$，$n$ 为样本容量，$m(\cdot)$ 是未知的函数，ε_i 为随机误差项，反映了影响 Y 的其他因素的综合影响。

假定 $m(X_i)$ 在 $X = x$ 处 $d+1$ 阶导数存在（x 可取 X_i，$i = 1, \cdots, n$），需要估计 $m(X_i)$。为此，先将 $m(X_i)$ 在 $X = x$ 处进行 Taylor 线性展开：

$$Y_i = m(x) + D_m^T(x)(X_i - x) + \varepsilon_i \tag{6.62}$$

式中，$D_m(x) = \left(\dfrac{\partial m(x)}{\partial X_1} \cdots \dfrac{\partial m(x)}{\partial X_d} \right)^T$。对上式进行估计，得到的估计方程为：

$$\hat{Y}_i = \beta_0 + \beta_1(X_1 - x) + \cdots + \beta_d(X_d - x) \tag{6.63}$$

式中，$\hat{Y}_i$、β_0、β_1，$\cdots$，β_d 依次为 Y，$\dfrac{\partial m(x)}{\partial X_1}$，$\cdots$，$\dfrac{\partial m(x)}{\partial X_d}$ 的估计。再用加权最小二乘法进行局部拟合，即最小化：

$$\sum_{i=1}^{n} (Y_i - \beta_0 - \beta_1(X_1 - x) - \cdots - \beta_d(X_d - x))^2 K_h(X_i - x) \tag{6.64}$$

式中，$K_h(\cdot) = K(\cdot/h)/h$，$h$ 为控制局部邻域大小的窗宽，$K(\cdot)$ 为核函数。

$m(x)$ 的局部线性估计矩阵表达式为：

$$\beta_0 = e_1^T (X_x^1 W_x X_x)^{-1} X_x^T W_x Y \tag{6.65}$$

式中，$e_1 = (1, 0, \cdots, 0)^T$，$X_x = (X_{x,1} \cdots, X_{x,n})^T$，$X_{x,i} = (1, (X_i - x))^T$，$W_x = \text{diag}\{K_{h_n}(X_1 - x), \cdots, K_{h_n}(X_n - x)\}$，函数 diag 表示提取矩阵对角元素创建对角阵，$Y = [Y_1, Y_2, \cdots, Y_n]^T$。

（2）核函数和窗宽的选定

对于给定的样本，局部线性估计的精度取决于核函数 $K(\cdot)$ 和窗宽 h_n 的选取是否适当，常用积分均方误差准则 $MISE = E \displaystyle\int [\hat{f}(x) - f(x)]^2 dx$ 进行度量。MISE 由偏差和方差组成，依潘涅契科夫和 Scott 通过统计试验发现，给定窗宽系数，不同核函数对积分均方误差（MISE）的影响很小。因此，在试验中选择常用的核函数

$$K(u) = \frac{d(d+2)}{2S_d} (1 - u_1^2 - \cdots - u_d^2)_+ \tag{6.66}$$

式中，$S_d = \dfrac{2\pi^{\frac{d}{2}}}{\Gamma(d/2)}$，$d$ 表示维数，$\Gamma(x) = \displaystyle\int_0^\infty t^{x-1} e^{-t} dt$。

当 $K(\cdot)$ 固定时，若窗宽选得过小，被估计函数的偏差较小。但没有排除随机误差项产生的噪音，其方差比较大，$\hat{f}(x)$ 有较大的波动；若窗宽选得过大，虽然减少了被估计函数的方差，却造成很大的偏差，若 $\hat{f}(x)$ 对 $f(x)$ 有较大的平滑，得到过分光滑的

曲线,使得 $f(x)$ 的某些特征被掩盖起来,得到的估计又没有任何意义。由此可见,最佳的窗宽应当是既不过小也不过大。

当窗宽 $h_n = cn^{-1/(d+4)}$ 时,局部线性估计的收敛速度为 $O(n^{2/(d+4)})$,达到最佳收敛速度,其中常数 c 与样本容量 n 无关,只与回归函数、解释变量的密度函数和核函数有关。所以在实际应用中最佳的窗宽选择是不断地调整 c,使得采用窗宽 $h_n = cn^{-1/(d+4)}$ 的局部线性估计达到满意的估计,同时要适当调整窗宽,使得逆矩阵 $(X_x^T W_x X_x)^{-1}$ 存在。

(3)非参数方法的特点

非参数回归方法或称之为平滑方法,它不采用现成的数学函数作为模型,即不假定变量之间的函数关系,而是要对这个回归函数进行估计,这是一种较新的拟合数据的方法。用非参数回归方法估计回归曲线,其特点主要有:

(a)关于两个变量的关系的探索是开放式的,不套用现成的数学函数。

(b)所拟合的曲线可以很好地描述变量之间关系的细微变化。

(c)非参数回归提供的是万能的拟合曲线,不管多么复杂的曲线关系都能进行成功的拟合。

(d)虽然非参数回归没有参照固定的某个参数模型,但仍能给出观测值的预测结果。

非参数估计是相对于参数估计而言的,它并不假定函数的形式已知,也不设置参数,函数在每一点的值都由数据决定。在实际建立的模型中,它不是去假定模型即函数的分布形式,而是从数据本身现象发生的源头去研究。因此具有如下优点:

(a)适应面广。在抽取样本对总体进行估计时,不必依赖于样本所从属的总体的分布形式,可以广泛地应用于不同类型的总体,而经典的参数估计要求被分析的数据遵从正态分布或至少遵从某一特定分布且已知。事实上,在某些情况下,如果对总体具体分布形式不清楚,也只有借助非参数估计方法才能解决问题,因而非参数估计更适合一般情况。

(b)可靠性强。非参数估计无须对总体分布所特有的参数进行估计或检验,在假定条件满足时,如果方法选择得当,非参数估计方法与参数估计方法效果差不多,而当参数估计中的假设得不到满足时,非参数估计方法更为有效。

(c)具有稳健性。即当真实模型与假定的理论模型偏离不大时,统计方法能维持较为良好的性质,至少不会变得很快。由于参数估计建立在严格假定条件基础上,故一旦假定条件不符合,其推断的正确性就不存在;而非参数估计方法是带有最弱的假设,对模型的限制很少,故而具有天然的稳健性。

非参数估计也有其缺点。如果样本的总体分布形式已很明确的情况下,这时用非参数估计的效果就不如参数估计更有针对性。非参数估计是一种比较保险略带保守的方法,特别是模型有可能错误的情况下,人们宁愿稍微降低一些有效性,也不愿冒因假设的破坏从而导致错误的推断风险。然而,实际问题往往是复杂的,变量之间的关系更多地表现为非稳定、非线性关系,因而很难用一个有限的数学公式去表达,在这种情况下,即使引入大量的参数,仍不能改善其拟合的结果,这时可采用非参数估计。

6.4.3　非参数统计局部线性估计的实现

6.4.3.1　实现步骤

首先,采用 MOS 原理建立统计关系,即直接把数值预报模式的输出产品(包括形势场、要素场和物理量诊断场的预报值)作为预报因子,与预报时效对应时刻的天气实况(预报对象)建立统计关系。作预报时,只要把数值模式输出的结果代入建立的统计关系式,即可得到预报结论。

其次,采用相关系数法进行因子分析,要求被解释对象与解释对象的相关性越大越好,解释对象之间的关系越小越好,并对解释对象进行标准差标准化。

最后,确定核函数和窗宽。依潘涅契科夫和 Scott 通过统计试验发现,当给定窗宽系数,不同核函数对均值误差(MISE)的影响是很小的。

窗宽的选择采用交错鉴定方法,即在每个局部观察点 $x=x_i$,先剔除样本中该点 (x_i,y_i),然后将剩下的 $n-1$ 个观察点在 $x=x_i$ 处进行核权局部回归,通过比较平均拟合误差的大小,选择使其最小的窗宽 h。要注意的是当逆矩阵 $(x_x^\mathrm{T}w_xx_x)^{-1}$ 不存在时,要适当调整窗宽。

6.4.3.2　应用举例

胡邦辉等(2009)针对云量具有非正态分布特点,利用全球中期模式产品和单站地面观测资料,采用非参数方法—局部线性估计方法,选择合适的窗宽和核函数,建立了新义州、定海、隆子 3 站总云量和低云量的短期预报模型,与采用逐步回归方法建立的预报模型进行对比试验,结果表明:非参数局部线性估计的预报精度均高于逐步回归方法,具有良好的应用前景。以下介绍其具体做法。

(1)资料及资料处理

利用 2003 年 1 月至 2007 年 4 月全球中期数值预报模式产品(T106L19)和相应时间段的地面常规观测资料,采用非参数回归模型的局部线性估计方法,制作新义州(朝鲜)、定海(中国宁波)和隆子(中国西藏)3 个站点的云量预报。其中全球中期数值预报模式产品的分辨率为 $1.125° \times 1.125°$;区域范围为 $69.75°E \sim 160.875°E, 9.0°N \sim 55.125°N$;预报时效为 168 h,72 h 以内间隔 6 h,72~168 h 间隔 12 小时,共计 21 个时次;模式输出的基本量场包括地面温度、海平面气压、地面气压、温度、相对湿度、东西向 U 风分量、南北向 V 风分量、6 h 或 12 h 累积降水量、位势高度、比湿和垂直速度;标准等压面包括 1000、925、850、700、600、500、400、300、250、200、150 和 100 hPa,共 12 层。

(2)因子分析

（a）物理量场诊断

为了更好地反映大气热力和动力特征，在建模时，首先根据 2004—2007 年 1 月的数值预报产品，在 11 个基本量场的基础上，对温度露点差、K 指数、位温、假相当位温、偏差风 U、偏差风 V、Q 矢量散度、Q 矢量涡度、锋生函数、水汽通量、水汽通量散度、涡度、散度、辐散风 U、辐散风 V、螺旋度、24 h 变高、24 h 变温、湿位涡 1、湿位涡 2、CD 指数、压能、压能 Δ 和 KYI 指数等 24 个量进行了诊断分析，并将这些诊断量与基本要素场同时存放作为历史数值预报产品每日的物理量；其次设计了在站点附近范围计算补充诊断量的方案，筛选因子的范围在垂直方向是上面大，下面小结构（如图 6.11 所示）。补充诊断量的计算的内容有：各层的温度平流、涡度平流、假相当位温平流、条件性稳定度指数、干暖盖强度指数、湿静力能量、凝结函数、饱和湿静力温度、对流性稳定度指数、条件－对流性稳定度指数、能量锋强度和垂直水汽通量等 40 个诊断量的不同高度上的 156 个因子。

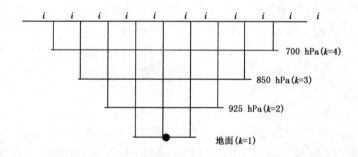

图 6.11　站点所处位置（圆点处）最近格点 (i,k) 的纬向－垂直剖面因子筛选范围示意图

（b）筛选因子

采用相关系数法在各层计算各因子与预报对象的相关系数正负中心，选取相关系数最大的 20 个因子作为备选因子。在 20 个备选因子的基础上还要再选出因子之间彼此相关性最低的 8 个因子作为最终的入选因子。精选因子的选入过程一般如下：

首先，以相关系数最大的因子 r_1 作为入选的第一个精选因子，计算其余 19 个因子与 r_1 相关系数，选择相关系数最小的因子 r_2 作为入选的第二个精选因子；

第二，计算其余 18 个因子分别与 r_1、r_2 的相关系数，选入与 r_1、r_2 相关性最低的因子 r_3 作为第三个精选因子；

第三，在剩余的因子中重复步骤二，所不同的是要分别计算与所选的精选因子之间的相关系数，选择相关性最低的因子入选为精选因子，直至选到 r_8 为止。

（3）建立预报模型

采用 MOS 原理建立统计模型，即直接把数值预报模式的输出产品（包括要素场和物理诊断量场的预报值)作为预报因子,与预报时效对应时刻的天气实况(预报对象)建立统计关系。作预报时,只要把数值模式输出的结果代入建立的统计模型,即可得到预报结论。

采用非参数回归的局部线性估计方法建模时,需要确定核函数和窗宽。核函数选用最常用的(6.66)式,并通过多次试验调整常数 c 得到窗宽 $h_n=1.0$。以隆子站第 33 小时低云量的预报为例,比较 h_n 取值变化时的均方误差($RMSE$)、相关系数(R)、平均绝对误差(RMA)3 项(如表 6.7 所示)。

表 6.7　h_n 同值时隆子站局部线性估计拟合结果

h_n	R	$RMSE$	RMA
0.5	0.7530303	0.7507385	0.606343
0.8	0.7530305	0.7507385	0.606343
1.0	0.7530308	0.7507384	0.606341
1.2	0.7530304	0.7507384	0.606342

从表 6.7 可以看出:随着 h_n 增大,相关系数 R 先增大后减小,均方误差 $RMSE$ 和平均绝对误差 RMA 都是先减小后增大。在 $h_n=1.0$ 时 R 达到最大,$RMSE$ 和 RMA 达到最小,相对最佳。这样取窗宽 $h_n=1.0$。

窗宽选好后,以(6.63)式预报模型,并根据(6.61)式和(6.63)分别求算 3 站 24～48 h 的总云量和低云量预报方程的系数,表 6.8、表 6.9、表 6.10 给出 3 个站部分时次的预报因子及拟合结果。

表 6.8　新义州站总云量预报第 45 小时的因子及局部线性估计结果

因子名称	单位	格点序号(纬向)	格点序号(经向)	高度(hPa)	相关系数	β_1
比湿(X_1)	g/kg	57	25	500	0.61	3.37
偏差风 U(X_2)	m/s	65	29	500	0.54	0.28
水汽通量(X_3)	g/s·hPa·cm	53	19	850	0.56	0.92
涡度(X_4)	10^{-6}/s	66	26	850	0.51	−0.07
螺旋度(X_5)		73	21	1000	0.52	−1.51
散度(X_6)	10^{-5}/s	57	24	925	0.53	0.02
温度露点差(X_7)	℃	66	27	850	0.52	0.05
比湿(X_8)	g/kg	57	22	700	0.54	0.66
β_0			−1.42			

表 6.9　定海站低云量预报第 39 小时的因子及局部线性估计结果

因子名称	单位	格点序号(纬向)	格点序号(经向)	高度(hPa)	相关系数	β_1
比湿(X_1)	g/kg	51	15	850	0.60	0.14
涡度(X_2)	$10^{-5}/s$	65	29	925	0.58	0.24
锋生函数(X_3)		66	14	850	0.53	-0.07
CD 指数(X_4)		53	2	850	0.58	0.41
相对湿度(X_5)	%	65	21	850	0.54	0.02
假相当位温(X_6)	K	50	2	1000	0.57	-0.01
涡度(X_7)	$10^{-5}/s$	28	8	1000	0.55	-0.05
比湿(X_8)	g/kg	53	17	700	0.56	0.29
β_0			-109.95			

表 6.10　隆子站低云量预报第 33 小时的因子及局部线性估计结果

因子名称	单位	格点序号(纬向)	格点序号(经向)	高度(hPa)	相关系数	β_1
降水量(X_1)	mm	35	14	地面	0.83	0.21
涡度(X_2)	$10^{-5}/s$	30	39	1000	0.69	-0.009
涡度(X_3)	$10^{-5}/s$	68	32	925	0.72	0.02
垂直速度(X_4)	hPa/s	39	38	1000	0.68	-572.9
Q 矢量涡度(X_5)		13	3	1000	0.73	-0.10
24 h 变高(X_6)	gpm	6	21	500	0.67	-0.008
螺旋度(X_7)		46	23	700	0.76	-7.99
螺旋度(X_8)		54	24	700	0.70	0.61
β_0			-109.95			

(4)模型拟合准确性检验

为了更清晰地了解方程的拟合效果,下面给出定海站低云量第 30 小时历史实况、非参数回归 NPR(Non-Parametric Regression)和逐步回归 SWR(Step Wise Regression)方法拟合结果。

图 6.12 为定海站 2004—2007 年逐年 1 月第 30 小时低云量实况分布、NPR 和 SWR 的预报与实况的拟合情况。横坐标表示天数,共 94 d,缺测 20 d;纵坐标表示云量的成数。散点代表实况值,实线、虚线分别代表 NPR、SWR 对实况值的拟合。从图中可以看出,定海站低云量实况以十成居多,该时次 NPR 拟合的平均准确率为 88.30%,SWR 拟合平均准确率为 87.23%,说明 NPR 局部线性拟合曲线能较 SWR 更好地描述低云量的分布情况。

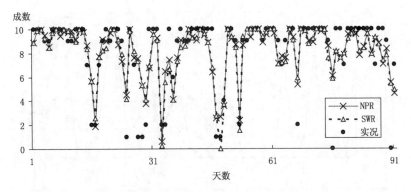

图 6.12　定海站低云量第 30 小时拟合值和实况

(5)预报结果检验和对比

采用独立样本进行检验,独立样本的时间是 2003 年 1 月 1—31 日,包括 T106 模式产品和新义州、定海、隆子 3 个站的云量历史实况。检验的方法采用预报准确率和平均绝对误差方法,预报时效是 24~48 h 预报,每天从 20 时开始,每隔 3 h(共 9 个时次)输出预报结果,对照实况进行检验,并与相同资料下的逐步回归法预报的结果作对比。

预报准确率由下式定义:

$$\alpha = \frac{P_r}{P_t} \times 100\%$$

式中 P_r 为报对的次数,P_t 为预报的总次数,本次试验为 9 次。若某预报时次的云量预报值与实况值之差小于等于 3 成,则判定该次报对;否则,判定报错。

平均绝对误差定义式为:

$$E_i = \frac{1}{N} |F_i - O_i|$$

式中,F_i 为预报值,O_i 为实况值。平均绝对误差能客观地反映要素预报值距离实况值的偏差程度。

图 6.13 为定海站 2003 年 1 月 1—31 日第 24 小时总云量实况及 NPR 和 SWR 方法试报的结果。按照检验标准,只要预报值与实况值之差小于等于 3 成,即判定该日报对。从图中可以看出,9、17、26 日 3 天两种方法预报结果均较差,预报值与实况值之差超过了 4 成。此外,SWR 方法在 3、6、8、15 日报错,与实况值之差超过 3 成。该月 SWR 报对 24 d,NPR 法报对 27 d,可见,NPR 法预报效果优于 SWR 法。

图 6.14 为新义州站 2003 年 1 月 1 日第 48 小时低云量实况及 NPR 和 SWR 方法试报结果。同样,从图中可以看出 6、14、16、20、24 日 5 天两种方法均报错,预报值与实况值之差超过了 5 成,效果较差。除此之外,SWR 法在 11、17、23 日报错。统计该月,SWR 法报对 23 d,NPR 法报对 26 d,优于 SWR 法。

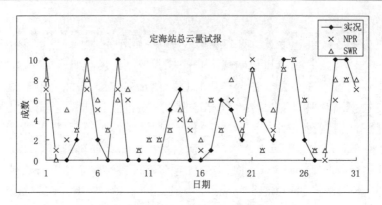

图 6.13　定海站 24 小时总云量实况及预报

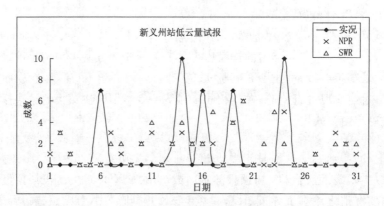

图 6.14　新义州站低云量第 48 小时实况及预报

　　为了便于全面、综合、直观地比较两种方法的预报结果,还采用了月平均准确率和月平均绝对误差进行检验,即 $\alpha'=\alpha/n$ 和 $E'=\dfrac{E_i}{n}$,其中 n 为该月的天数。表 6.11 列出两种方法预报 3 个站总云量、低云量的月平均准确率 E' 和月平均绝对误差 α'。

表 6.11　NPR、SWR 预报结果分析

方法	检验	总云量			低云量		
		新义州	定海	隆子	新义州	定海	隆子
NPR	α'	74.91%	72.04%	76.34%	77.06%	67.74%	92.47%
	E'/成	2.30	2.49	2.20	2.19	2.70	1.17
SWR	α'	71.68%	68.46%	75.63%	72.76%	64.16%	92.11%
	E'/成	2.31	2.62	2.56	2.26	2.74	2.97

　　从表 6.11 可以看出,用 NPR 预报 3 个站的总、低云量的月平均准确率都比 SWR

预报的月平均准确率要高一些,前者预报的月平均绝对误差比后者预报的结果要小些。可见,由于非参数局部线性估计方法不需要建立确定的预报模型,对于样本不呈正态分布的要素预报效果优于逐步回归法。

6.5　贝叶斯分类方法

贝叶斯(Bayes)分类方法起源于著名的贝叶斯公式(又称为贝叶斯定理),其后,发展成为一种系统的统计推断和决策的方法,这种方法具有模型可解释、准确率较高等优点,还可以有效地处理不完整数据,被认为是最优分类方法之一。在贝叶斯方法中,任何具有不确定量的信息状态均可以用概率的形式来描述,随着新信息的增加,概率可以逐渐得到修正。也就是说在贝叶斯方法中,最主要的是确定所考虑的事件的概率分布,以及为了反映新信息而对该分布所做的修正。2001 年,Lin,J. N. K. 等人使用 1984—1992 年间 5 月到 10 月香港地区的历史气象资料,采用基于直方图的朴素贝叶斯(N-Bayes)分类器模型,并且结合遗传算法和基于决策树分类 C4.5 算法,预测降雨的可能性,取得了比较好的效果。王开宇等利用 30 年的历史日平均地面观测资料,采用 2 种 Bayes 分类器,对北京地区 4 个站点和南方地区 3 个站点进行了降水预报及结果检验,对比分析了 2 种分类器的预报效果,他们还通过一定的评估方法检测分类器的准确性和稳定性,阐述了不同分类器在不同地区的表现。

6.5.1　Bayes 定理

假设 X、Y 是一对随机变量,它们的联合概率 $P(X,Y)$ 和条件概率 $P(Y/X)$ 满足如下关系:$P(X,Y)=P(Y/X)P(X)=P(X/Y)P(Y)$,调整后可得下式:

$$P(Y/X) = \frac{P(Y)P(X/Y)}{P(X)} \tag{6.67}$$

称之为 Bayes 公式,也为 Bayes 定理。

上式只是在二维随机变量情况下的公式,如果推广到多维随机变量,则得到下式:

$$P(Y_i/X_j) = \frac{P(Y_i)P(X_j/Y_i)}{\sum_{k=1}^{m} P(Y_i)P(X_k/Y_i)} \tag{6.68}$$

式中,$i=1,2,\cdots,n,j=1,2,\cdots,m$。

对于(6.67)和(6.68)式,$P(Y)$ 与 $P(Y_i)$ 均被称为先验概率,$P(Y/X)$ 与 $P(Y_i/X_j)$ 则被称为后验概率,通过贝叶斯定理得到的概率为贝叶斯概率。贝叶斯概率不同于事件的客观概率,客观概率是在多次重复实验中事件发生频率的近似值,而贝叶斯概率则是利用现有的知识对未知事件的预测。可以看出贝叶斯定理将事件的先验概率和后验概率联系起来,通过已观测的数据获得未知参数数据的估计。它对未知参数数据的估计综合了它的先验信息和样本信息,而传统的参数估计方法只是从样本数据中获取信息。

使用贝叶斯定理对未知参数向量估计的一般过程为:

(1)将未知参数看成是随机变量。这是贝叶斯方法与传统的参数估计方法的最大区别。

(2)根据以往对参数 θ 的知识,确定先验分布 $\pi(\theta)$。如果没有任何以往的知识来帮助确定 $\pi(\theta)$,贝叶斯提出可以采用均匀分布作为其分布,即参数在它的变化范围内,取到各个值的机会是均等的,这个假设被定义为贝叶斯假设。

(3)计算后验分布密度,做出对未知参数的推断

在第二步中,使用经验贝叶斯估计 EB(empirical Bayes estimator)把经典的方法和贝叶斯方法结合在一起,用经典的方法获得样本的边际密度 $P(x)$,然后通过下式来确定先验分布 $\pi(\theta)$:

$$P(x) = \int_{-\infty}^{+\infty} \pi(\theta) P(x \mid \theta) \mathrm{d}\theta \tag{6.69}$$

贝叶斯假设应用在很多方面,用贝叶斯公式导出的结果也更加符合实际。例如,某种导弹发射了 5 次,5 次都成功,另一种导弹发射了 3 次,3 次都成功,按照经典概率计算,这两种导弹发射成功的概率都是 100%,这就难以接受了,人们对 5 次成功的信心肯定比 3 次成功的信心足,并且发射成功的概率也不可能是 100% 的。若用贝叶斯假设,采用参数 θ 的后验期望作为参数 θ 的统计,可导出参数 θ 的估计量 $\theta' = (r+1)/(n+2)$,因此有下列结果:5 次实验,5 次成功,则参数 $\theta' = 6/7$;3 次实验,3 次成功,则参数 $\theta' = 4/5$。

显然,前一种导弹的发射效果好些。从中我们可以看出它们两者之间的差别,且发射成功率永远达不到 100%。这个例子说明了贝叶斯假设的合理性。

贝叶斯定理提供了一个计算后验概率的方法,因此称为贝叶斯理论的基石。

6.5.2　Bayes 分类

(1)分类及分类器概念

分类通常被认为是把一组事物分成子集合,而子集合的成员相互之间比其他成员之间具有更大的"相似性",而这一任务的实现是通过分类模型来完成的。分类任务的输入数据是记录的集合。每条记录也称为实例或样例,用元组 (X, Y) 表示,其中 X 是属性的集合,Y 是样例的类标号(也称分类属性或目标属性)。

分类的目的在于对已有数据学习的基础上,构造一个分类函数或一个分类模型,即分类器,该模型能把数据库中的数据项映射到给定类别中的某一个。既可以用此模型

分析已有的数据,也可以用它来预测未来的数据。

分类主要用于以下两个目的:

描述性建模:分类模型可以作为解释性的工具,用于区分不同类中的对象。

预测性建模:通过已知数据建立模型,预测未知数据的类别。例如:在气象预报中,根据历史气象资料数据建立预报分类器,对各种气象要素进行预报。

分类过程主要包含两个步骤:

第 1 步:建立一个描述已知数据集类别或概念的模型。如图 6.15 所示,该模型是通过对数据库中各数据行内容的分析而获得的。每一行数据都可认为是属于一个确定的数据类别,其类别值是由一个属性描述。分类学习方法所使用的数据集称为训练样本集。

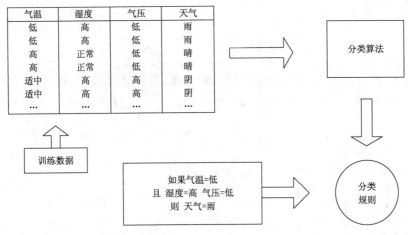

图 6.15　数据分类过程的第一步:学习建模

第 2 步:利用所获得的模型进行分类操作。如图 6.16 所示,首先对模型分类准确率进行估计。利用一组带有类别的样本进行分类测试,对于一个给定数据集所构造出的模型的准确性可以通过由该模型所正确分类的(测试)数据样本个数所占总测试样本比例得到。对于每一个测试样本,其已知的类别与学习所获得的预测类别进行比较。若模型的准确率是通过对学习数据集的测试所获得的,这样由于学习模型倾向于过分逼近训练数据,从而造成对模型测试准确率的估计过于乐观。因此需要使用一个测试数据集来对学习所获模型的准确率进行测试。

(2)分类原理

贝叶斯分类是根据最大后验准则找到最有可能的分类。所谓贝叶斯最大后验准则是指给定某一实例 $I=\{x_1,x_2,\cdots,x_l\}$,Bayes 分类选择使后验概率 $P(C_k|x_1,x_2,\cdots,x_l)$ 最大的类作为 I 的类标签,其中 $x_1,x_2,\cdots,x_l$ 为 I 的属性变量,l 为属性变量的个

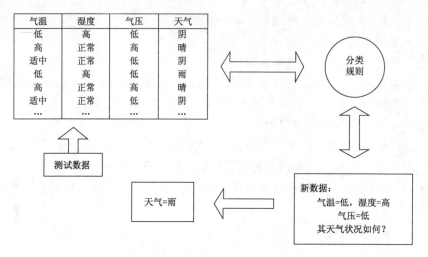

图 6.16　数据分类过程中的第二步:分类测试

数,$C_k(k\in m)$是类变量,m 为分类数,k 表示第 k 类,所有对 Bayes 分类的研究工作都是以此准则为前提的。I 属于类 $C_k(k\in m)$的概率由 Bayes 定理表示为:

$$P(C_k \mid x_1,x_2,\cdots,x_l) = \alpha \cdot P(C_k) \cdot \prod_{i=1}^{l} P(x_i \mid x_1,x_2,\cdots,x_{i-1},C_k) \quad (6.70)$$

式中,$P(C_k)$为类 C_k 发生的先验概率;α 为正则化因子,$\alpha = \dfrac{1}{P(x_1,x_2,\cdots,x_l)}$,$P(C_k \mid x_1,x_2,\cdots,x_l)$为类 C_k 的后验概率;$P(x_1,x_2,\cdots,x_l)$为属性变量$(x_1,x_2,\cdots,x_l)$同时出现的概率;$P(x_i \mid x_1,x_2,\cdots,x_{i-1},C_k)$为属性变量 x_i 在类 C_k 中出现的条件概率。后验概率反映了新样本数据对类的影响,即得到某些信息后重新修正的类发生的概率。

Bayes 分类具有如下 3 个特点:

①Bayes 分类并不把一个对象绝对地指派给某一类,而是通过计算得出属于某一类的概率,具有最大概率的类便是该对象所属的类。

②一般情况下在 Bayes 分类中所有的属性都潜在地起作用,即并不是一个或几个属性决定分类,而是所有的属性都参与分类。

③Bayes 分类的对象的属性可以是离散的、连续的,也可以是混合的。

6.5.3　朴素贝叶斯分类器

(1)基本概念

在众多分类器中,由 Duda 和 Hart 在 1973 年提出的基于贝叶斯公式的朴素贝叶斯分类器(Naïve Bayes classifier,N-Bayes)以简单的结构和良好的性能受到人们的关注。它与其他分类器所不同的是:其假定特征向量的各分量间相对于决策变量是相对独立的,也就是说各分量独立地作用于决策变量。一般认为,只有在独立性假定成立的时候,朴素贝叶斯分类器才能获得精度最优的分类效率;或者在属性相关性较小的情况下,能获得近似最优的分类效果。尽管这一假定一定程度上限制了朴素贝叶斯模型的适用范围,但它可以以指数级降低贝叶斯网络构建的复杂性。然而在实际应用中,即使在许多明显违背这种假设的场合,朴素贝叶斯分类器也表现出相当的健壮性和高效性,其性能可以与神经网络、决策树分类器相当,在某些场合下优于其他分类器。

N-Bayes 分类器利用概率密度取代概率,可以得到能同时处理连续属性和离散属性的贝叶斯判别公式。该方法能避免离散化引起的信息损失对判决精度的影响,适合于处理问题域同时含有离散变量和连续变量的情况。

在气象资料中,有些要素资料是离散形式的变量,而有些要素资料是连续形式的变量。当在以多种气象要素为节点的贝叶斯网络中,其节点既包含离散变量,也包含连续变量,即是混合型的贝叶斯网络,那么就可以发挥贝叶斯网络本身对这种混合型数据处理的优势,得到良好的分类预报结果。

朴素贝叶斯分类器(N-Bayes 分类器)的结构简图如图 6.17 所示。

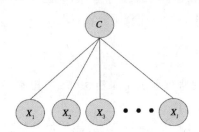

图 6.17　朴素贝叶斯分类器结构简图

在 N-Bayes 分类器中,各属性节点间相互独立,只与类节点相关联,所以(6.70)式又可以表示为:

$$P(C_k \mid x_1, x_2, \cdots, x_l) = \alpha \cdot P(C_k) \cdot \prod_{i=1}^{l} P(x_i \mid C_k) \qquad (6.71)$$

式中,$P(x_i \mid C_k)$ 为属性变量 x_i 在类 C_k 中出现的条件概率。取后验概率值最大的类 C_k 为最有可能的分类。

(2)N-Bayes 分类器计算方法

① 对于所有的类 C_k,$\alpha = \dfrac{1}{p(x_1, x_2, \cdots, x_l)}$ 是与类无关的量,因此只要找出使 $P(C_k) \cdot \prod_{i=1}^{l} P(x_i \mid C_k)$ 最大的类就足够了。

② $P(C_k) = \dfrac{N_{C_k}}{N}$,其中 N_{C_k} 为第 C_k 类中记录的个数,N 为所有记录的个数。

③ 如果 X_i 是离散变量，则 $P(X_i = x_i / C_k) = \dfrac{N_{C_k}^{(x_i)}}{N_{C_k}}$，其中 $N_{C_k}^{(x_i)}$ 为第 C_k 类中 $X_i = x_i$ 的情况的数量。

③ 如果某一个情况的数量为 0，那么 $P(X_i = x_i / C_k) = \dfrac{\dfrac{1}{N}}{N_{C_K} + \dfrac{N_{x_i}}{N}}$，$N_{x_i}$ 是属性变量 X_i 的取值个数。

④ 如果 X_i 是连续变量有两种处理方法：

其一：将每一个连续属性进行离散化，然后用相应的离散区间替换连续属性值。通过计算类 C_k 的训练记录落入 X_i 对应区间的比例来估计条件概率 $P(X_i / C_k)$。此种方法的重点在于离散区间的选取：如果离散区间的数目太大，则就会因为每一个区间中训练记录太少而不能对 $P(X_i / C_k)$ 做出可靠的估计；相反，如果区间数目太小，有些区间就会含有来自不同类的记录，因此失去了正确的决策边界。

其二：可以假定连续变量服从某种概率分布，然后使用训练数据估计分布参数。正态分布常用来表示连续属性的类条件概率分布，即：

$$P(X_i = x_i / C_k) = \frac{1}{\sqrt{2\pi}\sigma_{ik}} e^{\frac{(x_i - \mu_{ik})^2}{2\sigma_{ik}^2}} \tag{6.72}$$

式中，μ_{ik} 可以用 C_k 类的所有训练记录有关 X_i 的样本平均值 $\overline{x}$ 来估计，σ_{ik}^2 可以用训练记录的样本方差 s^2 来估计。

连续变量离散化会造成两个问题：一是会导致信息损失，并且这部分信息无法恢复，这将在一定程度上影响判决精度；另一方面还可能出现假象依赖。另外，变量具有联合正态分布或混合正态分布的假设在现实世界中基本不可能存在，根据该假设建模有可能改变底层的统计关系。这些局限性虽然会在某些情况下导致结果的不准确，但是，在目前的研究中，这是解决连续性属性的最好方法。

⑤ 当训练集样例较少，而属性数目又很大时，会出现某种属性的类条件概率等于0。为了避免出现类条件概率等于 0 的情况，通常假定：

$$P(x_j / C_k) = \frac{1}{N} \tag{6.73}$$

式中，N 是训练集中的样本总数。

使用 m 估计（m-estimate）方法来估计条件概率也可以解决上述问题。对于条件概率，可以假定：

$$P(x_i / C_k) = \frac{N_c + mp}{N + m} \tag{6.74}$$

式中，N 是训练集中的样本总数，N_c 是训练集中 C_k 类的样本数，m 称为等价样本大小的参数,一般取为 $m = \dfrac{N_c}{N_{x_i}}$,其中 N_{x_i} 是 C_k 类中 x_i 取值的个数,p 是用户指定的参数,通常取 $p = 0.5$。

(3)N-Bayes 分类器特点

①面对孤立的噪声点,N-Bayes 分类器是健壮的。因为在从数据中估计条件概率时,这些点被平均。通过在建模和分类时忽略样例,N-Bayes 分类器也可以处理属性值遗漏问题。

②面对无关属性,该分类器是健壮的。如果 X_i 是无关属性,那么 $P(X_i/C_k)$ 几乎变成了均匀分布。X_i 的类条件概率不会对总的后验概率的计算产生影响。

③相关属性可能会降低 N-Bayes 分类器的性能,因为对这些属性,条件独立的假设已不成立。

N-Bayes 分类器方法不需要进行结构学习,建立网络结构非常简单,实验结果和实践证明,它的分类效果比较好。但在实际的应用领域中,这种方法还存在着局限性,N-Bayes 分类器具有较强的限定条件即各个属性相互独立的假设很难成立。它的属性独立性假设使其在实际数据中属性间是确切的依赖关系的表达存在误差。应该广义地理解这种独立性,即属性变量之间的条件独立性是指属性变量之间的依赖相对于属性变量与类变量之间的依赖是可以忽略的。

6.5.4　贝叶斯判别准则

(1)基本思想

贝叶斯判别准则(Bayes Discriminatory criterion,D-Bayes)的基本思想是:从多类样本的历史信息中,总结出客观事物分类的规律性,建立判别函数和判别准则,当遇到新的样本点时,只需根据总结的判别函数和判别准则,就能够判别该样本点所属类别。

如果把 p 个因子的所有样品由预报量 G 个类别划分为 G 个组,并把它们看成为一个总体中抽取的样本,记这 G 个总体为 $A_1,A_2,\cdots,A_G$。从 p 个因子中任取一组样品,记为 $x = (x_1,x_2,\cdots,x_p)'$,这一组样品只能来自 G 总体中任一个。假如根据某种准则把它判为来自 A_g 总体,但实际上它原属于 A_g 总体,这样就出现错判,对预报造成一定损失。若把这种损失记为 $\begin{cases} L(h/g) = 0, h = g \\ L(h/g) > 0, h \neq g \end{cases}$,则 x 来自 A_g 的概率越大,所造成的损失就越大,可用下式表示其损失程度:

$$P(g/x)L(h/g) \tag{6.75}$$

当把样品 x 判断来自某总体,但它有可能来自 G 个总体的任一个,这样一来,对任一样品划归 A_h 总体后带来的平均损失,即期望损失为

$$\sum_{\substack{g=1 \\ g \neq h}}^{G} P(g/x)L(h/g) \tag{6.76}$$

根据 Bayes 公式,对于任一样品 x 来自 A_g 总体的条件概率为

$$P(g/x) = \frac{q_g(f_g/x)}{\sum\limits_{g}^{G} q_g f_g(x)} \tag{6.77}$$

式中,q_s 为先验概率,即第 g 个总体样本被抽取的概率,$f_g(x)$ 为 x 在总体 A_g 中的概率分布密度函数。把上式代入(6.76)式则可计算 x 划归 A_h 时的期望损失。

但在实际问题中,要精确地给出 $L(h/g)$ 的值是很困难的。为方便起见,把损失看成完全相等,即:

$$L(h/g) = l(h \neq g)$$

于是 x 划归 A_h 时的期望损失可写为:

$$\sum_{\substack{g=1 \\ g \neq h}}^{G} \frac{q_g f_g(x)}{\sum\limits_{g=1}^{G} q_g f_g(x)} \tag{6.78}$$

希望这种平均达到最小。但又因为:

$$l = \frac{\sum\limits_{g=1}^{G} q_g f_g(x)}{\sum\limits_{g=1}^{G} q_g f_g(x)} = \sum_{\substack{g=1 \\ g \neq h}}^{G} = \frac{q_g f_g(x)}{\sum\limits_{g=1}^{G} q_g f_g(x)} + \frac{q_g f_h(x)}{\sum\limits_{g=1}^{G} q_g f_g(x)} \tag{6.79}$$

所以,要使平均损失最小,就要使

$$\frac{q_h f_h(x)}{\sum\limits_{g=1}^{G} q_g f_g(x)} \text{ 最大} \tag{6.80}$$

综上,关于 Bayes 判别过程的叙述为:若各总体的概率分布密度函数 $f_g(x)$ 以及其先验概率 $q_g(g=1,2,\cdots,G)$ 已知,在错判损失相等的前提下,可建立判别函数,计算 $q_g f_g(x)(g=1,2,\cdots,G)$,若最大者为 $q_h f_h(x)$,则判断 x 来自 A_h。

(2)判别函数

在上面的判别准则中,$f_g(x)$ 是任意的。现在假设各总体的分布遵从多元正态分布,具有相同的协方差阵。例如 A_g 总体的分布密度函数为

$$f_g(x) = \frac{\left| \sum^{-1} \right|^{\frac{1}{2}}}{(2\pi)^{\frac{p}{2}}} \exp\left[-\frac{1}{2}(x-\mu_g)' \sum^{-1} (x-\mu_g) \right] \tag{6.81}$$

式中,$\mu_g = (\mu_{1g}, \mu_{2g}, \cdots, \mu_{pg})$ 为第 g 个总体的期望向量,$\sum$ 为总体协方差阵。将上式代入(6.80)式即可得判别函数。但为了计算方便,对(6.80)式作变化,即该式与下式

是等价的

$$\ln[q_g f_g(x)] \to 最大 \tag{6.82}$$

将(6.80)式代入(6.81)式有：

$$\ln[q_g f_g(x)] = \ln q_g + \ln \frac{|\sum^{-1}|^{\frac{1}{2}}}{(2\pi)^{\frac{p}{2}}} - \frac{1}{2}(x - \mu_g)' \sum^{-1}(x - \mu_g)$$

$$= \ln q_g + \ln(2\pi)^{-\frac{p}{2}} |\sum^{-1}|^{-\frac{1}{2}} - \frac{1}{2}x'\sum^{-1}x + \frac{1}{2}x'\sum^{-1}\mu_g$$

$$+ \frac{1}{2}\mu_g' + \sum^{-1}x - \frac{1}{2}\mu_g'\sum^{-1}\mu_g \tag{6.83}$$

由协方差阵的对称性有：$x'\sum^{-1}\mu_g = \mu_g'\sum^{-1}x$

又因为只寻找 $q_s f_g(x)$ 随 g 变化的最大值。在(6.82)式中与 g 无关的项可以略去，从而可以建立关于 A_g 总体的判别函数，记为：

$$y_g = \ln q_g + x' \sum^{-1}\mu_g \quad (g = 1, 2, \cdots G)$$

令向量 $c_g = \sum^{-1}\mu_g = (c_{1g}c_{2g}\cdots c_{pg})'$，常数 $c_{0g} = -\frac{1}{2}\mu_g'\sum^{-1}\mu_g$，则判别函数可写为：

$$y_g = \ln q_g + c_{0g} + c_g'x = \ln q_g + c_{0g} + \sum_{k=1}^{p} c_{kg}x_g \tag{6.84}$$

式中，$q_g = n_g/n, (g = 1, 2, \cdots, G)$，$n_g$ 表示 g 类样本总数，n 表示所有样本总数。$c_g = \sum^{-1}\mu_g = (c_{1g}c_{2g}\cdots c_{pg})'$，常数 $c_{0g} = -\frac{1}{2}\mu_g'\sum^{-1}\mu_g$，$\mu_g = (\mu_{1g}\mu_{2g}\cdots\mu_{pg})'$ 为第 g 类样本期望向量，$\sum$ 为相应样本的协方差阵。

判别时，可把某一样品 x_0 代入式(6.84)，计算 $y_g (g = 1, 2, \cdots, G)$，若 $y_h(x_0) = \max_{1 \leqslant g \leqslant G}\{y_g(x_0)\}$，则把 x_0 划归 h 类。

具体计算时，判别函数中的判别系数 c_{0g} 及向量 c_g 均可用样本相应统计量来估计，μ_g 可用 $\overline{x}_g = (x_{1g}, x_{2g}, \cdots, x_{pg})'$ 估计，协方差阵 $\sum$ 可用 $W(n-G)$ 估计，先验概率用相应的概率 n_g/n 来估计。因此实际计算中的判别函数可写为

$$y_g = \ln\left(\frac{n_g}{n}\right) + c_{0g} + c_g'X \quad (g = 1, 2, \cdots, G) \tag{6.85}$$

式中，$c_g = (n-G)W^{-1}\overline{x}_g$

$$c_{0g} = -\frac{1}{2}x'_{\overline{g}}(n-G)W^{-1}\overline{x}_g$$

式中 W 阵为组内离差交叉积阵。

6.5.5　应用举例

胡邦辉等(2010)利用 WRF 模式数值预报产品和单站观测资料，采用朴素贝叶斯

分类器和贝叶斯判别准则两种方法,结合多种强对流天气指数场、Fisher 准则和相关系数法的预报因子选取技术,建立了基于贝叶斯分类方法的雷暴预报模型,以下介绍其具体做法及检验效果。

(1)资料选取

资料为 2003 年 8 月至 2007 年 8 月 WRF 区域数值预报产品和单站相应时间的观测数据,其中,2003—2006 年样本用于建模,2007 年样本用于试报。模式产品范围为我国东南沿海及周边区域,即 109°E～131°E,14°N～36°N,分辨率为 0.25°×0.25°,起报时间为每天 20 时,预报时效为 24～48 h,间隔为 6 h,内容包括单层场(海平面气压、地面气压、2 m 高温度、2 m 比湿、10 mU 分量、10 mV 分量、非对流降水量、总降水量)和多层场(位势高度、温度、露点温度、U 分量、V 分量、垂直速度(W)、水汽含量、云水含量)。

(2)强对流天气指数诊断计算

强对流天气指数是针对雷暴等强对流天气有一定预报价值的物理参数,反映了对流天气发生的环境条件特征。利用 2003 年 8 月至 2007 年 8 月模式输出的基本要素场,计算出 26 个强对流天气指数场,包括地面温度(T)、Adedokun1 指数、Adedokun2 指数、Rackliff 指数、Boyden 指数、Bradbury 指数、CT 指数、VT 指数、TT 指数、LI_{sfc} 指数、PII 指数、S 指数、SWEAT 指数、$SWISS_{00}$ 指数、$SWISS_{12}$ 指数、Thompson 指数、TEI_{925} 指数、TEI_{850} 指数、YON 指数、YON_{mod} 指数、高空温度(T_a)和高空露点温度(T_d)。

(3)因子分析

把 2003 年 8 月至 2006 年 8 月 26 个强对流天气指数场作为建模样本集,对各预报时次样本子集进行标准化,形成 26 个雷暴预报因子场;将子集样本分成雷暴有无两类(1 代表有,2 代表无),根据 Fisher 准则和相关系数法,通过以下计算,可确定各单站各预报时次的参与建模因子。以湛江站为例,预报因子选取过程为:

首先,依次用第 $k(k=1,\cdots,26)$ 个雷暴预报因子场,计算湛江站附近的 4 个格点(具体为$(6,29)$、$(7,29)$、$(6,30)$和$(7,30)$)上的 $F_k(i,j)$ 值,

$$F_k(i,j) = \frac{(\bar{x}_{k1}(i,j) - \bar{x}_{k2}(i,j))^2}{\sum\limits_{n=1}^{n_1}(x_{k1n}(i,j) - \bar{x}_{k1}(i,j))^2 + \sum\limits_{n=1}^{n_2}(x_{k2n}(i,j) - \bar{x}_{k2}(i,j))^2} \quad (6.86)$$

式中,$\bar{x}_{k1}(i,j)$、$\bar{x}_{k2}(i,j)$ 分别为两类样本第 k 个因子在格点(i,j)上的平均值,$(\bar{x}_{k1}(i,j) - \bar{x}_{k2}(i,j))^2$ 是样本的类间距离,$x_{k1n}(i,j)$,$x_{k2n}(i,j)$ 分别为两类样本的第 n 个样本第 k 个因子在格点(i,j)上的值。$\sum\limits_{n=1}^{n_1}(x_{k1n}(i,j) - \bar{x}_{k1}(i,j))^2 + \sum\limits_{n=1}^{n2}(x_{k2n}(i,j) - \bar{x}_{k2}(i,j))^2$ 是两类样本的类内距离之和。$F_k(i,j)$ 为样本第 k 个因子类间距离除以类内距离之

和在格点(i,j)上的值,反映了该预报因子在该格点(i,j)上的分类效果,值越大分类效果越好,这就是 Fisher 准则的原理。故选取该因子场中 $F_k(i,j)$ 值最大的格点为相关中心,构成一个雷暴预报因子;同理,可分别计算所有预报因子场的最大相关中心,共得到 26 个雷暴预报因子。

其次,按照 $F_k(i,j)k=1,\cdots,26$ 的大小,对 26 个预报因子进行排序,计算各项预报因子之间的相关系数。

最后,根据 F_k 值最大、彼此之间独立性最好(相关系数小)的原则最终选择 6 个雷暴预报因子。

通过以上的方法可以分别得到湛江站 8 月 24、30、36、42、48 h 每个预报时次的预报因子,并确定因子数为 6 个。表 6.12 给出了湛江站 36 h 和 48 h 雷暴预报因子的详细信息。

表 6.12　湛江站 8 月雷暴预报因子

时效	因子名称	格点序号	
		径向	纬向
36 h	1000 hPa 露点温度	6	29
	VT 指数	6	30
	500 hPa 温度	7	29
	Adeokun2 指数	7	29
	400 hPa 温度	7	39
	Boyden 指数	7	30
48 h	地面温度	7	30
	500 hPa 露点温度	6	29
	Adodokum2 指数	6	30
	600 hPa 温度	7	29
	700 hPa 露点温度	6	30
	Racklift 指数	7	30

(4)预报模型建立

①"消空"处理

由于雷暴是小概率事件,在建模样本中大部分样本不可能发生雷暴,为了提高预报准确率,统计单站雷暴发生时各指数最小值,利用其筛选各预报时次建模样本子集(2003 年 8 月至 2006 年 8 月资料);也就是分别将各单站 24、30、36、42、48 h 建模样本子集中的每个样本指数值与最小值进行比较,如果有 3 个或 3 个以上指数值低于最小值,则剔除该建模样本,以达到"消空"的目的(减少无雷暴发生的建模样本数量);同理,在预报时应首先利用指数最小值对样本进行判别,若有 3 个以上指数小于雷暴发生时该指数最小值,则直接报该时次无雷暴发生。然后,根据模式输出统计(MOS)原理,整理出单站各预报时次的建模样本子集。

②N-Bayes 雷暴预报模型

第 1 步:将单站各预报时次建模样本子集中的样本根据雷暴有无分成两类 $g=1$ 和 2(1 代表有雷暴,2 代表无雷暴),分别计算各预报时次有无雷暴发生的先验概率 F_1 和 F_2。

$$F_1 = \frac{n_1}{n_1 + n_2}, F_2 = \frac{n_2}{n_1 + n_2} \tag{6.87}$$

式中,n_1、n_2 分别为建模样本子集中两类样本的个数。

第 2 步:代入预报样本 $x_0 = (x_{01} x_{02} x_{03} x_{04} x_{05} x_{06})'$,利用以下公式对其进行标准化。

$$X_{0kg} = \frac{x_{0k} - \overline{x}_{kg}}{s_{kg}}, k = 1, 2, \cdots, 6; g = 1, 2。 \tag{6.88}$$

式中,$\overline{x}_{kg}$、s_{kg}^2 分别为第 k 个预报因子在 g 类样本中的平均值和方差。

第 3 步:分别计算预报样本各因子在两类中的条件概率 R_{k1} 和 R_{k2},假定各因子服从正态分布,可利用表示正态分布的类条件概率公式,

$$R_{kg} = \frac{1}{\sqrt{2\pi} \cdot s_{kg}} e^{-\frac{x_{0kg}^2}{2}} \tag{6.89}$$

第 4 步:根据式(6.84)建立判别方程组,

$$\begin{cases} y_1 = F_1 R_{11} R_{21} R_{31} R_{41} R_{51} R_{61} \\ y_2 = F_2 R_{12} R_{22} R_{32} R_{42} R_{52} R_{62} \end{cases} \tag{6.90}$$

将计算得到的 F_1、F_2、R_{k1}、R_{k2} 的值分别代入(6.90)中,得到 2 个判别值 y_1 和 y_2,比较两者大小,若 $y_1 > y_2$,则报单站该预报时次有雷暴发生,否则无雷暴发生。

③D-Bayes 雷暴预报模型

第 1 步:将单站各预报时次样本子集进行标准化,分为两类 $g=1$ 和 2(1 代表有雷暴,2 代表无雷暴),分别计算两类总体的均值向量矩阵 X_g 和类内离差交叉积阵 W。

$$X_g = (\overline{x}_{1g} \overline{x}_{2g} \cdots \overline{x}_{6g})', g = 1, 2; \tag{6.91}$$

$$w_{kl} = \sum_{i=1}^{n_1} (x_{k1i} - \overline{x}_{k1})(x_{l1i} - \overline{x}_{l1}) + \sum_{i=1}^{n_2} (x_{k2i} - \overline{x}_{k2})(x_{l2i} - \overline{x}_{l2}), \tag{6.92}$$
$$k = 1, 2, \cdots, 6; l = 1, 2, \cdots, 6。$$

式中,n_1 和 n_2 分别为建模样本子集中两类样本的个数,$\overline{x}_{k1}$、$\overline{x}_{l1}$、$\overline{x}_{k2}$、$\overline{x}_{l2}$ 分别为两类样本第 i 个样本第 k 个因子和第 l 个因子的值,w_{kl} 表示建模样本中不同因子 k 和 l 在两类内交叉积和。

第 2 步:用 $\overline{X}_g$ 来估计式(6.84)中 μ_g 的值,$(n-G)W$ 来估计式(6.84)中的协方差

阵 $\sum$ 的值,建立判别方程组,

$$\begin{cases} y_1 = \ln q_1 + c_{01} + C_1' X \\ y_2 = \ln q_2 + c_{02} + C_2' X \end{cases} \tag{6.93}$$

其中, $\begin{cases} q_1 = n_1/n \\ q_2 = n_2/n \end{cases}$; $\begin{cases} C_1 = (n-2)W^{-1} \overline{X}_1 \\ C_2 = (n-2)W^{-1} \overline{X}_2 \end{cases}$; $\begin{cases} c_{01} = -\dfrac{1}{2} \overline{X}_1' (n-2)W^{-1} \overline{X}_1 \\ c_{02} = -\dfrac{1}{2} \overline{X}_2' (n-2)W^{-1} \overline{X}_2 \end{cases}$

N 为建模样本子集中所有样本的个数。

第 3 步:代入预报样本 $x_0 = (x_{01}\,x_{02}\,x_{03}\,x_{04}\,x_{05}\,x_{06})'$,利用式(6.88)对其进行标准化处理。

$$X_{0k} = \frac{x_{0k} - \overline{x}_k}{s_k^2}, k = 1, 2, \cdots, 6 \tag{6.94}$$

式中,$\overline{x}_k$、s_k^2 分别为第 k 个预报因子在所有样本中的平均值和方差。

第 4 步:将标准化后的预报样本 $X_0 = (X_{01}\,X_{02}\,X_{03}\,X_{04}\,X_{05}\,X_{06})'$ 代入以上建立的判别方程组,得到 2 个判别值 y_1 和 y_2,比较两者大小,若 $y_1 > y_2$,则报单站该时次有雷暴发生,否则无雷暴发生。

可以看出,N-Bayes 和 D-Bayes 雷暴预报模型是 Bayes 分类方法的两种重要应用,它们都建立在 Bayes 定理与 Bayes 最大后验概率准则之上,都只考虑了属性变量与类变量的关系,并没有考虑到属性变量之间的相关性;N-Bayes 模型的预报结果是以概率化的形式出现的,利用其不仅可以预报雷暴发生与否,而且可以计算出雷暴发生的概率大小,而 D-Bayes 模型只能通过比较二者预报结果值大小预报雷暴的发生与否;另外,D-Bayes 模型的步骤比较复杂,对于样本均值向量、协方差矩阵和判别系数的求解,需要大量计算,当出现多个类别变量和大量数据资料的时候,使用 D-Bayes 方法进行分类则显得耗时耗力。

(5)试报和结果检验

将 2007 年 08 月强对流天气指数场代入建立的 2 种雷暴预报模型进行试报,预报对象为漳平、广州和湛江站 24～48 h 雷暴有无,预报天数为 31 d,每天预报时次为 24、30、36、42、48 h,共预报 155 次。试报结果的评分标准为任务成功指数 S_{CSI}(critical success index)、准确率 R 和空报率 C_{FAR},它们的表达式分别为:

$$S_{CSI} = \frac{N_{11}}{N_{11} + N_{12} + N_{21}}$$

$$R = \frac{N_{11} + N_{22}}{N_{11} + N_{12} + N_{21} + N_{22}} \times 0.01$$

$$C_{FAR} = \frac{N_{21}}{N_{11} + N_{12} + N_{21} + N_{22}} \times 0.01$$

　　式中,下标 1 表示事件出现,2 表示事件不出现,N_{11} 是事件出现报对的次数,N_{22} 是事件不出现报对次数,N_{12} 是漏报次数,N_{21} 是空报次数。

　　表 6.13 给出了漳平、广州和湛江 3 个单站 2007 年 8 月 24～48 h 雷暴预报结果,从表中的数据可以看出,2 种 Bayes 模型在 3 个单站预报结果的 CSI 评分均在 0.23 以上,预报准确率均超过了 72%。以湛江站为例,2007 年 8 月在所有预报时次共出现雷暴 19 次,2 种 Bayes 模型均报对了 13 次,漏报 6 次,空报分别为 31 次和 37 次。

表 6.13　2007 年 8 月 24～48 h 雷暴预报结果

单站	方法	预报次数	出现报对	漏报次数	空报次数	S_{FAR}(%)	S_{CSI}	R(%)
漳平	N-Bayes	155	13	3	33	21.3	0.265	76.8
	D-Bayes	155	14	2	36	23.2	0.269	75.5
广州	N-Bayes	155	17	2	38	24.5	0.298	74.2
	D-Bayes	155	18	1	37	23.9	0.321	75.5
湛江	N-Bayes	155	13	6	31	20.0	0.260	76.1
	D-Bayes	155	13	6	37	23.9	0.232	72.3

　　图 6.18 给出了单站 2 种模型 24～48 h 预报结果的 CSI 评分,从图中可以看出,预报效果最好的是 N-Bayes 模型 30 h 预报结果。从整体预报效果来看,N-Bayes 模型和 D-Bayes 模型预报效果相近。比较各时次空报率和预报准确率的结果也可以得到相同的结论。另外,还可以看出,对于不同的预报时次,2 种预报模型的预报趋势相同,即当 Bayes 分类预报模型的预报结果的 CSI 评分增加时,Bayes 判别预报模型的 CSI 评分也随之增加,反之亦然;这是由于 2 种模型虽使用的方法不同,但由于利用了相同建模资料和预报因子,所以预报结果趋势相同。

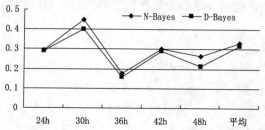

图 6.18　湛江站 2007 年 8 月 24～48 h 预报结果 CSI 评分

　　图 6.19 给出了湛江站 2007 年 8 月 24 h(即第二天晚上 20 时)的预报结果,其中黑色方块代表有雷暴发生的日期。从图中可以看出,湛江站在 2007 年 8 月共发生 5 次雷暴,分别是 14、16、24、26 和 27 日;其中,D—Bayes 模型报对 4 次,漏报 1 次,空报 9 次;N—Bayes 模型报对 4 次,漏报 1 次,空报 10 次;2 种模型在 24 日均没有报对雷暴,预报

结果的 CSI 分别为 0.286、0.267;两种 Bayes 模型的预报结果较为接近,其报出有雷暴的日期主要集中在 9—16 日、19 日、21 日及 25—29 日,显然,两种 Bayes 模型的预报效果相似。由以上分析可以看出,贝叶斯分类并不把预报样本绝对地指派给某一类,而是通过计算得出属于某一类的概率,具有最大概率的类便是该对象所属的类。

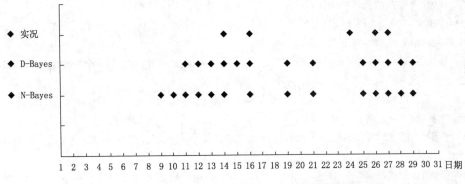

图 6.19　湛江站 2007 年 8 月 24 h 雷暴预报结果

从原理上讲:朴素贝叶斯分类器假定了属性变量之间相对于类变量的条件独立。这种假设使建模和计算的过程都得到了大大的简化,但是其缺点是与实际情况相差甚远,在实际中各种气象要素多少都会有一些联系,不会完全独立。例如:相对湿度与云量这两个要素在实际情况并不是相互独立的,而是存在一定的相关性:当云量很大时,相对湿度也一定较大。同样,气压较低时,相对湿度也较大;气温很高或是很低时,相对湿度相对较小。但是在朴素贝叶斯分类器建模的过程中却忽略了这种关系,只是简单地把各种属性当成相互独立。虽然朴素贝叶斯分类器在这个假设条件下依然表现出很好的健壮性,但是在某些场合下却并不适用。

思考题

1. BP 神经网络常用的学习方法是什么? 简述用 BP 网络建模的优势和基本过程。

2. 简述多层递阶预报的基本思想及时变参数的预报方法。

3. 常用的支持向量机有哪几种形式? 简要说明支持向量机(SVM)释用技术的基本思想。

4. 什么是非参数统计方法? 其与传统的参数统计方法有何区别?

5. 一元非参数回归模型的估计方法有哪些? 其中局部加权回归包括哪些方法?

6. 非参数局部线性估计方法有哪些优点? 非参数局部多项式估计需要解决哪两个问题?

7. 简述 Bayes 分类以及 Bayes 判别方法的区别与联系。

参考文献

陈永义,俞小鼎,高学浩,等.2004.处理非线性分类和回归问题的一种新方法(Ⅰ)—支持向量机方法简介[J].应用气象学报,**15**(3):345-354.

邓享年.2004.支持向量机极其应用研究综述[J].计算机工程,**30**(10):6-9.

冯汉中,陈永义.2004.处理非线性分类和回归问题的一种新方法(Ⅱ)—支持向量机方法在天气预报中的应用[J].应用气象学报,**15**(3):355-365.

韩经纬,祁伏裕,康玲,等.2005.基于 SVM 的大(暴)雪预报方法应用研究[J]∥全国重大天气过程总结和预报技术经验交流会论文集.福州:198-203.

何伟.2007.基于贝叶斯分类器的气象预测研究[J].计算机工程与设计,**28**(15):3780-3782.

何玉彬,李新忠.2000.《神经网络控制技术及其应用》[M].北京:科学出版社.

胡邦辉,袁野,王学忠,等.2010.基于贝叶斯分类方法的雷暴预报[J].解放军理工大学学报(自然科学版),**11**(5):578-584.

胡邦辉,张惠君,杨修群,等.2009.基于非参数回归模型的局部线性估计云量预报方法研究[J].南京大学学报(自然科学),**45**(1):89-97.

胡江林.1999.神经网络模型用于湖北省月降水量预报的探讨[J].暴雨·灾害(三),**1**:6-41.

李帮宪.1995.动态系统预测的多层递阶方法[M].北京:气象出版社.

钱莉,杨晓玲,殷玉春.2009.ECMWF 产品逐日降水客观预报业务系统[J].气象科技,**37**(5):513-519.

邱凯,脱宇峰,孙正友,等.2013.多层递阶与多元线性回归分析法在洛阳秋季降水预测中的应用与对比[J]∥第 30 届中国气象学会年会论文集.南京.

永庆.1999.《人工智能原理与方法》[M].西安交通大学出版社.

尤亚磊,钟爱华,张利娜.2005.一种改进的判别方法及其在纵向岭谷夏季降水预测中应用[J].云南大学学报(自然科学版),**27**(4):343-34.

余运河,胡邦辉,董文娟,等.2003.BP 自适应网络在数值预报产品的释用[J].解放军理工大学学报(自然科学版),**4**(6):94-97.

Cortes C,VaPnik V.1995.Support vector networks[J].*Machine Learning*,**20**:273-295.

Fan J G I.1996.*Local polynomial modeling and its applications*.London:Chapman and Hall,1-158.

Hagedorn R,Doblas-Reyes F J,Palmer T N.2005.The rationale behind the success of multi-model ensembles in seasonal forecasting I. Basic concept [J] .*Tellus*,57A:219-233.

Liu J N K,Li B N L and Dillon T S.2001.An improved naive Bayesian classifier technique coupled witha novel input solution method. IEEE Transaction on System,Man,and Cybernetics-Part C:*Application and Reviews*,**31**(2):249-256.

Shao M X,Liu H Z,Dou Y W.2006.Using no npar a metric estimation technique to predict Wind[J].*Journal of Applied Meteorological Science*,**17**(Supply):125-128.

第 7 章　综合集成方法

　　面对众多的数值预报产品(包括不同数值模式的产品和不同预报时效的产品)，人们采用了多种解释应用方法(如前面介绍的 PP、MOS 等)。不同数值模式或同一模式不同预报时效的产品，预报精度不同；各种解释应用方法有不同的特点，做出的预报结论也不完全一致。如何充分发挥各种不同的数值预报产品的作用和各种解释应用方法的优点，使预报准确率得到最大限度地提高，是数值预报产品应用中迫切需要解决的问题。实践表明，综合集成是提高数值预报产品应用效能的一种较为有效的方法。

7.1　综合集成分类

　　数值预报产品解释应用的综合集成针对不同的数值预报产品和不同的解释应用方法，可分为预报方法集成、预报模式集成、预报时效集成、集合预报集成以及综合预报集成。下面分别介绍它们的基本思路。

　　(1)预报方法集成

　　数值预报产品的解释应用方法很多，就 PP、MOS 等方法而言，也可用不同的统计方法来实现。预报人员对各种解释方法给出的可能是不一致的结果，哪种更好更可靠，常难作出判决。除了通过长期实践积累使用经验外，这一问题用预报方法集成的办法可得到较好的解决。

　　预报方法集成就是将多种解释方法得到的结论集中在一起，采用一定的集成技术，得出综合结论。原先各种解释方法预报效果的优劣，通过适当的权重来体现。它可以使原先各种解释方法的不足得到互相弥补，因而其预报能力一般强于单一的解释方法。

　　(2)预报模式集成

　　目前，世界上投入业务运行的数值预报模式非常多。日常工作中使用的数值产品来自国内外不同的数值预报模式，有差分模式、谱模式；全球模式、区域模式、中尺度模式；中期模式、短期模式等等。各种模式描述的物理过程、采用的前后处理和参数化方案以及时空分辨率等都可能不同，因而预报性能各有差异。甲模式对某类天气系统报得好，乙模式却对某些天气过程有独特的预报能力，这就给预报人员使用带来了困难。

　　预报模式集成也叫异模式综合集成，就是把不同的数值预报模式所做出的产品，用同一种方法得出解释结论,然后采用一定的集成技术,得出综合结论。它对不同的数值预报模式的性能起到取长补短的作用,因而其预报能力一般强于单一的模式预报。

（3）预报时效集成

中期数值预报的预报时效通常在 7 d 以上,短期数值预报的时效一般为 48 至 72 h,而且一般每 12 或 24 h 给出一次预报产品。因此,对于像"明天"这样特定的时间,从前几天到今天,一定有许多次预报产品是预报"明天"的。显然,如果连续几天都预报"明天"有降水,则"明天"真有降水的可能性就大;否则,有些天报"明天"有降水而有些天报没有,则"明天"降水的可能性就小。这与"阴阳历叠加"或"韵律叠加"的道理类似。

预报时效集成就是将这些不同时间（用不同初值）制作的关于某一时间的预报信息集中起来,采用一定的集成技术,得出综合解释结论。一般来说,数值预报的预报时效越长准确性越差,因此,预报时效集成时通常给予近期的预报较大的权重。

（4）集合预报集成

集合预报（Ensemble Prediction）是一种近几年来在欧洲中期数值天气预报中心和美国首先开展起来的数值预报新方法。它每次用十几个甚至几十个不同的扰动初值用相同的或不同的数值模式进行数值积分,可以给出很多不同的预报结果。

集合预报的集成解释就是将这些由不同初值得到的相似或相近的预报形势场,通过某种集成方法给出其综合解释结论。

（5）综合预报集成

综合预报集成是指对多种数值预报产品（包括不同数值模式的产品和不同预报时效的产品）和多种解释应用方法的综合集成,也可视为是上述预报方法集成和预报模式集成、预报时效集成、集合预报集成结果的综合集成,因而是更广泛意义上的综合集成。

7.2　综合集成基本技术

综合集成的具体技术方法很多,这里仅以"预报方法集成"为例,介绍几种比较常用的综合集成基本技术及应用。

（1）加权平均法

设有 n 种解释预报方法得出的结论为 $\{Y_i\}$,每种预报方法的权重为 $\omega_i \geqslant 0 (i=1,2,\cdots,n)$,则经加权平均法综合后的预报结论为:

$$Y = \sum_{i=1}^{n} \omega_i Y_i \qquad (7.1)$$

式中,$\sum_{i=1}^{n} \omega_i = 1$。当各 ω_i 均相等时,就成为算术平均法。有人证明,算术平均法是一种效果最差的综合集成方法。

加权平均法的关键是各预报方法权重 ω_i 的确定,通常有以下方法:

①用预报值与实况值的相关系数确定权重

一般情况下,预报值与实况值呈正相关关系(若相关系数为负,可能该预报方法效果太差,则应放弃该方法的使用;也可能因某次预报误差太大所致,则可剔除该特殊样本后重新计算相关系数),相关系数越大,说明该预报方法的效果越好,相应的权重系数也应越大。

设第 i 种预报方法的预报值与实况值的相关系数为 $R_i (R_i \geqslant 0)$,则取(7.1)式中 $\omega_i = R_i / R$ 即可,其中 $R = \sum\limits_{i=1}^{n} R_i$。

②用预报准确率确定权重

做法与上述相关系数的用法类似,只需将其中的 R_i 换为第 i 种预报方法的预报准确率即可。

③用预报相对误差确定权重

设第 i 种预报方法的预报相对误差累积量为:

$$E_i = \sum_{t=1}^{m} \left| \frac{Y_{0t} - Y_t(i)}{Y_{0t}} \right| \tag{7.2}$$

式中,Y_0 为实测值,m 为预报次数。依据误差小应权重大的原则,可确定其权重为:

$$\omega_i = \frac{\sum\limits_{j=1}^{n} E_j - E_i}{(n-1) \sum\limits_{j=1}^{n} E_j} \tag{7.3}$$

(2)投票集成法

投票集成法实际上是加权平均法的一种特例。只是在权重的选择中,对每一种预报方法得出的结论 Y_i 规定一个阈值 Y_0,当 $Y_i \geqslant Y_0$ 时取 $\omega_i = 1$,否则取 $\omega_i = 0$。若有 L 个 $\omega_i = 1$,则集成结论为:

$$Y = \frac{1}{L} \sum_{i=1}^{L} \omega_i Y_i \tag{7.4}$$

(3)多元决策加权法

多元决策加权法是概率预报加权平均的方法,它是对简单投票法的一大改进。

设某预报对象划分为 m 个等级(或有 m 个预报对象,下同),采用 n 种预报方法。记 P_{ij} 为第 i 种方法对第 j 等级的概率预报值,则有

$$P_i = (P_{i1}, P_{i2} \cdots, P_{im}) \quad i = 1, 2 \cdots, n \tag{7.5}$$

或用矩阵表示为:

$$P = \begin{bmatrix} p_1 \\ p_2 \\ \vdots \\ p_n \end{bmatrix} = \begin{bmatrix} p_{11} & p_{12} & \cdots & p_{1m} \\ p_{21} & p_{22} & \cdots & p_{2m} \\ \vdots & \vdots & \vdots & \vdots \\ p_{n1} & p_{n2} & \cdots & p_{nm} \end{bmatrix} \qquad (7.6)$$

设用历史资料统计得到每种方法的预报准确率为 $\omega_i(i=1,2\cdots,n)$，记作：

$$W = (\omega_1, \omega_2, \cdots, \omega_n) \qquad (7.7)$$

做规一化处理，即得 $\sum\limits_{i=1}^{n} \omega_i = 1$，于是按模糊变换原理，由 n 种方法做出的综合概率预报为：

$$B = (b_1, b_2, \cdots, b_m) = W \cdot P \qquad (7.8)$$

式中，$b_j = \sum\limits_{i=1}^{n} \omega_i p_{ij}$，$\omega_i$ 即为权重函数。然后，取其中最大者

$$b_k = \max b_j \qquad (7.9)$$

所对应的等级 k 作为最终的决策，即综合预报的结果（对于 m 个预报对象来说，b_j 即为第 j 个预报对象的预报结果）。

下面以安徽省气象台刘勇等研制的对该省暴雨的集成预报方案为例加以说明。

他们先将全省预报区域（107°E～121°E，25°N～39°N）作出 1°×1° 经纬度的网格点，采用以下四种方法（指标）按每个格点逐点作出可能出现暴雨事件的概率预报。

①数值预报产品释用预报

用欧洲中期预报中心（ECMWF）的分析场和 24 h、48 h 预报产品，经计算得到若干再加工产品，并采用"按距离加权平均法"插值到每个格点上。

对每一格点计算出下列 8 项指标，并根据历史资料给定有暴雨出现的临界值：地面 24 h、48 h 与 0 h、24 h 间的平均变压 $\leqslant 0$ hPa；500 hPa 24、48 h 与 0、24 h 间的平均变高 $\leqslant 0$ gpm；500 hPa 地转涡度 $\geqslant 15 \times 10^{-5} \cdot \text{s}^{-1}$；500 hPa 24 h 与 0 h 地转涡度差 $\geqslant 10 \times 10^{-5} \cdot \text{s}^{-1}$；850 hPa 24 h 与 48 h 平均涡度 $\geqslant 5 \times 10^{-5} \cdot \text{s}^{-1}$；850 hPa 48 h 与 24 h 涡度差 $\geqslant 10 \times 10^{-5} \cdot \text{s}^{-1}$；850 hPa 24 h 与 48 h 平均散度 $\leqslant -2 \times 10^{-1} \cdot \text{s}^{-1}$；850 hPa 24 h 与 48 h 平均饱和水汽通量散度 $\leqslant -2 \times 10^{-8} \text{ g} \cdot (\text{cm}^2 \cdot \text{hPa} \cdot \text{s})^{-1}$。

制作预报时，在每一格点上，按照每满足一条指标（等权重）累加 1/8 的概率，做出该格点的概率预报 p_1（这样处理可以考虑到反例的情况）。

②物理量诊断分析预报

通过大量的统计，找出了 7 条与暴雨密切相关的物理量及其临界值：850 hPa 散度 $< -5 \times 10^{-5} \cdot \text{s}^{-1}$；200 hPa 散度 $\geqslant 3 \times 10^{-5} \cdot \text{s}^{-1}$；700 hPa 垂直速度 $\leqslant -4 \times 10^{-3} \cdot \text{hPa} \cdot \text{s}^{-1}$；300 hPa 涡度与 850 hPa 涡度之差 $\leqslant -5 \times 10^{-5} \cdot \text{s}^{-1}$；850 hPa 水汽通量散度 $\leqslant -3 \times 10^{-8} \text{g} \cdot (\text{cm}^2 \cdot \text{hPa} \cdot \text{s})^{-1}$；水汽辐合法可降水率 $\geqslant 3 \text{ mm} \cdot \text{h}^{-1}$；凝结函数法可

降水率≥2 mm・h^{-1}。

同样按每满足一条指标累加 1/7 的概率作出每个格点的预报概率 p_2。

③卫星云图定量分析预报

选用 GMS－5 红外云图,按 0.1°经纬度间隔采集数据,再用滑动平均方法对每个格点计算出周围 5°×5°(经纬度)范围内的灰度平均值(用 A 表示),以及该范围内灰度值≥220 的格点数目(用 B 表示)。把二者乘积 $A×B$ 作为"暴雨云预报因子",并考虑前期若干小时的情况,定义云图的概率预报值为:

$$p_3 = [(A_0 × B_0) + (A_0 × B_0 - A_t × B_t)]/300 \tag{7.10}$$

式中,下标 0 表示离预报最近的云图时间;t 表示前 t 小时的云图。若 $p_3 > 100$ 时,仍记 $p_3 = 100$。逐个格点计算出 p_3。

④预报员经验预报

由预报员根据经验预报出暴雨和大雨的落区,取暴雨预报区的每个格点的概率预报值为 $p_4 = 100$,大雨预报区域内各格点的 $p_4 = 60$,此外的格点上 $p_4 = 0$。

按上述方法和指标,对历史个例进行计算和统计分析,结果表明,前两种方法预报准确率稍高于后两种方法。据此得到:

$$W = (75\%, 75\%, 65\%, 65\%)$$

对每个格点的综合预报方程即为:

$$p = (75 p_1 + 75 p_2 + 65 p_3 + 65 p_4)/280$$

逐点计算出综合预报概率后,即可绘制综合概率预报图。概率预报值 40％以上的区域表示预报有暴雨区,60％以上的区域预报有大暴雨。

业务使用中,每天 10:50 开始,用前一天 20 时 ECMWF 预报资料,当日 08 时常规高空观测资料,早上 4:30 和 10:30 的红外云图作为基本资料进行预报。使用结果表明,效果良好。有时尽管某一种(或几种)方法(指标)的单独预报不理想,但综合预报的效果却令人满意。

(4)线性回归集成法

线性回归集成的原理和方法与一般多元线性回归方法相同。

设有 n 种预报方法对某独立样本得出的结论为 $\{Y_i\}(i=1,2,\cdots,n)$,则利用 N 个历史样本,按最小二乘法可得到回归集成的预报结论为:

$$Y = b_0 + \sum_{i=1}^{n} b_i Y_i \tag{7.11}$$

其中,回归系数 b_0 为预报对象的平均值,b_i 反映了各种预报方法(这里作为预报方程中的预报因子)所作预报结论 $Y_i(i=1,2,\cdots,n)$ 的相对重要性及它们的相互关系。

武汉中心气象台彭春华等研制的短期降水预报,就采用了线性回归集成方法。他们用以下单项预报作为预报因子:

Y_1:中央台 12～36 h(0～24 h,24～48 h 平均)指导预报;

Y_2:日本 12～36 h(12～24 h,24～36 h 合成)数值预报;

Y_3:日本 24～48 h 数值预报;

Y_4:我国 B 模式 12～36 h 数值预报。

以武汉市 20－20 时的降水预报为例,建立的预报方程为:

$$Y = 4.247 + 0.005Y_1 - 0.067Y_2 + 0.388Y_3 + 0.957Y_4$$

经业务应用表明,对晴雨以及对暴雨的预报准确率,较之任何一种单项预报都有所改进。

当单项预报方法或预报指标很多时,可采用逐步回归或逐步判别方法进行筛选。近些年来随着研究的深入,在一般线性回归集成法的基础上,一些改进的线性回归集成预报方法相继开发出来。如典型相关分析、稳健回归集成法等,都在某些方面取得不同程度的进展,甚至还有非线性回归集成方法出现。

(5)最优化集成法

最优化集成技术即应用最优化方法将多个预报结论进行综合集成。设$\{Y_{0j}\}$($j=1,2,\cdots,N$)为某种气象要素的观测值,有 M 种方法或途径给出该要素的预报值$\{\hat{Y}_{fj}(m)\}$($m=1,2,\cdots,M,j=1,2,\cdots,N$),最优化集成方案为:

决策风险函数:$Q = \sum_{j=1}^{N} e_j^2 = \sum_{j=1}^{N} (y_{0j} - \hat{y}_j)^2$。

集成方案:$\hat{y}_j = \sum_{m=1}^{M} w_m \hat{y}_j(m)$,$w_m$ 为权重。

权重边界条件:$w_m \geqslant 0, \sum_{m=1}^{M} w_m = 1$。

集成方案选择准则:选择 w_m, $m=1,2,\cdots,M$,使风险函数值 Q 尽可能减小,以提高综合集成准确性。

加权方法采用方差倒数加权法,并用递归正权综合决策方法不断地改进集成的效果。理论上已经证明任何一种正权综合决策的风险函数都有公共的上下边界,且正权综合决策比单一的预测结果具有较大的可靠性和稳健性,方差倒数加权法是常用正权法中风险上界最小的一种,因而最为简单有效,对正权综合结果的递归迭代又可不断地提高决策准确性且降低决策风险,最终可使集成决策方案逼近最优。

递归迭代方法的具体做法是:将 M 种预报值首先用方差倒数加权法求出第一个集成决策值$\hat{y}_j^1$,将$\hat{y}_j^1$和实测值y_{0j}求方差,并和由 M 个预报值求得的方差比较去掉方差最小一个。再将这 M 个值求第二集成决策值$\hat{y}_j^2$。如此反复直到 Q 达到最小为止,这时得到的$\hat{y}_j^m$就是最优集成决策值。

(6)神经网络集成法

设有 n 种预报方法对某独立样本得出的结论为 $\{Y_i\}(i=1,2,\cdots,n)$，则利用 N 个历史样本，按人工神经网络方法可得到集成的预报结论为：

$$Y = f(Y_{a0}) = (1 + e^{-Y_{a0}})^{-1} \tag{7.12}$$

$$Y_{a0} = a_0 + \sum_{i=1}^{n} a_i Y_i \tag{7.13}$$

式中，a_i 为网络权值，可通过网络学习得到。

（7）多层递阶集成法

该方法能较好地反映各种预报方法预报能力随时间的变化。

设有 n 种预报方法对预报时刻 t 作出的预报结论为 $Y_i(t)(i=1,2,\cdots,n)$，并有 t 时刻之前 $(t-1,t-2,\cdots,t-N)$ 连续的 N 个历史样本，则将预报方法看成预报模型中的输入变量用多层递阶方法可得到的集成结论为：

$$Y(t) = \sum_{i=1}^{n} \hat{\beta}^* Y_i(t) \tag{7.14}$$

式中，时变参数 $\hat{\beta}^*$ 可用多层 AR 模型递阶等方法预报得出。

最后需要指出，本节中介绍的各种集成预报方法的预报效果虽与单一方法的预报相比一般都有所改进，但实际预报水平仍取决于参加集成的诸预报方法本身，所以关键还是在于提高各种具体预报方法自身的预报质量。

7.3　集成预报应用举例

随着模式发展和更替速度的加快，以多样本统计为基础的释用方法很难维系和保持稳定预报。多种模式或多种预报方法的综合集成是国际上的发展潮流，综合集成既能综合各预报结果的优势，又不会因为其中一个或两个结果的性能变化而导致最终的综合结果发生大的变动。以下通过几个预报实例，进一步说明集成预报技术在业务中的应用效果。

7.3.1　短期温度、降水的多模式集成预报

浙江湖州市气象局周之栩等（2010）通过对比 4 种不同数值预报模式产品对湖州站的温度、降水预报的对比分析，利用历史权重法建立了对温度、降水的集成预报方法。检验表明：集成的温度、降水预报结果优于大多数模式单独的预报结果。

（1）资料

中国 T213、美国 NCEP、日本 JMA 和德国天气在线的 20：00（北京时，下同）预报的降水、温度资料，资料长度为 2001 年 1 月至 2007 年 6 月。由于该 4 种模式中，只有德国在线提供站点的要素预报，其余模式的要素预报必须由网格点值通过内插获得。

(2)预报模型建立

利用前 5 天各预报模式的预报评分值为权重建立集成预报模型(以下简称 5 日集成),可以突出体现各模式短期预报的能力,提高集合模式的准确率;同时为了和各模式的历史集成相对比,利用各模式 2005 年 1 月至 2007 年 6 月的评分成绩也建立了相应的历史集成预报模型(以下简称历史集成)。具体公式如下:

$$y(t) = \sum_{i=1}^{k} \alpha(t)_i x_i(t) \tag{7.15}$$

式中,$y(t)$ 表示 t 日的集成预报值,k 表示参与集成的数值预报模式数,$x_i(t)$ 表示第 i 种预报模式对 t 日的预报,$\alpha(t)_i$ 表示第 i 种预报模式对 t 日的预报权重,其表达式为:

$$\alpha(t)_i = \frac{TS_i}{\sum_{i=1}^{k} TS_i} \tag{7.16}$$

式中,TS_i 在前 5 日集成模式中表示第 i 种预报模式从 $t-5$ 日到 $t-1$ 日的预报准确率,在历史模式中表示从 2005 年 1 月 1 日至 $t-1$ 日的预报准确率;降水集成预报中使用定性预报准确率,温度集成预报中使用定量预报准确率。考虑到通过对准确率进行标准化处理后可以进一步拉开不同数值预报模式之间的档次,提高预报效果较好的模式在集成预报模式中的权重,因此对原始准确率通过下式进行了极差标准化:

$$TS_{si} = \frac{TS_i - TS_{i\min}}{TS_{i\max} - TS_{i\min}} \tag{7.17}$$

式中,TS_{si} 为标准化后的第 i 种预报模式的准确率,TS_i 为其原始值,$TS_{i\min}$ 为有效评分时段截至 $t-1$ 日的准确率最小值,$TS_{i\max}$ 为有效评分时段截至 $t-1$ 日的准确率最大值。用 TS_{si} 计算权重 $\alpha(t)_i$。

该方法的基本指导思想是使用限定记忆法,利用前 5 日各数值预报模式的预报准确率来不断更新权重,充分反映近期各模式的预报能力变化,集成更多的有效信息,以提高预报效果。

(3)预报结果检验

采用浙江省晴雨预报评分方法对降水进行定性评分。所谓定性评分就是只要天气要素性质报对就算准确,24 h 降水 38 mm 以下按一般降水评定,降水 38 mm 以上按暴雨评定。对温度采用定性和定量两种评分方法,日最低气温≤5 ℃ 按重要低温评定;日最高气温≥35 ℃ 按重要高温评定,中间值按一般温度评定;而定量评分就复杂、严格得多,日极端温度(以下简称高温和低温)按绝对误差 0.5、1.0、1.5、2.0、2.5 和 2.5 以上 6 级,得分从 100 分按 20 分一档递减直到 0 分。对 2005 年 1 月至 2007 年 6 月的各种数值模式及 2 种集成预报模式的 24 h、48 h 的降水和温度预报结果进行对比分析。

(a)降水对比分析

表 7.1 为各模式的降水预报定性质量对比。如表 7.1 所示,各预报模式对 24 h 的

一般性降水定性预报准确率都较高,达到了 70% 左右,其中以我国的 T213 预报模式的准确率最高,48 h 的预报仍是 T213 居于第一位,达到 75%,但其他模式 48 h 的准确率都出现了明显下降,仅为 60% 左右,说明各模式对降水的中短期预报水平仍有待提高;2 种集成预报模式 24 h 的预报成绩相近,达到 72% 和 71%,但是 48 h 预报 5 日集成模式优于历史模式,说明各数值模式的短期预报能力被强化突出后,更加有利于中短期预报质量的提高。

表 7.1　降水预报定性质量对比

模式	24 h 降水	24 h 暴雨	48 h 降水	48 h 暴雨
中国 T213	76%	33%	75%	0
美国 NCEP	70%	25%	61%	0
日本 JMA	69%	0	59%	0
德国在线	69%	0	64%	0
5 日集成	72%	28%	69%	0
历史集成	71%	10%	61%	0

通过集成计算,2 种集成模式的预报准确率都有所提高,高于除 T213 以外的所有模式,说明集成预报方法还是有相当的预报能力,而降水预报则以 T213 预报模式的参考价值最大,尤其是 48 h 明显优于其他模式的预报能力;但是各模式对暴雨预报(24 h 降水 38 mm 以上)的能力都很差,24 h 预报除 T213、NCEP 模式和 5 日集成模式有一定准确率外,日本和德国在线的准确率都为 0,至于 48 h 的暴雨预报,所有模式的准确率都为 0,说明各模式对于短时突发的强降水天气仍缺乏准确的物理描述,仍然有待提高。

(b)温度对比分析

表 7.2、7.3 分别给出各模式对重要温度和一般温度预报定的评分结果。表 7.2 中括号内为各模式温度预报定性评分,括号外为各模式的温度预报定量评分,由于定量评分时按温度绝对误差 0.5~2.5 ℃以上分别给予 100~0 分的六级评定法,所以通过各模式的定量得分情况也可以大致了解各模式预报的平均误差。

表 7.2　重要温度预报定性、定量评分

模式	24 h 重要低温	24 h 重要高温	48 h 重要低温	48 h 重要高温
中国 T213	40(78%)	6.1(12%)	31.0(74%)	5.2(10%)
美国 NCEP	39.7(80%)	38.2(31%)	32.3(75%)	25.6(30%)
日本 JMA	40.9(80%)	40.1(32%)	30.5(75%)	40.2(33%)
德国在线	43.9(91%)	58.2(55%)	43.1(85%)	44.8(48%)
5 日集成	45.1(90%)	38.3(45%)	33.4(77%)	40.6(38%)
历史集成	40.5(85%)	34.3(21%)	32.1(75%)	27.6(30%)
预报员	62.2(93%)	55.2(64%)	/	/

表 7.3　一般温度预报定量评分

模式	24 h 一般低温	24 h 一般高温	48 h 一般低温	48 h 一般高温
中国 T213	43.1	31.8	39.5	24.2
美国 NCEP	53.1	35.5	44.8	24.6
日本 JMA	54.1	41.1	52.7	30.9
德国在线	70.3	53.6	63.5	44.1
5 日集成	70.5	43.1	62.9	36.2
历史集成	62.7	43	59.7	31.9
预报员	72	59.1	/	/

　　各模式的日最高、最低温度 24 h 预报得分都高于 48 h,说明随着预报时效的延长,预报准确性出现下降;同时各模式的大多数低温预报能力高于高温;说明各模式对夜间辐射降温、平流降温等降温机制的描述要好于白天日照和地面加热升温等机制;各模式的 24 h、48 h 重要低温定性预报准确率都较高,24 h、48 h 达到了 75% 以上,德国在线 24 h、48 h 甚至达到了 91%、85%,和预报员极为接近。但是定量预报得分却只有 40 分左右,说明各数值模式的定性预报虽然正确,定量预报的平均误差却仍有 2 ℃ 以上。各数值模式重要高温定量预报的得分则更低,T213 对重要高温预报能力最差,得分仅为 5、6 分。一般高温、低温仍是德国在线的得分最高,24 h 的一般低温定量得分达到了 70 分,48 h 也在 63.5 分,预报平均误差已经小于 1.5 ℃,对预报员具有重要参考价值。无论定性或定量预报,德国在线的温度预报准确率和得分都是最高的,而且在其他模式的重要高温准确率出现下降的情况下,其定量预报得分反而高于重要低温,甚至高于预报员的评分水平,充分体现了德国在线模式在温度预报上的能力。

　　5 日集成预报模式在所有项目中都高于历史模式,其中 24 h、48 h 的一般低温得分在 60 分以上,预报平均误差已经小于 1.5 ℃,一般高温和各项重要温度得分也在 40 分左右,预报平均误差接近 2 ℃,24 h 重要低温和一般低温成绩在所有模式中取得第一,其他项目在所有模式对比中第二。

7.3.2　区域数值模式产品的最优化集成方法

　　2006 年,上海区域气象中心基于中尺度数值预报模式(MM5 v3)产品,建立了最优化集成方法(Optimal Consensus Forecast,OCF)并投入业务使用。试验表明 OCF 方法具有更高的预报准确率和预报稳定性。

　　(1)OCF 方法介绍

　　该集成方法以模式直接输出(DMO)、模式输出统计(MOS)和卡尔曼滤波(KLM)等 3 个预报方法的预报结果作为集成成员。

(a)对各集成成员的预报结果进行预报偏差校正

计算出各集成成员在过去 30 d 中的平均预报相对误差,根据平均预报相对误差,对各集成成员的预报结果进行系统偏差校正。

(b)对各集成成员的预报结果进行绝对误差权重平均

计算出各集成成员在过去 30 d 中的平均预报绝对误差,根据平均预报绝对误差的大小,取相应的权重系数对各集成成员进行加权平均,平均预报绝对误差越大的成员,权重系数越小。权重系数的计算如下:

$$W_i = E_i^{-1} / (E_1^{-1} + E_2^{-1} + \cdots + E_n^{-1}) \tag{7.18}$$

式中,i 表示某一成员,n 表示成员总数,E 表示某一成员的平均预报绝对误差,W 表示权重。

需要特别指出的是风向的集成过程。由于风向变化的不连续性和随机性,上述"偏差校正+权重平均"的集成方法不适合风向,实际操作中也无法取得满意的结果。因此采用了"择优集成方法",具体计算时,集成结果是选择过去 30 d 平均预报绝对误差最小的集成成员。

(2)预报检验

表 7.4 是 2006 年 DMO、KLM 和 OCF 方法在上海区域 96 个站的平均绝对误差(12~72 h)对比表。从表中可以看出,OCF 方法的预报性能较 KLM 方法略有提高。温度预报方面,平均绝对误差减小约 0.1 ℃,准确率提高约 2%,夏季的预报准确率能达到 71.2%。相对湿度的准确率提高也在 2% 左右。风速预报方面,平均绝对误差略有减小,但是预报准确率在春季和秋季有所下降(约 1%),夏季和冬季的准确率则略有提高,平均看,OCF 与 KLM 的预报准确率相当。仔细比较 OCF、KLM 和 DMO 的风速预报以及实况的风速,发现 OCF 的风速预报较 KLM 要略偏大一些,对风速较大(大于等于 12 m/s)的风速预报要准确一些,但实况风速较小时,有时容易预报偏大,特别是在春季和秋季,这就是导致 OCF 的平均绝对误差变小了一点。风向预报,采用择优集成之后,OCF 的平均预报绝对误差和预报准确率均较 KLM 有小幅改善,春季和秋季的预报准确率在 37% 左右,夏季的准确率较 KLM 提高约 3%。

由于集成成员偏少,而且都源自一个数值模式,各成员的独立性较差,这也就决定了最后的集成效果无法有明显的改善,今后的工作中要多增加集成成员,选取多个数值模式或多种客观预报方法的预报结果。

表 7.4　2006 年 DMO、KLM 和 OCF 方法在上海区域的要素预报性能对比

要素	评价参数	预报方法	春季	夏季	秋季	冬季
温度	绝对误差(℃)/准确率(%)	DMO	2.5/49.6	2.2/56.6	2.5/47.8	2.8/44.3
		KLM	2.1/58.9	1.6/69.2	1.8/65.9	1.9/62.8
		OCF	2.0/60.2	1.5/71.2	1.7/67.9	1.8/65.0
相对湿度	绝对误差(%)/准确率(%)	DMO	13/49.4	9/64.5	12/52.4	13/51.0
		KLM	10/62.2	7/72.8	9/67.3	10/61.7
		OCF	9/63.2	7/74.7	8/70.0	10/63.2
风速	绝对误差(m/s)/准确率(%)	DMO	2.3/51.1	1.9/59.9	2.0/55.2	2.1/63.7
		KLM	1.5/70.8	1.4/73.3	1.2/79.1	1.1/89.6
		OCF	1.3/70.0	1.1/74.8	1.1/77.2	1.1/90.5
风向	绝对误差(°)/准确率(%)	DMO	53/36.0	51/35.5	52/35.3	51/36.3
		KLM	52/35.5	53/33.2	51/35.5	50/34.9
		OCF	51/36.6	51/35.9	50/36.9	51/35.4

7.3.3　数值降水预报定量集成预报方法

中国气象局沈阳大气环境研究所杨森、陈力强等(2012)利用相似权重集成预报法,对辽宁区域 12 个数值模式预报的降水量进行集成,并投入业务化应用,结果表明:降水集成方法要优于 12 个集合成员的单个预报,同时也优于简单的集合平均。

(1)相似权重集成方法

采用基于相似的权重对集合成员进行集成,公式如下:

$$F = \sum_m W_m M_m \tag{7.19}$$

$$W_m = \frac{\sum_n^{n \neq m} A_{mn}}{\sum_m \sum_n^{n \neq m} A_{mn}} \tag{7.20}$$

$$A_{mn} = \frac{1}{C_{mn}} \tag{7.21}$$

$$C_{mn} = \frac{1}{2}(S_{mn} + D_{mn}) \tag{7.22}$$

$$S_{mn} = \overline{|X_{mn} - \overline{X}_{mn}|} \tag{7.23}$$

$$D_{mn} = \overline{|X_{mn}|} \tag{7.24}$$

$$X_{mn} = M_m^1 - M_n^1 \tag{7.25}$$

式(7.19)—(7.25)中,F 为集成预报场;M_m 为第 m 个成员的预报场;W_m 为第 m

个成员的权重；A_{mn} 为 m、n 成员间的相似度；C_{mn} 为 m、n 成员间的相似离度，M_m^1、M_n^1 分别为对 M_m、M_n 进行归一化的结果。

相似权重集成法的特别之处在于当各个成员间的相似性较小时，扩大成员的预报降水范围，增加成员间的相似性，从而能得到更加准确的预报，因此，对式(7.19)修改：

$$F = \sum_m W_m M_m^e \tag{7.26}$$

$$M_m^e(i,j) = \max k = i-e, i+e\ M_m(k,l) \tag{7.27}$$
$$l = j-e, j+e$$

$$e = A_t - 1 \tag{7.28}$$

式(7.26)—(7.27)中，M_m^e 为扩大后的第 m 个成员的预报场；$M_m^e(i,j)$ 为预报场 M_m^e 在第 (i,j) 个格点的值；e 为扩大的圈数；A_t 为总体相似度。根据式(7.28)，如果扩大的圈数为 1，则扩大后的预报场 M_m^e 在第 (i,j) 个格点的值等于其周围 9 个点的最大值。

总体相似度 A_t 的确定。采用 2 级相似水平逐级归并法对集合成员聚类。选取 1 级相似水平相似度为 50；2 级相似水平相似度为 25。若满足 1 级相似水平的一类成员数超过成员总数的 2/3，则 $A_t = 1$；若满足 2 级相似水平的一类成员数超过成员总数的 2/3，则 $A_t = 2$；以上都不满足，则 $A_t = 3$。

(2)业务应用方案

(a)集合成员模式的选择

共选择了 12 个模式系统的降水预报进行集成，分别为：

GERM　　　GERM 为德国降水预报，分辨率为 $1.5°$。

JAPN　　　JAPN 为日本降水预报，分辨率为 $1.25°$。

GFS2　　　GFS2 为美国 NCEP GFS(AVN)预报，分辨率为 $0.5°$。

T639　　　T639 为国家气象中心的 T639 谱模式预报，分辨率为 $0.5°$。

LN15　　　LN15 为沈阳大气环境研究所运行的辽宁区域模式。采用 MM5 模式，
　　　　　　2 层网格嵌套，细网格水平分辨率为 15 km；覆盖辽宁地区，使用 T213
　　　　　　预报作为模式的初始场和侧边界，预报时效为 72 h。

T213　　　T213 为国家气象中心的 T213 谱模式预报，分辨率为 $1°$。

NE10　　　NE10 为沈阳大气环境研究所运行的东北区域模式。采用 MM5 模式，
　　　　　　2 层嵌套网格，细网格水平分辨率为 10 km，覆盖东北地区；使用 T213
　　　　　　预报作为模式的初始场和侧边界，预报时效为 72 h。

M639　　　M639 为沈阳大气环境研究所运行的东北区域模式。配置同 NE10，但
　　　　　　是使用 T639 预报作为模式的初始场和侧边界，预报时效为 72 h。

WF22　　　WF22 为沈阳大气环境研究所运行的 WRF 模式。采用 WRF 模式

V2.2 版本、WRFVAR 同化模式 V2.1 版本,单层网格水平分辨率为 30 km,预报时效为 48 h。

GR56　　GR56 为沈阳大气环境研究所运行的 GRAPES 模式 V2.1 版本,水平分辨率为 0.5625°,预报时效为 48 h。

TYPH　　TYPH 为沈阳大气环境研究所运行的台风模式。采用 MM5 模式,单层网格为 50 km。有台风时,网格随台风中心移动,并加入 bogus 资料,制作台风路径和降水预报。无台风时,网格中心固定在 120°E、40°N,预报时效为 48 h。

WA30　　WA30 为沈阳大气环境研究所运行的 WRF 快速循环同化系统。采用 WRF 模式 V2.2 版本、WRFVAR 同化模式 V2.1 版本,单层网格水平分辨率为 30 km。快速循环同化系统每 3 h 同化一次常规、雷达等资料,使用同化系统 3 h 前预报作为同化的初始场,预报时效为 24 h。

(b)滞后时间的选择

为了保证预报的连续性及某些预报可能无法及时收取的影响,使用同一模式滞后时间在 24 h 之内的预报产品作为集合成员,如对于 10 日 08 时的 24 h 预报,使用 9 日 08 时的 48 h、20 时的 36 h 和 10 日 08 时的 24 h 预报产品一起作为集合成员。

(c)预报区域的选择

降水集成的区域为辽宁模式区域。先将各个模式的数据插值到降水集成区域,然后再按照上面介绍的相似权重集成法进行集成。

(3)应用效果检验

对 2009 年 5 月 1 日至 10 月 20 日近 5 个月的 24 h 降水量预报情况进行 TS 评分检验,12 个集合成员的 TS 评分结果见表 7.5。

由表 7.5 可见,在 1 mm 量级上,JAPN 的 TS 评分最好,其次是 GFS2 模式,72 h 内 JAPN 模式除 24 h 预报略低于 GFS2 外,其他时效的 TS 评分均高于其他模式。在 10 mm 量级上,JAPN 的 TS 评分仍然是最好,其次是 T639 模式。在 25 mm 量级上,前 48 h TS 评分最好的是 T639 模式,60～72 h TS 评分最好的是 T213 模式,但是不同成员之间的评分差异已经很小,因此虽然不同集合成员在预报能力上有所差异,但差异幅度并不是很大,说明所选的集合成员较为合理。

集合平均、相似权重集成方法和 12 个成员最好的 24 h 降水量 TS 评分结果见表 7.6。可以看出,集合平均 TS 评分基本上要高于成员最好的 TS 评分,除在 10 mm 量级 72 h 预报和 25 mm 量级 60～72 h 预报上低于成员最好的 TS 评分,这与随着量级及预报时效增加而增加的降水不确定性有关。集成方法在所有时效和所有量级上的 TS 评分均高于成员最好的 TS 评分,只在 1 mm 量级 60～72 h 预报上低于集合平均,这是由于扩大降水范围后增加了空报率而引起的。

表 7.5 作为集合成员的 12 个降水模式的 24 h 降水预报 *TS* 评分

量级 /mm	时效 /h	GREM	JAPN	GFS2	T639	LN15	T213	NE10	M639	WF22	GR56	TYPH	WA30
1	24	0.558	0.611	0.613	0.585	0.519	0.555	0.539	0.547	0.550	0.558	0.482	0.555
	36	0.539	0.600	0.585	0.569	0.518	0.575	0.538	0.572	0.540	0.509	0.501	—
	48	0.517	0.590	0.578	0.561	0.487	0.561	0.530	0.546	0.528	0.495	0.487	—
	60	0.517	0.560	0.547	0.552	0.441	0.554	0.481	0.521	0.494	—	—	—
	72	0.482	0.546	0.507	0.514	0.394	0.498	0.418	0.46	0.462	—	—	—
10	24	0.237	0.299	0.275	0.291	0.245	0.257	0.254	0.249	0.259	0.245	0.224	0.255
	36	0.215	0.262	0.260	0.262	0.221	0.257	0.243	0.249	0.248	0.217	0.216	—
	48	0.205	0.242	0.227	0.240	0.200	0.254	0.217	0.236	0.224	0.188	0.185	—
	60	0.192	0.223	0.209	0.225	0.161	0.230	0.181	0.210	0.191	—	—	—
	72	0.168	0.213	0.179	0.202	0.134	0.186	0.134	0.178	0.182	—	—	—
25	24	0.129	0.141	0.161	0.171	0.151	0.124	0.136	0.144	0.139	0.126	0.134	0.150
	36	0.118	0.127	0.142	0.158	0.134	0.140	0.131	0.152	0.150	0.114	0.123	—
	48	0.108	0.125	0.118	0.130	0.113	0.128	0.124	0.124	0.135	0.096	0.102	—
	60	0.100	0.118	0.098	0.114	0.099	0.122	0.092	0.115	0.099	—	—	—
	72	0.038	0.063	0.058	0.050	0.040	0.068	0.060	0.061	0.045	—	—	—

表 7.6 不同降水集成方法的 24 h 降水预报 *TS* 评分

量级/mm	时效/h	成员最好	集合平均	集合方法
1	24	0.613	0.633	0.634
	36	0.600	0.627	0.628
	48	0.590	0.613	0.612
	60	0.560	0.604	0.596
	72	0.546	0.591	0.577
10	24	0.299	0.309	0.322
	36	0.262	0.278	0.297
	48	0.254	0.261	0.269
	60	0.230	0.237	0.246
	72	0.213	0.207	0.230

续表

量级/mm	时效/h	成员最好	集合平均	集合方法
	24	0.171	0.148	0.203
	36	0.158	0.162	0.189
25	48	0.135	0.140	0.166
	60	0.122	0.118	0.142
	72	0.101	0.088	0.119

思考题

1. 综合集成预报分哪几类？并简述各类方法的主要思路。
2. 以预报方法集成为例，例举说明不少于三种方法的集成技术及原理。

参考文献

杜钧.2002.集合预报的现状和前景[J].应用气象学报,**13**(1):17-23.

郝莹,鲁俊.2011.雷暴大风、冰雹天气的预报方法研究[J].中国农学通报,**27**(26):299-304.

姜晓艳,梁红,郭正强,等.2009.沈阳冬季不同地表温度特征及其综合集成预报技术研究[J].安徽农业科学,**37**(26):12650-12653.

金龙,陈宁,林振山.1999.基于人工神经网络的集成预报方法研究比较[J].气象学报,**57**(2):198-207.

孔玉寿,章东华.2005.现代天气预报技术(第二版)[M].北京:气象出版社,75-81.

漆梁波,曹晓岗,夏立,等.2010.上海海区域要素客观预报方法效果检验[J].第七届全国优秀青年气象科技工作者学术研讨会论文集,宜昌.

杞明辉,许美玲,程建刚,等.2006.天气预报集成技术和方法应用研究[M].北京:气象出版社,49-99.

杨荆安,张鸿雁.1999.短期气候预测多种预报集成方法的比较分析[M].暴雨·灾害(三).气象出版社,91-97.

杨森,陈力强,周晓珊.2012.数值降水预报定量集成方法的业务应用[J].气象与环境学报,**28**(5):14-18.

殷鹤宝,顾建峰,雷小途.1997.上海区域气象中心业务数值预报新系统及其运行结果初步分析[J].应用气象学报,**8**(3):358-367.

赵声蓉.2006.多模式温度集成预报[J].应用气象学报,**17**(1):52-58.

周家斌,张海福,杨桂英,等.1999.制作汛期降水集成预报的分区权重法[J].应用气象学报,**10**(4):428-435.

周之栩.2010.短期温度、降水的多模式集成预报[J].科技通报.北京,**26**(6):832-836.